はじめよう
位相空間

Ohta Haruto
大田春

日本評論社

まえがき

図形が 1 つ与えられたとき，それがゴムのように柔らかい材質であると想像して自由に伸縮させて変形してみる．そのときに変わらない図形の性質を調べようという動機から発展した数学が位相 (トポロジー) であると考えることができる．意外なことに，位相的な考え方は数学のほとんどすべての分野で使われていて，基本的な概念や定理の中にも位相に関係するものが少なくない．例えば，高等学校の数学 III で学ぶ「数列の収束」や「関数の連続性」は数直線の位相構造に基づいて定義されている．また，最大値・最小値の定理や中間値の定理の証明は教科書には書かれていないが，それらを成り立たせているものは数直線の位相的性質である．つまり，位相は幾何学の一分野であるだけでなく，数学全般を支える基礎理論の 1 つであると言える．

そこで本書は「数学専攻の学生だけでなく，工学系や教育系などの人達にも位相について知ってもらいたい」と考えて，できる限りていねいに書いた入門書である．具体的には，内容を位相のもっとも基本的な事項

連続写像，位相同型，距離，距離空間，点列の収束，境界，
開集合，閉集合，位相構造，位相空間，コンパクト，連結

に絞り，これらの概念を最初に述べた幾何学的な動機に沿って説明することを試みた．そして最大値・最小値の定理と中間値の定理を位相空間の上で実際に証明することが目標である．

数学専攻の場合には通常は大学 1, 2 年生で位相を学ぶが，微積分学や線形代数に比べて難しいと感じる学生の割合がかなり高い．本書の内容は数学専攻の学生のための位相の教科書としては不十分であるが，そのような学生も本書程度の内容を知った上で本格的な位相の授業を受ければ，あまり戸惑うことなく見通しよく学べるのではないかと思う．すなわち「位相の授業にスムーズに入れるように」というのが本書のもう 1 つのねらいである．本書が，これから位相を学ぼうとする諸君，および位相の授業に落ちこぼれて再挑戦しようとしている諸君の理解の助けになれば幸せである．

本書の構成と必要な予備知識について述べておこう．位相のアイデアと背景を考えることは，連続写像について考えることである．第 1 章から第 9 章まで

は，写像の連続性を中心として上のキー・ワードの閉集合までを順に説明する．第 10 章で位相構造と位相空間の定義を与え，最後の 2 章で位相空間の 2 つの性質，コンパクト性と連結性を紹介する．

本文中の問はすべて理解を確かめるもので，難問や本文で触れなかった内容を補う性格のものはない．巻末にそれらの解答例と解説を与えたので，問を例題として利用することもできる．他方，各章末の演習問題には解答を与えなかった．しかし，それらは問の類題や定理の特別な場合であり，本文を理解した読者にとってはやさしいと思う．

本書を読むために必要な予備知識は，高等学校までの数学と集合と写像についての基本的な事柄である．後者について特に必要となる事項は，本文中でも復習をする．

最後に，本書は『数学セミナー』誌に「はじめよう位相空間」という表題で連載した原稿を加筆，修正したものである．この連載ではインターネットを通して読者からの質問に答えることを試みた*)．本書の練習問題のいくつかはその際の読者からの質問をもとにして作られている．読者からの有意義な質問と激励にあらためて感謝したい．

また，草稿を精読して数多くの貴重なご意見を頂いた横井勝弥，美佐子夫妻には，特に感謝をしたい．実際，もしご夫妻の助力がなければ本書の完成はかなり遅れたはずである．加えて，連載から本書の完成まで終始お世話になった日本評論社の西川雅祐氏と高橋健一氏にも深く感謝の意を表したい．

2000 年 8 月 31 日

著者

---

*) 本書のホームページ「位相空間・質問箱」

http://www12.plala.or.jp/echohta/top.html

で，位相空間についての質問にお答えします！

目次

ギリシャ文字一覧表

A,	α	アルファ	N,	ν	ニュー
B,	β	ベータ	Ξ,	ξ	クシー
Γ,	γ	ガンマ	O,	o	オミクロン
Δ,	δ	デルタ	Π,	π	パイ
E,	ϵ	エプシロン	P,	ρ	ロー
Z,	ζ	ゼェータ	Σ,	σ, ς	シグマ
H,	η	イータ	T,	τ	タウ
Θ,	θ, ϑ	シータ	Υ,	υ	ユプシロン
I,	ι	イオータ	Φ,	ϕ, φ	ファイ
K,	κ	カッパ	X,	χ	カイ
Λ,	λ	ラムダ	Ψ,	ψ	プサイ
M,	μ	ミュー	Ω,	ω	オメガ

1
ユークリッド幾何学とトポロジー

位相空間への旅に出発しよう．空間という言葉から連想をするものは，我々が住んでいる空間や宇宙空間のように上下・左右と奥行きを持つ世界である．しかし，数学では空間という言葉をもっと抽象的に，数学というドラマを演じる舞台のような意味で用いることが多い．そこでは，3 次元的な広がりの有無は問題ではなく，数学を考えるための道具 (= 構造) の存在だけが求められる．例えば，平面には 2 次元的な広がりしかないが，そこには長さや角度など幾何学を展開するのに十分な道具が揃っている．したがって，平面は幾何学を考えるための 1 つの空間である．このような見方をすれば，位相空間とはトポロジー (= 位相幾何学) を考えるための道具を備えた集合であると言える．その道具が「まえがき」の中で触れた位相構造である．そこで本章では，トポロジーとはどのような幾何学であるかを，これまでに学んだ幾何学と比較しながら紹介しよう．

1.1　ユークリッド幾何学と相似幾何学

図形 A を適当に移動して図形 B にぴったりと重ね合わせることができたとき，A, B は**合同**であるという．ここで，平面 $\boldsymbol{R}^2$ の 2 つの図形が合同であることを正確に定義してみよう．平面上の平行移動，回転，鏡映 (= 図 1.1 のように，各点をある一定の直線に関して線対称な位置にうつす写像) と，それらのいくつかを合成してできる $\boldsymbol{R}^2$ から $\boldsymbol{R}^2$ への写像を**合同変換**という．例えば，x-軸の正方向に 1 だけ平行移動した後，原点のまわりに 30° 回転する写像は合同変換である．平行移動は，その方向と大きさを表すベクトル $\overrightarrow{a} = (a_1, a_2)$ によって定まる．そのときの点の対応は

$$(x, y) \longmapsto (x + a_1, y + a_2)$$

である．また，回転は中心と回転角によって定まり，鏡映は対称軸によって定まる．図形 A, B が**合同**であるとは，$f(A) = B$ となる合同変換 $f : \boldsymbol{R}^2 \longrightarrow \boldsymbol{R}^2$ が存在することである．

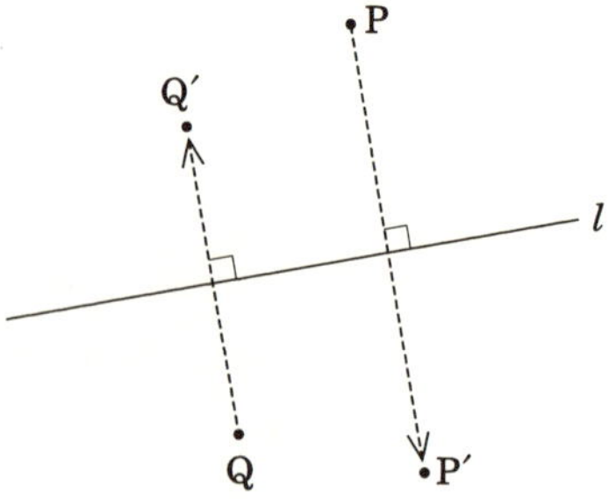

図 **1.1**　直線 l を対称軸とする平面上の鏡映．

問 1　平面上で，中心が点 $(1, 1)$ で回転角が $30°$ である回転によって点 (x, y) がうつされる点を求めよ．

問 2　平面上で，直線 $2x - y + 1 = 0$ を対称軸とする鏡映によって点 (x, y) がうつされる点を求めよ．

合同変換は図形の形や大きさを変えないので，円や正方形は，それぞれ，同じ大きさの円や正方形にうつされる．特に，対応する線分の長さは等しい．合同変換の下で不変な図形の性質をいくつか挙げてみよう．

長さ，角度，面積，平行，垂直，直線，円，
n 角形，長方形，重心，点対称や線対称．

これらはすべて，よく親しんでいる幾何学の概念である．つまり，我々が高等学校までに学んだ図形の性質は，合同変換によって変わらない性質であったと言える．合同変換の下で不変な図形の性質を研究する幾何学を**ユークリッド幾何学**という．ユークリッド幾何学の代表的な定理を与えておこう．

ピタゴラスの定理　直角三角形の直角をはさむ 2 辺の長さを a, b，斜辺の長さを c とすれば，$a^2 + b^2 = c^2$ が成り立つ．

次に，正の定数 $k \neq 1$ をとり，点の対応が

$$(x, y) \longmapsto (kx, ky)$$

で定められる $\boldsymbol{R}^2$ から $\boldsymbol{R}^2$ への写像を考えよう．この写像は，$k > 1$ のときには図形を拡大し，$k < 1$ のときには図形を縮小する．平行移動，回転，鏡映に拡大，縮小を加えた写像と，それらのいくつかを合成してできる写像を**相似変換**という．図形 A, B が**相似**であるとは，$f(A) = B$ となる相似変換 $f : \boldsymbol{R}^2 \longrightarrow \boldsymbol{R}^2$ が存在することである．相似変換は，図形の形を変えずにその大きさだけを変化させる．したがって，上に列挙した合同変換の下で不変な図形の性質の中で，長さと面積を除くすべての性質は相似変換によっても保たれる．相似変換の下で不変な図形の性質を研究する幾何学を**相似幾何学**という．なお，合同変換や相似変換は平面上だけでなく 3 次元座標空間内でも (あるいは，もっと高次元の空間内でも) 考えることができる．

問 3　方程式 $x^2 + y^2 - 2x - 4y + 1 = 0$ が表す図形を S とする．S はどんな図形か．また，点の対応が $(x, y) \longmapsto (2x, 2y)$ で定められる写像 f によって S がうつされる図形を求めよ．

注意 1　3 つの用語「写像，関数，変換」はまったく同じ意味であると考えてよい．ここで，写像の合成について説明しておこう．いま，$\boldsymbol{R}^2$ から $\boldsymbol{R}^2$ への 2 つの写像 f と g が与えられたとする．このとき下の図式 (1.1) の順に，$\boldsymbol{R}^2$ の点 P をまず f によって $f(\mathrm{P})$ にうつし，次にそれを g によって $g(f(\mathrm{P}))$ にうつすことによって，P を $g(f(\mathrm{P}))$ にうつす写像が得られる．この写像を f と g の**合成**とよび $g \circ f$ で表す．

$$\boldsymbol{R}^2 \xrightarrow{\ f\ } \boldsymbol{R}^2 \xrightarrow{\ g\ } \boldsymbol{R}^2. \tag{1.1}$$

すなわち，合成 $g \circ f$ は $(g \circ f)(\mathrm{P}) = g(f(\mathrm{P}))$ によって定められる $\boldsymbol{R}^2$ から $\boldsymbol{R}^2$ への写像である．記号 $g \circ f$ における f と g の順序に特に注意しよう．写像についてより詳しくは，3.2 節で復習する．

1.2　トポロジー

トポロジーで，合同や相似にあたる概念は位相同型である．位相同型は相似の一般的な場合であるが，その定義はかなり異なっている．厳密な議論は第 5 章

に残して，ここではそのアイデアだけを述べよう．図形が与えられたとき，それがゴムでできていると考えて，自由に伸縮させせて変形することを**位相的な変形**とよぶ．ただし，切ったり (= 破ったり) 貼り合わせたりすることは許されない．例えば，輪ゴムの 3 か所を持って引っ張ると三角形ができる．この変形は位相的な変形である．図形 A が位相的に図形 B に変形されるとき，A, B は**位相同型**であるといい，$A \approx B$ で表す．輪ゴムの例から分かるように，円と任意の三角形，もっと一般的に，円と任意の大きさの任意の多角形とは位相同型である．図 1.2 は，穴のあいた円板 A を部分的に伸縮させせて図形 B に位相的に変形した様子を表している．この場合も $A \approx B$ である．

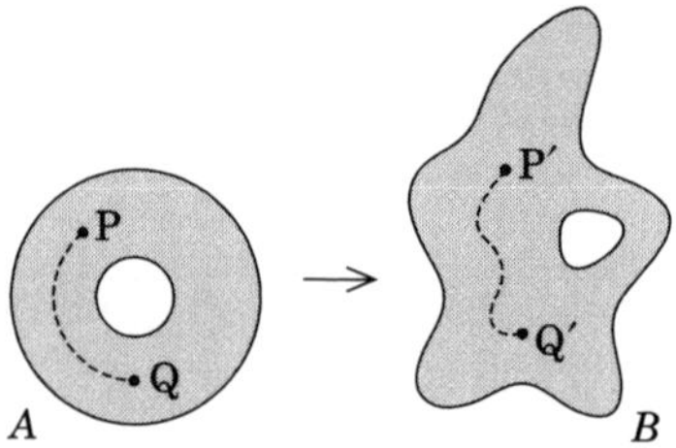

図 1.2　位相的な変形.

さて，位相的な変形は図形のどのような性質を保存するだろうか．位相的な変形によって変わらない性質は**位相的性質**とよばれる．位相的な変形の下では，長さや角度や面積は保たれないし図形の形も変化する．したがって，前節で挙げた合同変換の下で不変な図形の性質の例は，どれも位相的性質ではない．実際，図 1.2 の図形 A, B の間には，もはや共通の性質は無いように見える．しかし，よく観察すると，これらの図形にはどちらも穴が 1 つだけ開いている．一般に位相的な変形によって穴の数は変わらない．穴を増やしたり減らしたりするには，図形を破るかまたは貼り合わせる必要があるからである．したがって，図形の穴の数は位相的性質である．また，図形 A の任意の 2 点間は曲線で結ぶことができるが，B も同じ性質を持っている．この性質もまた位相的性質である．このように位相的性質は確かに存在する．そして，図形の位相的性質を研究をする幾何学を**トポロジー** (= **位相幾何学**) という．トポロジーは，図 1.3 が示すような理由で，別名「ドーナツとコーヒーカップを区別しない幾何学」とか「柔らかい幾何学」ともよばれる．

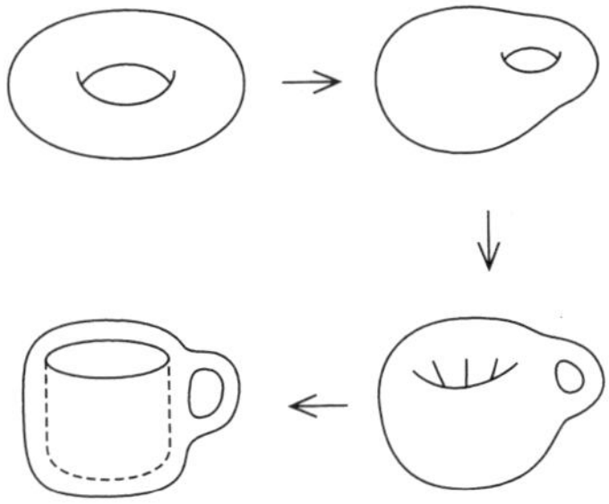

図 **1.3**　位相的変形．4 つの図形は互いに位相同型である．

位相的性質は奇妙な性質のように感じられるかも知れないが，幾何学に限らず，数学には位相的性質によって成り立っている定理が少なくない．例えば，高等学校の数学 III の教科書の中の次の 2 つの定理は，それぞれ，閉区間が持つコンパクト性と連結性とよばれる位相的性質によって成り立っている．

最大値・最小値の定理　閉区間で連続な関数は，その区間内で最大値および最小値をとる．

中間値の定理　関数 $f(x)$ が閉区間 $[a,b]$ で連続で，$f(a) \neq f(b)$ ならば，$f(a)$ と $f(b)$ の間の任意の値 k に対して $f(c) = k\ (a < c < b)$ となる実数 c が少なくとも 1 つ存在する．

コンパクト性と連結性を学んだ後で，これらの定理をもっと一般的な形で証明しよう．位相的性質は数学のほとんどすべての分野で使われていて，それが大学の 1, 2 年生で位相を学ぶ理由でもあるが，なぜそれほど必要とされるのだろうか．ここで，その理由を少し考えてみよう．合同変換は図形の形を変えないが，それは形を変えないように注意深くそっと図形を運んでいる状態にたとえられる．そのようなときにはじめて変わらない性質は，逆に言えば，非常に変わりやすい性質だと考えられる．実際，図形の形が少しでも変われば，長さや角度や面積はすぐに変化してしまう．それに対し，位相的な変形は切ったり貼り合わせたりしない限りどのように変形してもよく，かなり乱暴に図形を運んでいる状態にたとえられる．それでも変わらない性質は，相当に強固で失われにくい性質だと考えられる．つまり，長さや角度や面積が変化しやすい表面的な性質であるのに対し，位相的性質はより本質的である．そのような性質が広い応用を持つのは自然なことであろう．

付け加えて言えば，美人や美男子だというのは表面的なユークリッド幾何学的問題であって，位相的に考えると人の顔は皆，位相同型である．

問 4　アルファベット 26 文字

A B C D E F G H I J K L M N O P Q R S T U V W X Y Z

を図形と考え，それらを互いに位相同型なものに分類せよ．

注意 2　この章では「トポロジー」という用語を位相幾何学の意味で使ったが，位相的な考え方や位相に関する研究全体をトポロジーとよぶ場合もある．また，狭い意味では，位相空間の構造自体もトポロジーと呼ばれる．

1.3　等長変換と合同変換

後の章では，位相的な変形を合同変換と比較しながら説明する．そのために平面上の合同変換について，さらに詳しく調べておこう．写像 $f: \boldsymbol{R}^2 \longrightarrow \boldsymbol{R}^2$ が任意の 2 点間の距離を保つとき，すなわち，任意の 2 点 P, Q に対して

$$f(\mathrm{P})f(\mathrm{Q}) = \mathrm{PQ}$$

が成り立つとき，f を**等長変換**とよぶ．任意の合同変換は長さを保つので等長変換である．ここで，その逆もまた正しいことを証明しよう．まず準備として 2 つの補題を証明する．

補題 1.1　平面上に同一直線上にない 3 点 $\mathrm{A}_1, \mathrm{A}_2, \mathrm{A}_3$ が与えられたとし，$\alpha_1, \alpha_2, \alpha_3$ を 3 つの正数 (= 正の実数) とする．このとき，もし

$$\mathrm{PA}_1 = \alpha_1, \quad \mathrm{PA}_2 = \alpha_2, \quad \mathrm{PA}_3 = \alpha_3 \tag{1.2}$$

である点 P が平面上に存在したならば，それは 1 点だけである．

証明　背理法によって証明する．もし (1.2) の 3 つの等式をみたす異なる 2 点 P, P′ が存在したと仮定する．このとき，最初の等式から $\mathrm{PA}_1 = \alpha_1 = \mathrm{P'A}_1$ だから，$\triangle \mathrm{A}_1\mathrm{PP'}$ は二等辺三角形である．したがって，点 A_1 は底辺 PP′ の垂直二等分線上にある．まったく同様に (1.2) の後の 2 つの等式から，点 A_2 と点 A_3 もまた線分 PP′ の垂直二等分線上になければならない．結果として，3 点 $\mathrm{A}_1, \mathrm{A}_2, \mathrm{A}_3$ がすべて同一直線上に存在することになり，仮定に矛盾する．ゆえ

に，(1.2) をみたす点 P は 1 点より多くは存在しない． □

次に，等長変換は同一直線上にない 3 点の像で決定されることを示そう．

補題 1.2　平面上の 2 つの等長変換 f, g と同一直線上にない 3 点 A_1, A_2, A_3 が与えられ，

$$f(\mathrm{A}_i) = g(\mathrm{A}_i) \quad (i = 1, 2, 3)$$

が成り立つとする．このとき，g と f は同じ写像である，すなわち，任意の点 P に対して $f(\mathrm{P}) = g(\mathrm{P})$ が成り立つ．

証明　まず f は等長変換だから，$\triangle \mathrm{A}_1\mathrm{A}_2\mathrm{A}_3$ と $\triangle f(\mathrm{A}_1)f(\mathrm{A}_2)f(\mathrm{A}_3)$ は 3 辺相等となり合同である．したがって，3 点 $f(\mathrm{A}_1)$, $f(\mathrm{A}_2)$, $f(\mathrm{A}_3)$ もまた同一直線上にはない．このことに注意をした上で，A_1, A_2, A_3 以外の任意の点 P をとり，$f(\mathrm{P}) = g(\mathrm{P})$ が成り立つことを示そう．いま $\mathrm{PA}_i = \alpha_i$ $(i = 1, 2, 3)$ とおくと，f は等長変換だから，

$$f(\mathrm{P})f(\mathrm{A}_i) = \alpha_i \quad (i = 1, 2, 3). \tag{1.3}$$

また，g も等長変換だから $g(\mathrm{P})g(\mathrm{A}_i) = \alpha_i$ $(i = 1, 2, 3)$ であるが，仮定より各 i について $g(\mathrm{A}_i) = f(\mathrm{A}_i)$ だから，

$$g(\mathrm{P})f(\mathrm{A}_i) = \alpha_i \quad (i = 1, 2, 3). \tag{1.4}$$

したがって，(1.3), (1.4) と補題 1.1 から，$f(\mathrm{P}) = g(\mathrm{P})$ でなければならない．ゆえに，$f = g$ である． □

定理 1.3　平面上の等長変換は合同変換である．

証明　等長変換 $f : \boldsymbol{R}^2 \longrightarrow \boldsymbol{R}^2$ が，平行移動，回転，鏡映の 1 つであるか，またはそれらの合成として表されることを示せばよい．任意の $\triangle\mathrm{ABC}$ を 1 つ選んで固定する．このとき，f は等長変換だから，

$$\triangle\mathrm{ABC} \equiv \triangle f(\mathrm{A})f(\mathrm{B})f(\mathrm{C})$$

が成立する．まず，A を $f(\mathrm{A})$ にうつす平行移動を $g : \boldsymbol{R}^2 \longrightarrow \boldsymbol{R}^2$ とする．このとき，$g(\mathrm{A}) = f(\mathrm{A})$ であるが，もしさらに $g(\mathrm{B}) = f(\mathrm{B})$ かつ $g(\mathrm{C}) = f(\mathrm{C})$ ならば，補題 1.2 より f と g は一致する．ゆえに f は平行移動である．したがって，$g(\mathrm{B}) \neq f(\mathrm{B})$ または $g(\mathrm{C}) \neq f(\mathrm{C})$ の場合を考えれば十分である．いま $g(\mathrm{B}) \neq$

$f(\mathrm{B})$ であると仮定して，2 通りの場合を考える．

もし図 1.4 (i) のように $\triangle f(\mathrm{A})f(\mathrm{B})f(\mathrm{C})$ と $\triangle g(\mathrm{A})g(\mathrm{B})g(\mathrm{C})$ の向きが同じならば，$\angle g(\mathrm{B})f(\mathrm{A})f(\mathrm{B})$ の大きさを θ とおき，中心が $f(\mathrm{A})$ で回転角が θ である回転を h_1 とする．このとき，図 1.4 が示すように，

$$f(\mathrm{A}) = h_1(g(\mathrm{A})), \quad f(\mathrm{B}) = h_1(g(\mathrm{B})), \quad f(\mathrm{C}) = h_1(g(\mathrm{C})) \tag{1.5}$$

である．写像の合成の定義から (1.5) は次のように書きかえられる．

$$f(\mathrm{A}) = (h_1 \circ g)(\mathrm{A}), \quad f(\mathrm{B}) = (h_1 \circ g)(\mathrm{B}), \quad f(\mathrm{C}) = (h_1 \circ g)(\mathrm{C}). \tag{1.6}$$

いま f は等長変換であり，他方 $h_1 \circ g$ も合同変換だから等長変換である．したがって，(1.6) と補題 1.2 より $f = h_1 \circ g$ が成り立つ．ゆえに f は平行移動と回転の合成として表される．

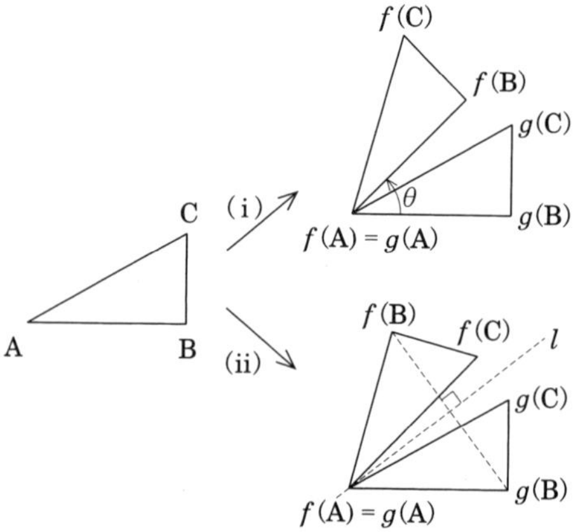

図 1.4　$\triangle f(\mathrm{A})f(\mathrm{B})f(\mathrm{C})$ と $\triangle g(\mathrm{A})g(\mathrm{B})g(\mathrm{C})$ の向きが同じ場合 (i) と向きが反対の場合 (ii)．

もし，図 1.4 (ii) のように $\triangle f(\mathrm{A})f(\mathrm{B})f(\mathrm{C})$ と $\triangle g(\mathrm{A})g(\mathrm{B})g(\mathrm{C})$ の向きが反対ならば，線分 $f(\mathrm{B})g(\mathrm{B})$ の垂直二等分線 l を対称軸とする鏡映を h_2 とする．この場合も図 1.4 が示すように，

$$f(\mathrm{A}) = (h_2 \circ g)(\mathrm{A}), \quad f(\mathrm{B}) = (h_2 \circ g)(\mathrm{B}), \quad f(\mathrm{C}) = (h_2 \circ g)(\mathrm{C}) \tag{1.7}$$

が成り立つ．したがって，(1.7) と補題 1.2 より $f = h_2 \circ g$ が成り立つ．ゆえに f は平行移動と鏡映の合成として表される．□

問 5 平面上で，任意の回転は 2 つの鏡映の合成写像として表されることを示せ．

問 6 平面上で，任意の等長変換は 3 つ以下の鏡映の合成写像として表されることを示せ．

問 7 平面上の 2 つの鏡映 f, g が与えられたとき，合同変換 $g \circ f$ と合同変換 $f \circ g$ とは一般に同じ写像であると言えるか．

平面上だけでなくもっと高次元の座標空間内でも，合同変換と等長変換とは一致する．したがって，合同変換とは対応する 2 点間の距離を変えない写像のことであると言える．この事実は，ユークリッド幾何学においては，距離 (＝長さ) がもっとも基本的な概念であることを示している．それでは，トポロジーにおいて，もっとも基本的な概念は何だろうか．その答えを探ることが，ここから第 10 章までの位相空間への道である．

演習問題 1

1. 平面上で，中心が点 (a, b) で回転角が θ である回転によって点 (x, y) がうつされる点を求めよ．

2. 平面上で，直線 $ax + by + c = 0$ を対称軸とする鏡映によって点 (x, y) がうつされる点を求めよ．

3. 平面上で，ベクトル $\overrightarrow{v} = (1, 0)$ によって定まる平行移動を f とし，中心が原点で回転角が $60°$ である回転を g とする．このとき，点 $\mathrm{P} = (1, 2)$ に対して $(g \circ f)(\mathrm{P})$ の座標と $(f \circ g)(\mathrm{P})$ の座標とを求めよ．

4. 直線 $y = 2x - 1$ は，次の合同変換によってどんな直線にうつされるか．

(1) 中心が $(0, 1)$ で回転角が $30°$ の回転,

(2) 直線 $y = -3x + 1$ に関する鏡映.

5. 平面上の 2 つの回転 f, g が与えられたとき，合同変換 $g \circ f$ と合同変換 $f \circ g$ とは一般に同じ写像であると言えるか．

6. 平面上の 2 つの平行移動 f, g が与えられたとき，合同変換 $g \circ f$ と合同変換 $f \circ g$ とは一般に同じ写像であると言えるか．

7. ピタゴラスの定理を証明せよ．

8. ピタゴラスの定理の逆「三角形の 3 辺の長さ a, b, c について $a^2+b^2=c^2$ が成り立てば，その三角形は直角三角形である」は正しいかどうか．

9. 三角形の 3 辺の長さ a, b, c について，不等式 $a^2+b^2<c^2$ が成り立つことは幾何学的にはどんな意味を持つか．

10. 写像 $f: \boldsymbol{R}^2 \longrightarrow \boldsymbol{R}^2; (x,y) \longmapsto (kx,ky)$ $(k>0)$ と直線 $ax+by=0$ を対称軸とする鏡映 g が与えられたとする．このとき，相似変換 $g \circ f$ と相似変換 $f \circ g$ とは一般に同じ写像であると言えるか．

11. 写像 $f: \boldsymbol{R}^2 \longrightarrow \boldsymbol{R}^2; (x,y) \longmapsto (kx,ky)$ $(k>0)$ と直線 $ax+by+c=0$ $(c \neq 0)$ を対称軸とする鏡映 g が与えられたとする．このとき，相似変換 $g \circ f$ と相似変換 $f \circ g$ とは一般に同じ写像であると言えるか．

12. 0 から 9 までの数字

0, 1, 2, 3, 4, 5, 6, 7, 8, 9

を図形と考え，それらを互いに位相同型なものに分類せよ．

13. 0 から 99 までの数字

0, 1, 2, 3, 4, 5, 6, 7, 8, 9, 10, 11, 12, ⋯, 99

を図形と考え，それらを互いに位相同型なものに分類すると，いくつの組に分類されるか．

14. 身の回りの中で位相的に変形した図形が使われている例を見つけよ．

15. 問 5 (9 ページ) によって平面上の回転 f は 2 つの鏡映 g, h の合成として表される．このとき，g, h の対称軸のなす角と f の回転角との間にはどんな関係があるか．

16. 平面上の平行移動は 2 つの鏡映の合成として表されることを示せ．また，その表し方は一意的であるか．

2
ユークリッド空間とその図形

我々はよく暖かいと言ったり寒いと言ったりする．これらの言葉の受け取り方は人それぞれに異なるが，気温が 20°C であると言えばその意味は誰にとっても一定である．前の言葉が主観的であるのに対し，後の表現は客観的，数学的である．自然科学では，物事を客観的に表現することは特に大切であって，それによって初めて意味のある議論が可能になる．

前章では，トポロジーとは図形の位相的性質 (すなわち，切ったり貼り合わせたりしない変形の下で不変な性質) を研究する幾何学であるということを述べた．しかし，この説明の中の「図形，変形，切らない，貼り合わせない」などの言葉の意味はあまり明確ではない．そこで，トポロジーについての議論をはじめる前に，これらの言葉を数学的に定義しておく必要がある．本章では，まず「図形」について考えよう．

2.1 距離とユークリッド空間

数直線 (= 実数直線) を $\boldsymbol{R}$ で表す．平面は 2 つの $\boldsymbol{R}$ の直積集合として

$$\boldsymbol{R}^2 = \boldsymbol{R} \times \boldsymbol{R} = \{(x_1, x_2) : x_1, x_2 \in \boldsymbol{R}\}$$

と表される．ここで，直積集合について簡単に説明しておこう．n 個の集合 $X_1, X_2, \cdots, X_n$ が与えられたとき，各 $i = 1, 2, \cdots, n$ について X_i から要素 x_i を 1 つずつ選び，それらを順に並べて要素の組 $(x_1, x_2, \cdots, x_n)$ を作る．すべての選び方について作ったこのような要素の組全体の集合を $X_1, X_2, \cdots, X_n$ の**直積集合**とよび，$X_1 \times X_2 \times \cdots \times X_n$ で表す．特に，すべての i について $X = X_i$ のときは，$X \times X \times \cdots \times X$ の代わりに X^n と書く．

問 1　集合 $A=\{1,2,3\}$ と $B=\{a,b\}$ に対し，直積集合 $A\times B$, $B\times A$, A^2 と B^3 を要素を列記する方法で表せ．

さて，n 個の $\boldsymbol{R}$ の直積集合 $\boldsymbol{R}^n$ を考えると，その要素は n 個の実数の組

$$p=(x_1,x_2,\cdots,x_n)$$

である．このとき，p を $\boldsymbol{R}^n$ の**点**，各成分 x_i を点 p の**第 i 座標**とよぶ．特に，すべての座標が 0 である点 $(0,0,\cdots,0)$ を $\boldsymbol{R}^n$ の**原点**とよぶ．

定義 2.1　任意の 2 点 $p=(x_1,x_2,\cdots,x_n)$, $q=(y_1,y_2,\cdots,y_n)\in\boldsymbol{R}^n$ に対し，p, q 間の**距離** $d(p,q)$ を

$$d(p,q)=\sqrt{\sum_{i=1}^{n}(x_i-y_i)^2} \tag{2.1}$$

によって定める．

上のような定義を理解するこつは，n に小さな数をあてはめてみることである．$n=1$ の場合には，定義 2.1 は 2 点 $p=(x_1)$, $q=(y_1)\in\boldsymbol{R}^1$ に対し，p, q 間の距離を

$$d(p,q)=\sqrt{(x_1-y_1)^2}=|\,x_1-y_1\,|$$

によって定めると言っている．ここで，$p=(x_1)$ は $\boldsymbol{R}^1$ 上で目盛りが x_1 の所の点 p という意味である (ただし，通常は $\boldsymbol{R}^1=\boldsymbol{R}$ と考えて，目盛りが x の点はそのまま x で表す．すなわち，2 点 $x, y\in\boldsymbol{R}$ に対し，$d(x,y)=|\,x-y\,|$ と定める)．また $n=2$ の場合は，2 点 $p=(x_1,x_2)$, $q=(y_1,y_2)\in\boldsymbol{R}^2$ に対し

$$d(p,q)=\sqrt{(x_1-y_1)^2+(x_2-y_2)^2}$$

であるが，ピタゴラスの定理から，これは線分 pq の長さである．同様に $n=3$ の場合も $d(p,q)$ は空間内の線分 pq の長さであり，$n\geq 4$ の場合も $\boldsymbol{R}^n$ における線分 pq にあたるものの長さである．

いま $\boldsymbol{R}^n$ から 2 点 p,q を選んで作った組 (p,q) 全体の集合を考えよう．この集合は直積集合 $\boldsymbol{R}^n\times\boldsymbol{R}^n=\{(p,q):p,\ q\in\boldsymbol{R}^n\}$ である．$\boldsymbol{R}^n$ の任意の 2 点間に (2.1) によって距離を定めることは，各 $(p,q)\in\boldsymbol{R}^n\times\boldsymbol{R}^n$ に実数 $d(p,q)$ を対応させることだから，記号 d は関数

$$d:\boldsymbol{R}^n\times\boldsymbol{R}^n\longrightarrow\boldsymbol{R};\ (p,q)\longmapsto d(p,q)$$

を表していると考えられる．この関数 d を $\boldsymbol{R}^n$ 上の**距離関数**とよぶ．

注意 1 厳密に言えば，$m \neq n$ のとき，$\boldsymbol{R}^m$ 上の距離関数 d と $\boldsymbol{R}^n$ 上の距離関数 d とは (定義域が異なるから) 異なる関数である．したがって，それらを同じ記号 d で表すのは不合理である．本書では記号を簡単にするために，n の値に無関係に距離関数を d で表すが，それらは n の値が違えば異なる関数であることに注意しよう．

定義 2.2 2 点間の距離を数式 (2.1) によって定めた集合 $\boldsymbol{R}^n$ を n **次元ユークリッド空間**とよび $\boldsymbol{E}^n$ で表す．

$\boldsymbol{R}^n$ と $\boldsymbol{E}^n$ とは集合としては同じものである．それらの違いは，$\boldsymbol{R}^n$ が距離が定められる前の単なる集合であるのに対し，$\boldsymbol{E}^n$ では任意の 2 点間に距離が定められていることである．すなわち，距離という (トポロジーを考えるための) 道具が与えられたために，$\boldsymbol{E}^n$ は集合ではなく空間とよばれる．以後，第 5 章までは $\boldsymbol{E}^n$ の中で議論を進めよう．

問 2 $\boldsymbol{E}^5$ の 2 点 $p = (1, 0, -4, 2, -3)$, $q = (3, -4, 0, 2, -1)$ について，それらの間の距離 $d(p, q)$ を求めよ．

注意 2 3 次元ユークリッド空間 $\boldsymbol{E}^3$ は我々が住んでいる空間であると言うことがあるが，正確には $\boldsymbol{E}^3$ は我々が住む空間の模型であると言うべきであろう．同様に，$\boldsymbol{E}^1$ や $\boldsymbol{E}^2$ は頭の中で想像している直線や平面の模型であると考えられる．我々は，自然界の現象を模型 $\boldsymbol{E}^n$ の中で定式化して考察する．そして，$\boldsymbol{E}^n$ の中で得られた結果は，現実の空間にもよく当てはまることを経験的に知っている．例えば，ガリレオがピサの斜塔から重りを落として実験を行ったことは現実の空間での出来事だが，落下の公式 $y = 4.9t^2$ は模型の中の関数

$$f : \boldsymbol{E}^1 \longrightarrow \boldsymbol{E}^1 ;\ t \longmapsto 4.9t^2$$

である．本書でも後の章で，しばしば地球の表面を $\boldsymbol{E}^3$ 内の球面と考えることがある．現実の空間は，科学が発達したとはいえ，宇宙の果てや微小な構造などその多くが未知である．数学以外の科学では，しばしばロケットを飛ばしたり大規模な実験を行って現実の空間を直接に調べるのに対し，数学者は自然界の現象をもっぱら模型 $\boldsymbol{E}^n$ の中で研究する．これが，数学者には鉛筆と紙 (パソコンも ?) だけあればよいと言われる理由である．

2.2　図形

本章の目標は「図形」を数学的に定義することであった．三角形や円などの平面図形は $\boldsymbol{E}^2$ に含まれている．例えば，原点を中心とする半径 1 の円は $\boldsymbol{E}^2$ の部分集合 $\{(x,y) : x^2+y^2=1\}$ である．また，球や立方体などは $\boldsymbol{E}^3$ の部分集合である．すなわち，すべての図形はある $\boldsymbol{E}^n$ の部分集合であるが，それでは逆に $\boldsymbol{E}^n$ のどんな部分集合を図形とよべばよいだろうか．ここでの目的は図形という言葉からあいまいさを取り除くことであったから，思いきって $\boldsymbol{E}^n$ の部分集合を全部 $\boldsymbol{E}^n$ の図形とよぶことにする．

定義 2.3　$\boldsymbol{E}^n$ の部分集合を ($\boldsymbol{E}^n$ の) **図形**という．

ちょっとずるい解決法だと思うかも知れないが，これで「図形」という言葉の意味は明確になった．その代わり，この定義からは有理数の集合のようにこれまでの常識ではとても図形とはよべないような集合も図形の仲間に入る．しかし，このことはトポロジーの応用範囲が広がったと考えれば悪いことではない．

図形の任意の 2 点間には自然に距離が定まっている．なぜなら，A を $\boldsymbol{E}^n$ の図形とすると，A の任意の 2 点 p, q は A の点であると同時に $\boldsymbol{E}^n$ の点でもあるから，$\boldsymbol{E}^n$ における距離関数 d を用いて距離 $d(p,q)$ が自動的に定まるからである．したがって，図形もまた 1 つの空間であると考えられる．

さて，これで本章の主な目的は達成された．本節の残りと次節では，いろいろな図形の例を楽しもう．

例 2.4 (区間)　実数 $a<b$ に対して，集合

$$[a,b]=\{x : a\leq x\leq b\},\quad (a,b)=\{x : a<x<b\}$$

を，それぞれ，a, b を端点とする**閉区間**，**開区間**とよぶ．また，

$$[a,b)=\{x : a\leq x<b\},\quad (a,b]=\{x : a<x\leq b\}$$

の形の集合を a, b を端点とする**半開区間**とよぶ．これら 4 つの集合と次の 4 つの集合を総称して**区間**という．

$$[a,+\infty)=\{x : x\geq a\},\quad (a,+\infty)=\{x : x>a\},$$

$$(-\infty,b]=\{x : x\leq b\},\quad (-\infty,b)=\{x : x<b\}.$$

以上はすべて $\boldsymbol{E}^1$ の図形である．

例 2.5 (正方形と立方体) 4 点 $(0,0), (1,0), (0,1), (1,1) \in \boldsymbol{E}^2$ を頂点とする正方形は，2 つの閉区間 $I = [0,1]$ の直積集合として

$$I^2 = I \times I = \{(x,y) : x,\, y \in I\}$$

と表される．これは $\boldsymbol{E}^2$ の図形である．同様に，3 つの I の直積集合 I^3 は $\boldsymbol{E}^3$ の立方体を表す．

例 2.6 (閉球体と球面) $\boldsymbol{E}^n$ の図形

$$B^n = \{(x_1, x_2, \cdots, x_n) \in \boldsymbol{E}^n : x_1^2 + x_2^2 + \cdots + x_n^2 \leq 1\}$$

を n **次元閉球体**とよび，$\boldsymbol{E}^n$ の図形

$$S^{n-1} = \{(x_1, x_2, \cdots, x_n) \in \boldsymbol{E}^n : x_1^2 + x_2^2 + \cdots + x_n^2 = 1\}$$

を $n-1$ **次元球面**とよぶ．定義から $S^{n-1} \subseteq B^n$ である．また，距離の定義 (2.1) より，B^n は原点からの距離が 1 以下である $\boldsymbol{E}^n$ の点全体の集合，S^{n-1} は原点からの距離がちょうど 1 である $\boldsymbol{E}^n$ の点全体の集合である．

これらの図形を $n=1$ の場合から順に観察してみよう．$n=1$ のときは

$$B^1 = \{x \in \boldsymbol{E}^1 : x^2 \leq 1\} = [-1,1],$$

$$S^0 = \{x \in \boldsymbol{E}^1 : x^2 = 1\} = \{-1,1\}$$

である．2 次元閉球体 B^2 は原点を中心とする半径 1 の円板，1 次元球面 S^1 はその円周である．また，3 次元閉球体 B^3 は，図 2.1 のような通常の球体，2 次元球面 S^2 はその球面である．B^1 や S^0 のような図形を閉球体や球面とよぶことには抵抗があるかも知れないが，共通の定義を持つ図形に同じ名前を与えて，それらの違いを次元を使って区別している．

注意 3 図形の次元について簡単に説明すると，バラバラに離れた点だけからなる図形は 0 次元，線分や曲線をつなぎ合わせてできる幅のない図形は 1 次元，平面や曲面のように広がりはあるが厚さの無い図形は 2 次元，厚みをもつ図形は 3 次元である．この意味の次元は**位相次元**とよばれ，図形の位相的性質であることが知られている．位相次元を数学的に表現するにはいくつかの方法があるが，本書ではこれ以上深く触れない (参考書 [19] に専門的だがていねいな解説がある)．

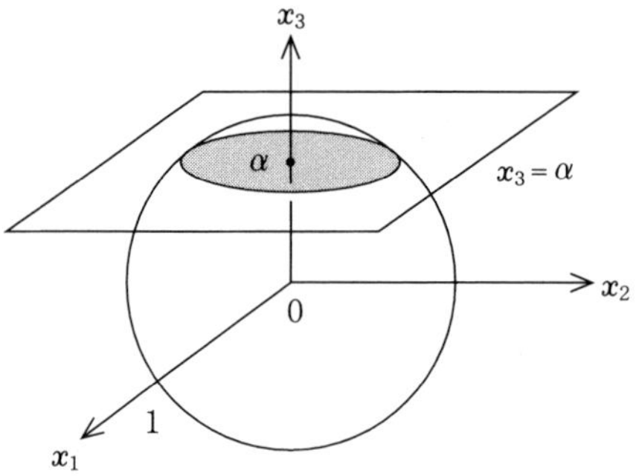

図 **2.1**　3 次元閉球体 B^3.

さて，$n \geq 4$ に対する B^n や S^{n-1} の形を想像することは難しい．ここで，4 次元閉球体 B^4 を観察する 1 つの方法を考えよう．そのために，次元を下げて 2 次元の世界に住む人間がいたと仮定してみる．すなわち，世界は平面で，人間もぺちゃんこで平面上だけしか動けない．そのような平面人にとっては，3 次元閉球体 B^3 の形を想像することも難しいに違いない．平面人が B^3 の形を考える 1 つの方法は，B^3 を平面で切った断面図を観察することである．

図 2.1 は B^3 を平面 $x_3=\alpha$ で切る様子を示している．平面 $x_3=\alpha$ は平面国の模型である $\boldsymbol{E}^2$ と同じものだから，その中の図形は平面人にもよく理解できる．そこで，α を 1 から -1 まで動かして，そのときの B^3 の切断面の変化の様子を観察すれば，平面人にも B^3 の形が想像できるのではないだろうか．例えば，B^3 を平面 $x_3=1/2$ で切ったときの切断面は，次のようにして求められる．点 $(x_1,x_2,x_3)\in B^3$ は $x_1^2+x_2^2+x_3^2\leq 1$ をみたす点だから，この不等式に $x_3=1/2$ を代入して整理すると $x_1^2+x_2^2\leq 3/4$．したがって，求める切断面は半径が $\sqrt{3}/2$ の円板である．

同様に $\boldsymbol{E}^4$ において，方程式 $x_4=\alpha$ は $\boldsymbol{E}^3$ と同じ 3 次元の空間を定める．したがって，4 次元閉球体 B^4 を $x_4=\alpha$ で切った切断面を求めて，α を動かしたときの変化の様子を観察すれば，我々にも B^4 の形が想像できるのではないだろうか．その作業は問として読者に残そう．

問 3　$\alpha=1,\ 1/2,\ 0,\ -1/2,\ -1$ について，4 次元閉球体 B^4 を空間 $x_4=\alpha$ で切った切断面の図形を求めよ．

注意 4 4 次元以上のユークリッド空間内の図形を考えることは，決して机上の空論ではない．実際，それらの図形に対する興味がトポロジーを発展させて来たとも言える．また，$\boldsymbol{E}^3$ 内の現象を幾何学的に理解するためにも $\boldsymbol{E}^4$ の図形は役に立つ．例えば，1 変数の実数値関数のグラフを平面 $\boldsymbol{E}^2$ に描くように，もし 3 変数の実数値関数

$$f : \boldsymbol{E}^3 \longrightarrow \boldsymbol{E}^1 ;\ (x, y, z) \longmapsto f((x, y, z))$$

のグラフを描こうとすると，それは $\boldsymbol{E}^4$ の図形になる．また，連立 2 元 1 次方程式の解を平面 $\boldsymbol{E}^2$ 上の 2 直線の交点として求めるように，連立 4 元方程式の解を幾何学的に求めるならば，$\boldsymbol{E}^4$ 内の図形の交わりを考えなければならない．

ユークリッド幾何学において合同な図形を同じ名前で呼ぶように，トポロジーでは互いに位相同型な図形を区別しないで同じ名前でよぶ．この立場から，B^n や S^{n-1} を位相的に変形した図形もまた，それぞれ，n 次元閉球体や $n-1$ 次元球面である．特に，例 2.6 では B^n や S^{n-1} を中心が原点で半径を 1 として定義したが，必ずしもそうである必要はない．

例 2.7 (アニュラス) 図形 $A = \{(x, y) : 1 \leq x^2 + y^2 \leq 4\}$ のように円板に穴が 1 つあいた図形を**アニュラス**とよぶ．図 2.2 の 3 つの図形は互いに位相同型だから，どれもアニュラスである．しかし，A が $\boldsymbol{E}^2$ の図形であるのに対し，A' と A'' は $\boldsymbol{E}^3$ の図形である．

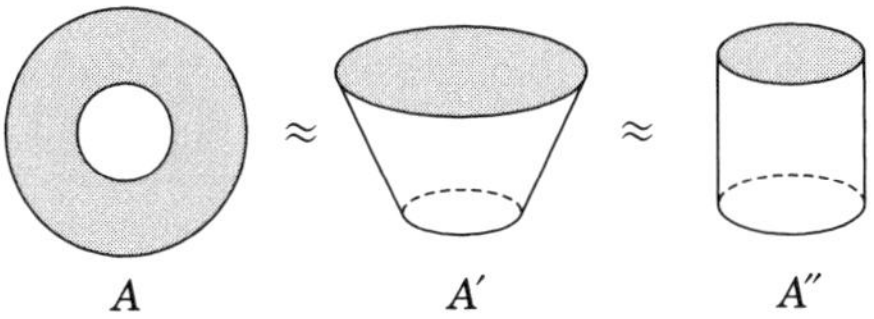

図 **2.2** アニュラスの位相的変形.

問 4 次の $\boldsymbol{E}^2$ の図形 A, B, C を図示せよ．

(1) $A = \{(x, y) : |\,x\,| + |\,y\,| \leq 1\}$,

(2) $B = \{(x, y) : (x - y)(x^2 + y^2 - 4) > 0\}$,

(3) $C = \{(x, y) : x - y + 2 > 0,\ x^2 - y \leq 0\}$.

2.3　図形の工作・グラフ・自己相似な図形

多角形のいくつかの辺どうしを貼り合わせて新しい図形を作ることを**工作**という．工作では，位相的な変形と貼り合わせることはできるが，切ることは許されない．工作によって作られる図形のいくつかを紹介しよう．

例 2.8 (**アニュラスとメビウスの帯**)　長方形の 1 組の対辺を，図 2.3 (i) のように貼り合わせると円筒の側面ができる．例 2.7 で観察したように，それはアニュラスである．また，図 2.3 (ii) のように一度ねじって貼り合わせることによってできる図形 M を**メビウスの帯**という．

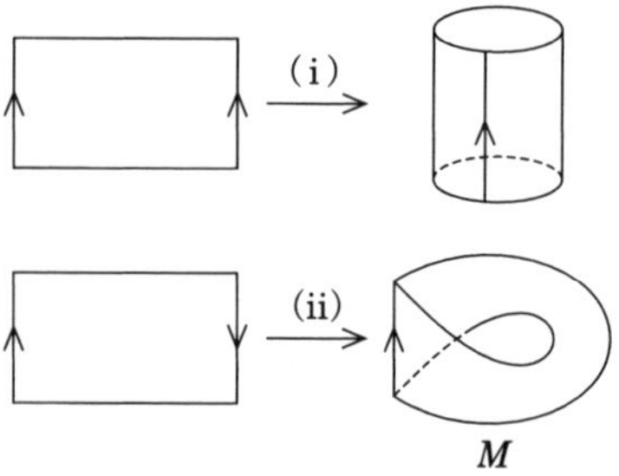

図 **2.3**　アニュラスとメビウスの帯を作る工作．

例 2.9 (**トーラス**)　長方形の 2 組の対辺を図 2.4 のように順に貼り合わせてできる図形 T を**トーラス**という．$\boldsymbol{E}^3$ の図形として，T はどのような数式をみたす点 (x, y, z) の集合だろうか．1 つの答えは

$$\left(\sqrt{x^2+y^2}-1\right)^2+z^2=\frac{1}{4} \tag{2.2}$$

である．

問 5　数式 (2.2) が定めるトーラスを図示せよ．

問 6　正方形を工作して 2 次元球面 S^2 を作る方法を考えよ．

長方形を工作して作られる図形には，このほかにもクラインの壺や射影平面とよばれる興味深い図形がある．それらは $\boldsymbol{E}^4$ の図形である．また，多角形を工作して作られる図形は，閉曲面の分類定理とよばれる美しい定理によって，その全体像を知ることができる．興味のある人は，参考書 [8], [20] を見よ．

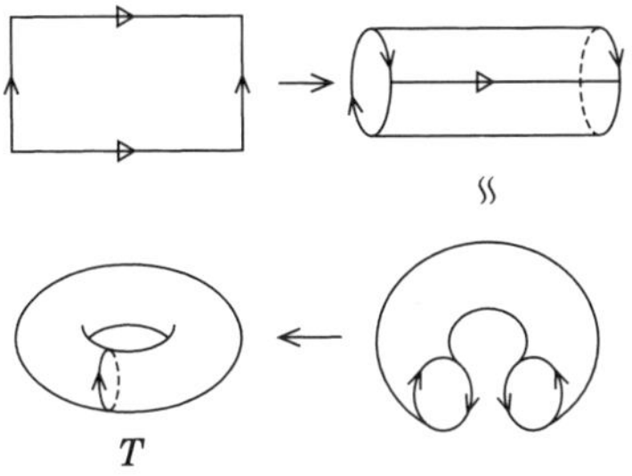

図 **2.4** トーラスを作る工作.

例 2.10 (**グラフ**) 図 2.5 のように，いくつかの頂点を辺で結んでできる図形を**グラフ**という．グラフの研究では，通常は頂点と辺のつながり方だけを問題にするので，位相同型なグラフは同じグラフとみなされる．

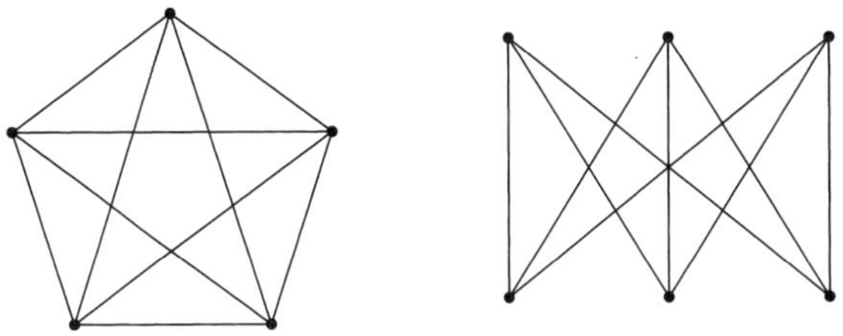

図 **2.5** グラフ.

問 7 図 2.5 の 2 つのグラフが一筆書きできるかどうか，それぞれ調べよ．なお，一筆書き可能性はグラフの位相的性質である．

次に，数学のいろいろな分野で使われる少し風変わりな図形を紹介しよう．以後 $\boldsymbol{N}$ は自然数全体の集合を表す，すなわち，$\boldsymbol{N} = \{1, 2, 3, \cdots\}$ である．

例 2.11 (**カントル集合**) $\boldsymbol{E}^1$ の図形の列 $\{K_n : n \in \boldsymbol{N}\}$ を以下のように定義する．まず，閉区間 $[0, 1]$ を 3 等分し $[0, 1]$ から中央の開区間 $(1/3, 2/3)$ を取り除いた図形を K_1 とする．すなわち，$K_1 = [0, 1/3] \cup [2/3, 1]$ である．次に，K_1 の 2 つの閉区間をそれぞれ 3 等分し中央の開区間 $(1/9, 2/9)$ と $(7/9, 8/9)$ を取り除いた図形を K_2 とする．図 2.6 のように K_2 は長さ $1/9$ の 4 つの閉区間からなる．次にまた，K_2 の 4 つの閉区間をそれぞれ 3 等分しそれらの中央の開区

間を取り除いた図形を K_3 とする．以後，この操作を繰り返して図形 K_n の列

$$[0,1] \supseteq K_1 \supseteq K_2 \supseteq K_3 \supseteq \cdots \supseteq K_n \supseteq K_{n+1} \supseteq \cdots$$

を作る．このとき，最後まで残った点の集合，すなわち，すべての K_n に属する点の集合 $K = \bigcap_{n \in \boldsymbol{N}} K_n$ を**カントル集合**という．例えば，0 や 1/3 はどの K_n にも属するので K の点であるが，K はそれら以外にも非常に多くの点を含む (すなわち，K は非可算集合である) ことが知られている．

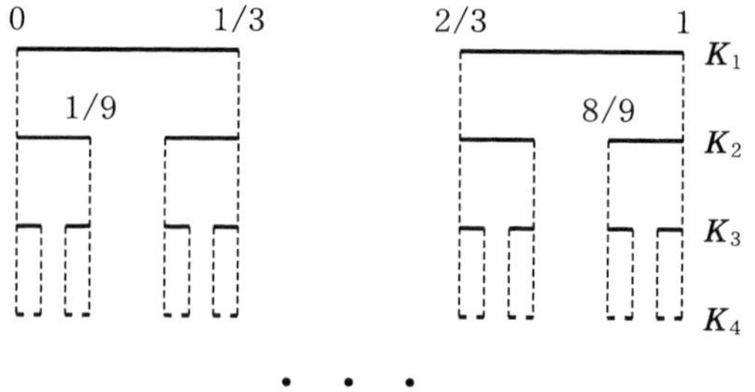

図 **2.6**　カントル集合の作り方．

問 8　実数 x がカントル集合 K に属するためには，x が 3 進法の小数として，整数部分は 0 で小数部分は 0 と 2 だけを使って (例えば，$0.20220\cdots$ のように) 表されることが必要十分であることが知られている．この事実を使って $1/4 \in K$ であることを示せ．

例 2.12 (**シェルピンスキーのカーペット**)　作り方はカントル集合に似ている．$\boldsymbol{E}^2$ の任意の三角形 $\triangle$ を 1 つ考え，$\triangle$ に含まれる図形の列 $\{S_n : n \in \boldsymbol{N}\}$ を以下のように定義する．まず $\triangle$ を図 2.7 のように 4 等分し，中央の三角形の内部を取り除いた図形を S_1 とする．次に，S_1 の 3 つの三角形をそれぞれ 4 等分しそれらの中央の三角形の内部を取り除いた図形を S_2 とする．次にまた，S_2 の 9 つの三角形をそれぞれ 4 等分し中央の三角形の内部を取り除いた図形を S_3 とする．以後，この操作を繰り返して図形 S_n の列

$$\triangle \supseteq S_1 \supseteq S_2 \supseteq S_3 \supseteq \cdots \supseteq S_n \supseteq S_{n+1} \supseteq \cdots$$

を作る．このとき，最後まで残った点の集合 $S = \bigcap_{n \in \boldsymbol{N}} S_n$ を**シェルピンスキーの**

カーペットとよぶ.

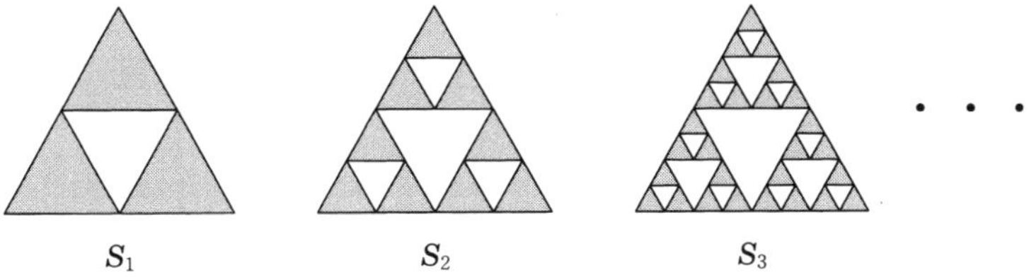

図 **2.7** シェルピンスキーのカーペットの作り方.

カントル集合やシェルピンスキーのカーペットの特徴は「どの部分も全体と相似である」という性質を持つことである. 例えば, 図 2.6 で K_2 の一番右端の閉区間 $[8/9, 1]$ に注目してみよう. この区間の真下の部分だけを図 2.6 から切り取ると, それは 1/9 に縮小したカントル集合の作り方になっている. すなわち, カントル集合 K の中で区間 $[8/9, 1]$ に含まれる部分は K 全体と相似である. 任意の n について K_n のどの区間を選んでも同様の現象が起こる. このような性質を持つ図形を**自己相似**な図形という. 面白いことに, 自己相似な図形の中には図 2.8 のように自然界の物によく似たものがある.

図 **2.8** 葉のどの部分も葉全体と相似である.

カントル集合やシェルピンスキーのカーペットはもともと特殊な性質を持つ位相空間の例として考え出されたが, 自己相似性によって近年それらの重要性が再認識された．自己相似な図形を主に研究する幾何学を**フラクタル幾何学**という(詳しくは参考書 [16] を参照せよ)．

2.4　復習：集合と論理

図形とは $\boldsymbol{E}^n$ の部分集合のことであったから，以後の議論を進めるためには集合と論理に関する基本的な知識が必要である．本書では，読者がすでに集合や写像の概念については学んでいるものと仮定する．本節では，集合の演算と特に論理記号 ∃, ∀ の使い方について復習する．それらに親しんでいる読者は，次の約束から後の部分を省略して次章へ進むことができる．

約束　本書を通して，$\boldsymbol{R}$ は実数全体の集合，$\boldsymbol{Q}$ は有理数全体の集合，$\boldsymbol{Z}$ は整数全体の集合，$\boldsymbol{N}$ は自然数 (= 正の整数) 全体の集合を表す．これらの記号を固定することにより，例えば「x は実数である」と書く代わりに $x \in \boldsymbol{R}$ と書くことができる．

まず，論理記号 ∃ と ∀ の説明からはじめよう．

変数 x を含む文 (例えば「x は素数である」や「$x - 3 > 0$」など) の 1 つを $p(x)$ で表す．このとき「$p(x)$ が成り立つような x が (少なくとも 1 つ) 存在する」の形の文を**存在文**といい，記号 ∃ を使って

$$(\exists x)(p(x))$$

と書く．また「任意の (= すべての) x に対して $p(x)$ が成り立つ」の形の文を**全称文**といい，記号 ∀ を使って

$$(\forall x)(p(x))$$

と書く．記号 ∃ は**存在記号**，∀ は**全称記号**と呼ばれる．変数 x を含む文に $(\exists x)$ や $(\forall x)$ を付けて存在文や全称文を作ることを，変数 x を**束縛**するという．

一般に，変数を含む文はそれ自身では真偽が定まらない．しかし，その変数を束縛すると，それらは真偽が定まった命題になる．例を与えよう．

例 2.13　文字 x は実数を表すと仮定して，変数 x を含む文「$x - 3 > 0$」について考える．明らかに $x - 3 > 0$ 自身は真であるとも偽であるとも判断できない．しかし存在文 $(\exists x)(x - 3 > 0)$ は真である．なぜなら $x - 3 > 0$ をみたす

実数 x は存在する (例えば $x=4$) からである．他方，すべての実数 x に対して $x-3>0$ であるとは言えないから全称文 $(\forall x)(x-3>0)$ は偽である．

注意 5　実数 x に関する文「$x>3$ ならば $x^2>9$」について注意しておこう．この文は真であるように思われるが，変数 x が束縛されていない．したがって，厳密には $(\forall x)(x>3$ ならば $x^2>9)$ と書くべきである．その心は「任意の x に対して，もしそれが 3 より大きいならばその平方は 9 より大きい」であって，この命題はもちろん真である．同様の例が次の定義 2.14 の中にある．

定義 2.14　2 つの集合 A, B に対し，A の任意の要素が B の要素であるとき，すなわち

$$(\forall x)(x\in A \text{ ならば } x\in B) \tag{2.3}$$

が成り立つとき，A は B の**部分集合**であるといい，$A\subseteq B$ と書く．

例えば，関係 $\boldsymbol{N}\subseteq\boldsymbol{Z}\subseteq\boldsymbol{Q}\subseteq\boldsymbol{R}$ が成立する．集合 A が集合 B の部分集合でないとき，$A\not\subseteq B$ と書く．$A\not\subseteq B$ であることは，A に属するが B には属さない要素が存在することだから，

$$(\exists x)(x\in A \text{ かつ } x\notin B) \tag{2.4}$$

が成立する場合である．なお，条件 (2.3) を $(\forall x\in A)(x\in B)$ と略記したり，条件 (2.4) を $(\exists x\in A)(x\notin B)$ と略記することがある．

要素を持たない集合を**空集合**とよび $\varnothing$ で表す．任意の集合 A に対し，$\varnothing\subseteq A$ であると考える．また，要素の個数が 0 または自然数で表される集合を**有限集合**とよび，有限集合でない集合 (すなわち，要素が無限にある集合) を**無限集合**とよぶ．例えば，$\{a, b, c\}$ は有限集合であるが，$\boldsymbol{N}$ や $\boldsymbol{R}$ は無限集合である．

定義 2.15　2 つの集合 A, B に対し，$A\subseteq B$ かつ $B\subseteq A$ であるとき，A と B は**等しい**といい，$A=B$ と書く．

定義 2.16　2 つの集合 A, B が与えられたとき，それらの**和集合** $A\cup B$，**共通部分** $A\cap B$，**差集合** $A-B$ は，それぞれ，次のように定義される．

$$A\cup B=\{x : x\in A \text{ または } x\in B\},$$

$$A\cap B=\{x : x\in A \text{ かつ } x\in B\},$$

$$A-B=\{x : x\in A \text{ かつ } x\notin B\}.$$

2 つの集合 A, B に対し，$A \cap B \neq \varnothing$ であるとき A と B は**交わる**といい，$A \cap B = \varnothing$ であるとき A と B は**交わらない**という．

例 2.17　区間 $I = [0,2]$, $J = [1,3]$ に対して，$I \cup J = [0,3]$, $I \cap J = [1,2]$, $I - J = [0,1)$, $J - I = (2,3]$ である．

要素がすべてまた集合であるような集合を**集合族**あるいは**集合系**とよぶ．例えば，2 つの集合 A, B に対し集合 $\{A, B\}$ は集合族である．特に，ある集合 X の部分集合からなる集合族を X の**部分集合族**とよぶ．例 2.11 では閉区間 $[0,1]$ の部分集合族 $\{K_n : n \in \boldsymbol{N}\}$ を使ってカントル集合を構成した．

定義 2.18　集合族 $\{A_\lambda : \lambda \in \Lambda\}$ が与えられたとき，その**和集合** $\bigcup_{\lambda \in \Lambda} A_\lambda$ と**共通部分** $\bigcap_{\lambda \in \Lambda} A_\lambda$ は，次のように定義される．

$$\bigcup_{\lambda \in \Lambda} A_\lambda = \{x : (\exists \lambda \in \Lambda)(x \in A_\lambda)\}, \qquad \bigcap_{\lambda \in \Lambda} A_\lambda = \{x : (\forall \lambda \in \Lambda)(x \in A_\lambda)\}.$$

すなわち，$\bigcup_{\lambda \in \Lambda} A_\lambda$ は少なくともどれか 1 つの A_λ に属するような要素をすべて集めて作った集合であり，$\bigcap_{\lambda \in \Lambda} A_\lambda$ はどの A_λ にも共通して属する要素だけを選んで作った集合である．なお，$\bigcup_{\lambda \in \Lambda} A_\lambda$ の代わりに $\bigcup\{A_\lambda : \lambda \in \Lambda\}$ と書いたり，$\Lambda = \{1, 2, \cdots, n\}$ のときには，$A_1 \cup A_2 \cup \cdots \cup A_n$ と書くこともある．共通部分についても同様である．

例 2.19　区間 $I_n = [-n, 1/n]$ $(n \in \boldsymbol{N})$ に対して，次が成り立つ．

$$\bigcup_{n \in \boldsymbol{N}} I_n = (-\infty, 1], \qquad \bigcap_{n \in \boldsymbol{N}} I_n = [-1, 0].$$

問 9　$\boldsymbol{E}^2$ の図形 $A_n = \{(x,y) : y \geq nx\}$ $(n \in \boldsymbol{N})$ に対し，$A = \bigcup_{n \in \boldsymbol{N}} A_n$ と $B = \bigcap_{n \in \boldsymbol{N}} A_n$ を平面上に図示せよ．

最後に，$\exists$ と $\forall$ のいろいろな使い方について説明しよう．論理記号を使う利点の 1 つは，複雑な条件や文章を正しく簡潔に表現できることである．

例 2.20　2 次方程式 $x^2 + ax - 1 = 0$ が実数解を持つことは，$x^2 + ax - 1 = 0$ をみたす実数 x が存在することだから $(\exists x \in \boldsymbol{R})(x^2 + ax - 1 = 0)$ と表現される．さらに，この 2 次方程式は a の値に無関係にいつでも実数解を持つことが

分かる．この事実は

$$(\forall a \in \boldsymbol{R})(\exists x \in \boldsymbol{R})(x^2 + ax - 1 = 0) \tag{2.5}$$

と書くことができる．もし逆に，この 2 次方程式が実数解を持たないような実数 a が存在する (もちろん，それは偽な命題である) と言いたいときには，

$$(\exists a \in \boldsymbol{R})(\forall x \in \boldsymbol{R})(x^2 + ax - 1 \neq 0) \tag{2.6}$$

と書けばよい．

数学の議論では上の (2.5) や (2.6) ように 2 つ以上の変数が束縛された命題がよく使われる．例えば，$(\exists x)(\forall y)(\exists z)(p(x,y,z))$ の形の命題は

$$(\exists x)[(\forall y)[(\exists z)(p(x,y,z))]]$$

のように括弧 $[\cdots]$ が付いていると考えて，左から読むことが習慣である．特に，$(\exists x)(\forall y)(p(x,y))$ と $(\forall x)(\exists y)(p(x,y))$ の 2 つの形の命題の違いに注意することが大切である．例題を通してそのことを説明しよう．

例題 2.21　次の命題の意味を述べ，それらの真偽を判定せよ．

(1)　$(\exists m \in \boldsymbol{N})(\forall n \in \boldsymbol{N})(m < n)$,

(2)　$(\forall m \in \boldsymbol{N})(\exists n \in \boldsymbol{N})(m < n)$.

解　命題 (1) を翻訳して，順次ふつうの文章に近づけて行くと，次の (イ), (ロ), (ハ) のようになる．

(イ)　ある自然数 m が存在して，$(\forall n \in \boldsymbol{N})(m < n)$ が成り立つ．

(ロ)　ある自然数 m が存在して，その m はどんな自然数 n よりも小さい．

(ハ)　どんな自然数 n よりも小さな自然数 m が存在する．

この命題は偽である．なぜなら最小の自然数は 1 であるが，1 はどんな自然数よりも小さいとは言えない (1 は 1 より小さくはない) からである．

命題 (2) は「任意の自然数 m に対して $(\exists n \in \boldsymbol{N})(m < n)$ が成り立つ」という意味である．すなわち「どんな自然数 m に対しても，m より大きい自然数 n が存在する」ことを主張している．任意の自然数 m に対して m より大きい自然数 $m+1$ が存在するから，この命題は真である．

注意 6　存在記号 $\exists$ は exist の頭文字から，全称記号 $\forall$ は all (any) の頭文字

から作られた記号である．実際，∃ や ∀ で束縛された命題は，∃ = there exists, ∀ = for all (for any) と機械的に置き換えることにより，ほぼ通常の英文に直すことができる．例えば，例題 2.21 の (1), (2) の場合は次のようになる．

(1)　There exists $m \in \boldsymbol{N}$ (such that) for any $n \in \boldsymbol{N}$, $m < n$.
「任意の $n \in \boldsymbol{N}$ に対して $m < n$」であるような $m \in \boldsymbol{N}$ が存在する．

(2)　For any $m \in \boldsymbol{N}$, there exists $n \in \boldsymbol{N}$ (such that) $m < n$.
任意の $m \in \boldsymbol{N}$ に対して「$m < n$ であるような $n \in \boldsymbol{N}$ が存在する」．

上の英文と日本語訳とを比較してみよう．英文には (1) と (2) の違いが鮮明に現れているが，訳文ではそれらが非常に分かり難いことに気付くだろう．実際，もし訳文に「」が無ければ，(1) と (2) の意味を正確に区別して理解することは不可能に違いない．この現象は存在文 $(\exists x)(p(x))$ を「$p(x)$ であるような x が存在する」と訳したときに，日本語の宿命で x と $p(x)$ の順序が逆転したことから生じている．この危険を避けるためには，例題 2.21 の解の中の文 (イ) のように $(\exists x)(p(x))$ を「ある x が存在して，$p(x)$ が成り立つ」と訳すのがよい．もっとも安全な方法は上述のように英訳して考えることである．

問 10　次の命題の意味を述べ，それらの真偽を判定せよ．

(1)　$(\exists x \in \boldsymbol{Z})(\forall y \in \boldsymbol{Z})(x + y = y)$,

(2)　$(\forall x \in \boldsymbol{Z})(\exists y \in \boldsymbol{Z})(x + y = 0)$.

論理記号 ∃ と ∀ を使うもう 1 つの利点は，否定命題が機械的に作られることである．変数 x を含む文 $p(x)$ の否定文を $\neg p(x)$ で表す．このとき，存在文と全称文の否定について，次の関係が成り立つ．

$$\neg(\exists x)(p(x)) = (\forall x)(\neg p(x)), \tag{2.7}$$

$$\neg(\forall x)(p(x)) = (\exists x)(\neg p(x)). \tag{2.8}$$

例えば，(2.7) より存在文「3 で割り切れる数 x が存在する」の否定は全称文「どの数 x も 3 で割り切れない」であり，また (2.8) より全称文「どの数 x も 3 で割り切れる」の否定は存在文「3 で割り切れない数 x が存在する」である．

また $(\exists x)(\forall y)(p(x, y))$ のような形の命題の否定命題は (2.7) と (2.8) を繰り返して使うことにより，次のように導かれる．

$$\neg(\exists x)(\forall y)(p(x,y)) = (\forall x)\neg(\forall y)(p(x,y)) = (\forall x)(\exists y)(\neg p(x,y)).$$

すなわち，いくつかの $\exists$ と $\forall$ によって束縛された命題の否定命題は，$\exists$ と $\forall$ をすべて交換して最後の文を否定することによって機械的に作られる．例えば，例 2.20 の (2.5) と (2.6) は互いに他方の否定命題である．最後に応用として，次の法則が成り立つことを述べておこう．

ド・モルガンの法則　集合 X の部分集合族 $\{A_\lambda : \lambda \in \Lambda\}$ が与えられたとき，次の (1), (2) が成り立つ．

(1)　$X - \bigcup_{\lambda\in\Lambda} A_\lambda = \bigcap_{\lambda\in\Lambda} (X - A_\lambda)$,

(2)　$X - \bigcap_{\lambda\in\Lambda} A_\lambda = \bigcup_{\lambda\in\Lambda} (X - A_\lambda)$.

問 11　ド・モルガンの法則が (2.7), (2.8) と定義 2.18 から導かれることを示せ．

演習問題 2

1. $\boldsymbol{E}^6$ の 2 点 $p = (-2,1,3,0,-1,4)$, $q = (1,0,-1,2,-4,-1)$ について，距離 $d(p,q)$ を求めよ．

2. 点 $(x,0,0,0) \in \boldsymbol{E}^4$ が 2 点 $p = (-1,2,3,-5)$, $q = (1,0,-1,-3)$ から等距離な位置にあるとき，x の値を求めよ．

3. $\boldsymbol{E}^2$ の 2 点 $p_1 = (\sqrt{2},0)$, $p_2 = (-\sqrt{2},0)$ について，次の図形を平面上に図示せよ．ただし，$p = (x,y)$ に対し $p' = (-\sqrt{2},y)$ とする．

(1)　$A = \{p \in \boldsymbol{E}^2 : d(p_1,p) = d(p_2,p)\}$,

(2)　$B = \{p \in \boldsymbol{E}^2 : d(p_1,p) + d(p_2,p) = 4\}$,

(3)　$C = \{p \in \boldsymbol{E}^2 : |\,d(p_1,p) - d(p_2,p)\,| = 2\}$,

(4)　$D = \{p \in \boldsymbol{E}^2 : d(p_1,p) = d(p,p')\}$.

4. $\boldsymbol{E}^3$ の異なる 2 点 p_1 と p_2 を固定する．このとき，

$$A = \{p \in \boldsymbol{E}^3 : d(p_1,p)^2 + d(p_2,p)^2 = d(p_1,p_2)^2\}$$

はどんな図形か．

5. $\boldsymbol{E}^4$ において，中心が原点で半径が 1 の 3 次元球面 S^3 を考える．S^3 を空

間 $x_4 = \alpha$ ($\alpha = 1,\ 1/2,\ 0,\ -1/2,\ -1$) で切った切断面の図形を求めよ．

6. アニュラスとメビウスの帯の相違点をできるだけ多く見つけよ．

7. メビウスの帯をそのセンター・ラインに沿って切断すると，どんな図形ができるか (実際にメビウスの帯を作って実験してみよ)．

8. 2 次元球面 S^2 の 1 部を切り取ってアニュラスを取り出す方法を考えよ．また，S^2 の 1 部を切り取ってメビウスの帯を取り出すことは可能か．

9. カントル集合を作る過程で閉区間 $[0,1]$ から取り除いた開区間の長さの総和を求めよ．また，シェルピンスキーのカーペットを作る過程で最初の三角形 $\triangle$ から取り除いた三角形の面積の総和を求めよ．ただし $\triangle$ の面積を 1 とする．

10. 2.3 節，問 8 (20 ページ) で述べた事実を使って，3/4, 2/5, 1/6, 1/12 がカントル集合 K に属するかどうか判定せよ．

11. $\boldsymbol{E}^2$ の図形 $A = \{(x,y) : x^2 + y^2 < 1\}$ と $B = \{(x,y) : y \geq x^2\}$ に対し，図形 $A \cup B$, $A \cap B$, $A - B$, $B - A$ を平面上に図示せよ．

12. $\boldsymbol{E}^2$ において，中心が原点で半径が 2 の 2 次元閉球体を A，中心が $(t,0)$ で半径が 1 の 2 次元閉球体を B_t とする．このとき，$t = 0,\ 1,\ 2,\ 3$ の場合について，図形 $(A - B_t) \cup (B_t - A)$ を平面上に図示せよ．

13. $\boldsymbol{E}^2$ において，中心が $(t,0)$ で半径が 1 の 2 次元閉球体を B_t とするとき，$A = \bigcup\{B_t : 0 < t < 1\}$ と $B = \bigcap\{B_t : 0 < t < 1\}$ とを平面上に図示せよ．

14. $\boldsymbol{E}^2$ の図形 $A_n = \{(x,y) : y \geq x^{2n}\}$ $(n \in \boldsymbol{N})$ に対し，$A = \bigcup_{n \in \boldsymbol{N}} A_n$ と $B = \bigcap_{n \in \boldsymbol{N}} A_n$ とを平面上に図示せよ．

15. $\boldsymbol{E}^2$ の図形 $A_n = \{(x,y) : y \geq x^n\}$ $(n \in \boldsymbol{N})$ に対し，$A = \bigcup_{n \in \boldsymbol{N}} A_n$ と $B = \bigcap_{n \in \boldsymbol{N}} A_n$ とを平面上に図示せよ．

16. 次の命題の意味を述べて，それらの真偽を判定せよ．

(1)　$(\forall a \in \boldsymbol{R})(\exists x \in \boldsymbol{R})(ax^2 + 3x - 1 = 0)$,

(2)　$(\exists a \in \boldsymbol{R})(\forall x \in \boldsymbol{R})(ax^2 + 3x - 1 > 0)$,

(3)　$(\forall x \in \boldsymbol{Z})(\exists y \in \boldsymbol{Z})(xy = 1)$,

(4)　$(\exists x \in \boldsymbol{Z})(\forall y \in \boldsymbol{Z})(xy = y)$.

17. 上の問題 16 の命題 (1)~(4) の否定命題を作れ．

3
図形の変形と写像

粘土をちぎったり，丸めたりしていろいろな形を作った経験を持つ人は多いだろう．これらは現実の世界における図形の変形である．前章では，図形を $\boldsymbol{E}^n$ の部分集合として定義した．それでは，$\boldsymbol{E}^n$ における図形の「変形」は数学的にはどのように捉えられるだろうか．本章ではこの問題について考えよう．

3.1　図形の変形

図形の変形にはいろいろな場合が考えられる．図形の拡大・縮小，折り曲げたり伸ばしたりすること，部分的な伸縮，位相的な変形だけでなく切断や貼り合わせ，前章で紹介した工作，立体を押しつぶして平面図形にしてしまうこと，さらに，合同変換や相似変換で図形をうつすことも変形の中に含めよう．よく考えると，これらの変形には 3 つの共通点がある．

(1)　変形の途中で点が消滅することはない．

(2)　変形によって点は分割されない．

(3)　変形の途中で新しく点が発生することはない．

これらの基本性質の中で (2) について注意をしておこう．切断などによって点が 2 つ以上に分割される可能性もあると思うかも知れないが，点とは $\boldsymbol{E}^n$ の要素のことである．したがって，それはもはや分割されることはない．

いま，ある図形 X を変形して図形 Y を作ったとする．このとき，性質 (1) から X の点 p は必ず Y のどこかの点 p' になる．さらに，性質 (2) から p がうつる点 p' は一意的に定まる．つまり，これは X から Y への写像を定めたことにほかならない．また，性質 (3) より Y のどの点も新しく発生したわけではなく，

元々は X のどこかの点であったはずである．このことを写像の言葉で表現すると，Y の任意の点は X のある点の像である，すなわち，この写像を f としたとき，$f(X) = Y$ が成り立つことを意味している．

ここで，正方形 $I^2 = [0,1] \times [0,1]$ を使って，図形の変形の具体例を考察してみよう．

例 3.1　正方形 I^2 を，図 3.1 のように横に 2 倍に引き伸ばして長方形 $B = [0,2] \times [0,1]$ を作る．この変形による点の対応は I^2 から B への写像

$$f : I^2 \longrightarrow B\,;\ (x,y) \longmapsto (2x, y)$$

によって表される．

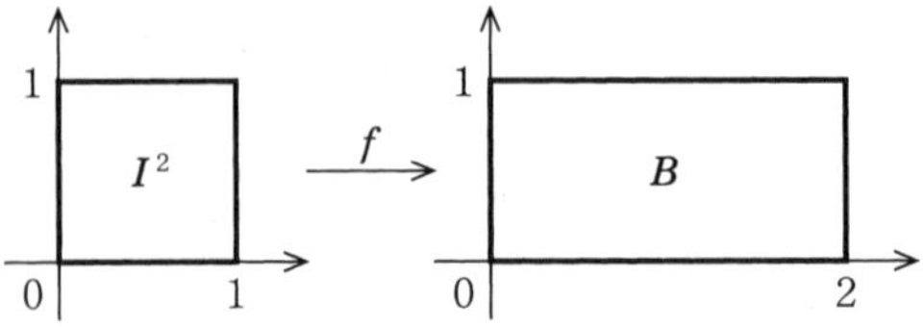

図 **3.1**　正方形 I^2 を長方形 B に変形する．

例 3.2　正方形 I^2 を，図 3.2 のように工作してアニュラス (= 円筒の側面) A を作る．まず，I^2 を横に 2π 倍に引き伸ばして長方形 $B = [0, 2\pi] \times [0,1]$ を作る．この変形による点の対応は写像

$$f : I^2 \longrightarrow B\,;\ (x,y) \longmapsto (2\pi x, y)$$

によって表される．次に，B の左右の縦の辺を貼り合わせてアニュラス A を作る．この工作による点の対応は写像

$$g : B \longrightarrow A\,;\ (x,y) \longmapsto (\cos x, \sin x, y)$$

によって表される．したがって，I^2 から A を作る際の点の対応は，f と g の合成写像

$$g \circ f : I^2 \longrightarrow A\,;\ (x,y) \longmapsto (\cos 2\pi x, \sin 2\pi x, y)$$

によって表される．このとき，正方形 I^2 の左右の縦の辺上の向かい合う 2 点 $p = (0,y)$, $q = (1,y)$ は，$g \circ f$ によって同じ点 $(1,0,y) \in A$ にうつされる．

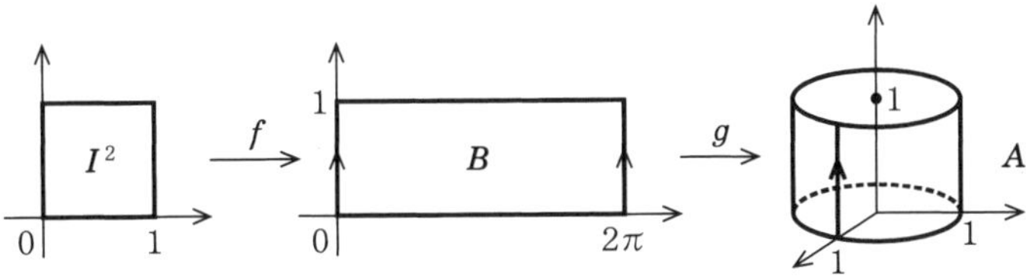

図 **3.2**　正方形 I^2 を工作してアニュラス A を作る．

例 3.3　正方形 I^2 を，図 3.3 のように直線 $x = 1/2$ で切断して図形 C を作る．このとき，点は分割されないので $x = 1/2$ 上の点は C の 2 つの部分のうちどちらか一方にうつされる．図 3.3 は $x = 1/2$ 上の点がすべて C の左の部分にうつされる場合を示している．この場合の点の対応は写像

$$f : I^2 \longrightarrow C\,;\ (x, y) \longmapsto \begin{cases} (x, y) & (0 \leq x \leq 1/2) \\ (x + 1/4, y) & (1/2 < x \leq 1) \end{cases}$$

によって表される．

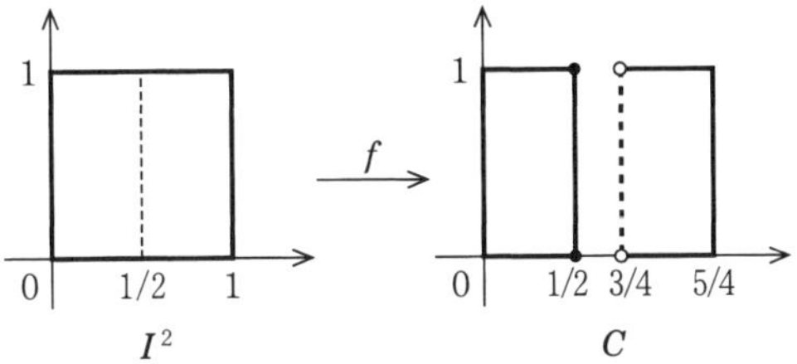

図 **3.3**　正方形 I^2 を切断して，右半分を正方向に 1/4 移動する．

図 1.3 (5 ページ) に示したドーナツからコーヒーカップを作るような不規則な変形による点の対応は，一般に上の例のような簡単な数式では表されない．しかし，そのような変形も基本性質 (1), (2), (3) を持つので，変形前の図形 X から変形後の図形 Y への点の対応は $f(X) = Y$ である何らかの写像 f によって表現されることは確かであろう．

例 3.4　数直線 $\boldsymbol{E}^1$ 上の身近な実数値関数も，直線 $\boldsymbol{E}^1$ の何らかの変形による点の対応の表現であると考えられる．例えば，1 次関数 $f(x) = 2x$ は，$\boldsymbol{E}^1$ 全

体を 0 を中心に左右に 2 倍に引き伸ばす際の点の対応を表している．また，関数 $f(x) = |x|$ は，$\boldsymbol{E}^1$ を 0 で 2 つに折り畳んで半直線 $f(\boldsymbol{E}^1) = [0, +\infty)$ を作る際の点の対応を表し，三角関数 $f(x) = \sin x$ は，$\boldsymbol{E}^1$ を繰り返し折り重ねて閉区間 $f(\boldsymbol{E}^1) = [-1, 1]$ を作る際の点の対応を表していると考えられる．

以上をまとめると，図形 X を図形 Y に変形する際の点の対応は $f(X) = Y$ である写像 f によって表現される．そこで「変形」という概念をあらためて定義することを避け，その代わりに次章からは図形の間の写像を考察することによって議論を進めよう．

問 1　正方形 $I^2 = [0,1] \times [0,1]$ を $\boldsymbol{E}^3$ の図形 A に変形する．そのときの点の対応を表す写像は

$$f : I^2 \longrightarrow A;\ (x, y) \longmapsto ((1-y)\cos 2\pi x, (1-y)\sin 2\pi x, y)$$

である．図形 A を図示せよ．また，I^2 の 4 辺を E_i $(i = 1, 2, 3, 4)$ とするとき，各 E_i は A のどの部分にうつされるか．

問 2　閉区間 $I = [0,1]$ を変形して図 3.4 のような折れ線 A とコイル状の図形 B を作りたい．そのときの点の対応を表す写像 $f : I \longrightarrow A$ と $g : I \longrightarrow B$ とを定めよ．

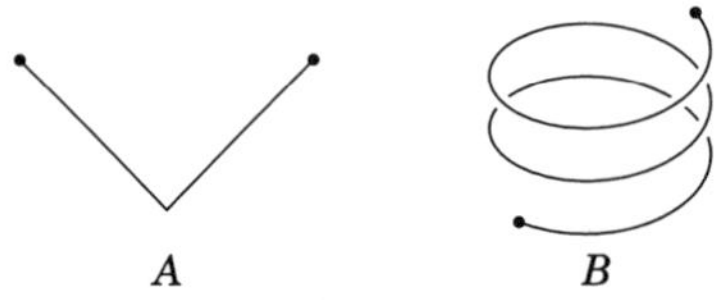

図 **3.4**

注意 1　本節では，変形前の図形から変形後の図形への点の対応を写像として捉えたが，これは変形の途中の段階を無視した考え方である．1.2 節の図 1.3 (5 ページ) のように，どんな変形にも図形が徐々に変化する途中の状態があり，それにはいろいろな場合が考えられる．途中の段階も考慮した図形の変形は，1 つの写像だけでなくホモトピーとよばれるアイデアによって表現されるが，本書ではそれには触れない．

3.2 復習：写像

写像はトポロジーを考える際の (また，どんな数学を考える際にも) もっとも基本的な概念である．そこで，写像の定義と基本的な事項を復習しておこう．それらを既習の読者は，本節を省略して次節へ進むことができる．

定義 3.5 2 つの集合 X, Y が与えられ，X のどの要素にも，それぞれ，Y の要素が 1 つずつ対応しているとき，この対応を X から Y への**写像**という．集合 X から集合 Y への写像 f が与えられたとき，$x \in X$ に対応する Y の要素を f による x の**像**とよび $f(x)$ で表す．また，この写像 f を

$$f : X \longrightarrow Y;\ x \longmapsto f(x)$$

と表す．ここで，集合 X を f の**定義域**，集合 Y を f の**終域**とよぶ．

写像の定義のキー・ポイントは 2 つある．第一はどの $x \in X$ もその像 $f(x)$ を持つこと，第二はどの $x \in X$ に対しても $f(x)$ は一意的に定まることである．

関数と**変換**は写像とまったく同じ意味を持つ用語である．これらの 3 つの用語は習慣に応じて使い分けられるが，特に終域が数の集合である場合には関数が使われることが多い．

例 3.6 ある一定の時刻に，地球上の各地点にその地点の気温を対応させることは関数である．どの地点にもその時刻の気温は一意的に定まるからである．地球の表面を 2 次元球面 S^2 とみなすと，この関数は

$$f : S^2 \longrightarrow \boldsymbol{R};\ p \longmapsto p \text{ 地点の気温}$$

と表される．

例 3.7 実数の加法は，2 つの実数の組 (x, y) にそれらの和 $x + y$ を対応させる写像である．どの実数の組に対してもその和は一意的に定まるからである．この写像は

$$f : \boldsymbol{R}^2 \longrightarrow \boldsymbol{R};\ (x, y) \longmapsto x + y$$

と表される．

定義 3.8 2 つの写像 $f : X \longrightarrow Y$ と $g : Y \longrightarrow Z$ が与えられたとする．このとき，$x \in X$ をまず f によって $f(x) \in Y$ にうつし，次にそれを g によって

$g(f(x)) \in Z$ にうつすことによって，X から Z への写像が定められる．この写像を f と g の**合成**または**合成写像**とよび，

$$g \circ f : X \longrightarrow Z;\ x \longmapsto g(f(x))$$

で表す．記号 $g \circ f$ における f と g の順序に注意しよう．合成写像の具体例は，すでに第 1 章と本章の例 3.2 で与えられた．

定義 3.9　写像 $f : X \longrightarrow Y$ と部分集合 $A \subseteq X$ が与えられたとする．このとき，A に属する要素 x だけを f によって $f(x) \in Y$ にうつす写像を，f の A への**制限**または**制限写像**とよび

$$f|_A : A \longrightarrow Y;\ x \longmapsto f(x)$$

で表す．

定義 3.10　写像 $f : X \longrightarrow Y$ が与えられたとする．このとき $A \subseteq X$ に対して，Y の部分集合 $f(A) = \{f(x) : x \in A\}$ を f による A の**像**とよぶ．また，$B \subseteq Y$ に対して，X の部分集合 $f^{-1}(B) = \{x \in X : f(x) \in B\}$ を f による B の**逆像**とよぶ．

例 3.11　集合 $X = \{1, 2, 3, 4\}$ から集合 $Y = \{a, b, c\}$ への写像 $f : X \longrightarrow Y$ を図 3.5 のように定める．このとき，$A = \{1, 2\} \subseteq X$ に対しては $f(A) = \{b, c\}$, $B = \{a, b\} \subseteq Y$ に対しては $f^{-1}(B) = \{1, 3\}$ である．

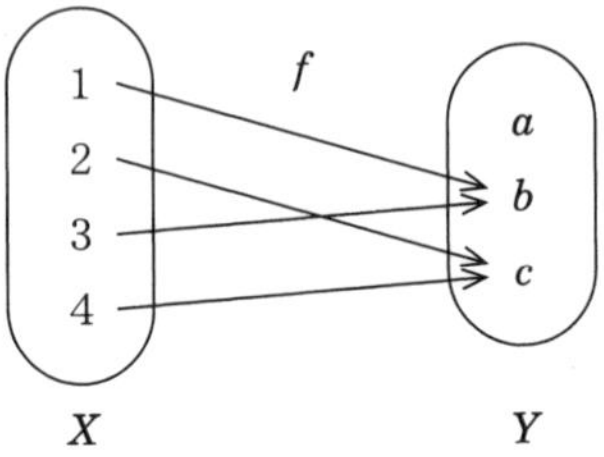

図 3.5

例 3.12　関数 $f : \boldsymbol{R} \longrightarrow \boldsymbol{R};\ x \longmapsto x^2$ について，$f([0, 2]) = f([-1, 2]) = [0, 4]$, $f^{-1}([0, 4]) = [-2, 2]$ である（グラフを描いて考えてみよ）．また $f(x) < 0$ となる x は存在しないから $f^{-1}((-\infty, 0)) = \varnothing$ である．

問 3　例 3.11 の写像 $f : X \longrightarrow Y$ について，$f(\{1,3\})$, $f(\{2,3\})$, $f(\{1,2,3\})$, $f^{-1}(\{a,c\})$, $f^{-1}(\{a\})$, $f^{-1}(\{c\})$ を求めよ．

問 4　関数 $f : \boldsymbol{R} \longrightarrow \boldsymbol{R};\ x \longmapsto -x^2 + 2x + 3$ について，$f([-1,1])$ と $f^{-1}([0,3])$ とを求めよ．また，$f([0,a])$ $(a > 0)$ と $f^{-1}([0,b])$ $(b > 0)$ とを求めよ．

定義 3.13　写像 $f : X \longrightarrow Y$ に対し，f による X 全体の像

$$f(X) = \{f(x) : x \in X\}$$

を f の**値域**とよぶ．明らかに $f(X) \subseteq Y$ が成り立つ．

定義 3.14　写像 $f : X \longrightarrow Y$ に対して $f(X) = Y$ が成り立つとき，f は**全射**である，あるいは，f は X から Y の**上への写像**であるという．また，写像 f の定義域 X の任意の異なる要素が異なる像を持つとき，すなわち，

$$(\forall x\, \forall x' \in X)(x \neq x' \text{ ならば } f(x) \neq f(x')) \tag{3.1}$$

が成り立つとき，f は**単射**，あるいは，**1 対 1 写像**であるという．さらに f が全射であると同時に単射でもあるとき，f は**全単射**であるという．

例 3.15　例 3.11 の写像 $f : X \longrightarrow Y$ では，$f(X) = \{b,c\} \neq Y$ だから f は全射ではない．また $f(1) = f(3)$ だから，f は単射でもない．

写像 $f : X \longrightarrow Y$ が全射であるためには $Y \subseteq f(X)$，すなわち，

$$(\forall y)(y \in Y \text{ ならば } y \in f(X)) \tag{3.2}$$

が成立すればよい．なぜなら，$f(X) = Y$ であるためには $f(X) \subseteq Y$ と $Y \subseteq f(X)$ とが成り立てばよいが，前者はつねに成立するからである．

前節で考察した，図形を変形する際の，変形前の図形から変形後の図形への点の対応を表す写像は全射である．

例 3.16　例 3.6 の関数 $f : S^2 \longrightarrow \boldsymbol{R}$ は全射でも単射でもない．なぜなら，地球上には $-300°\mathrm{C}$ の地点は存在しないから $-300 \notin f(X)$ である．したがって $f(X) \neq \boldsymbol{R}$ だから f は全射でない．さらに，同じ気温の異なる 2 地点 p, q に対しては $f(p) = f(q)$ となるから f は単射でもない (そのような 2 地点が必ず存在することを例 12.29 で証明する)．

例 3.17　例 3.7 の写像 $f : \boldsymbol{R}^2 \longrightarrow \boldsymbol{R}$ は全射であるが単射でない．なぜなら，任意の $y \in \boldsymbol{R}$ に対して $f((y,0)) = y$ だから $y \in f(\boldsymbol{R}^2)$ である．したがって f は (3.2) をみたすので全射である．他方，$f((1,1)) = f((2,0)) = 2$ だから f は単射ではない．

例 3.18　1 次関数 $f : \boldsymbol{R} \longrightarrow \boldsymbol{R};\ x \longmapsto ax+b\ (a \neq 0)$ は全単射である．一方，2 次関数 $g : \boldsymbol{R} \longrightarrow \boldsymbol{R};\ x \longmapsto x^2$ は全射でも単射でもない．いま g の終域を $\boldsymbol{R}$ から $[0,+\infty)$ に変えると，全射

$$g' : \boldsymbol{R} \longrightarrow [0,+\infty);\ x \longmapsto x^2$$

が得られる．関数 g と g' との間には本質的な違いはないが，それらは異なる終域を持つので異なる関数であると考える (一般に，2 つの写像 $f : X \longrightarrow Y$ と $f' : X' \longrightarrow Y'$ が等しいとは，$X = X', Y = Y'$ であって任意の $x \in X$ に対し $f(x) = f'(x)$ が成り立つことをいう)．

次の補題は後の章で使われる．証明は演習問題として読者に残そう (参考書 [1] に詳しい証明がある)．

補題 3.19　2 つの写像 $f : X \longrightarrow Y$ と $g : Y \longrightarrow Z$ に対し，次が成り立つ．

(1)　f, g がともに全射ならば $g \circ f$ も全射である．

(2)　f, g がともにが単射ならば $g \circ f$ も単射である．

結果として，もし f, g がともに全単射ならば $g \circ f$ も全単射である．

問 5　次の関数は全射であるか単射であるかを調べ，それらの値域を求めよ．

(1)　$f_1 : \boldsymbol{R} \longrightarrow \boldsymbol{R};\ x \longmapsto 2^x$,

(2)　$f_2 : \boldsymbol{R} \longrightarrow \boldsymbol{R};\ x \longmapsto x^3 + x^2$,

(3)　$f_3 : \boldsymbol{R} \longrightarrow \boldsymbol{R};\ x \longmapsto x^3 + 2x^2 + 3x + 2$,

(4)　$f_4 : \boldsymbol{R} \longrightarrow \boldsymbol{R};\ x \longmapsto \sin \pi x$.

問 6　上の問 5 の関数 $f_i\ (i = 1,2,3,4)$ について，半開区間 $A = [0,1)$ の像 $f_i(A)$ と半開区間 $B = (0,2]$ の逆像 $f_i^{-1}(B)$ とを求めよ．

定義 3.20　全単射 $f : X \longrightarrow Y$ が与えられたとき，任意の $y \in Y$ に対し $f(x) = y$ となる $x \in X$ が一意的に定まる．そこで $y \in Y$ にこの要素 x を対応させる写像を f の**逆写像**，あるいは，f の**逆関数**とよび，

$$f^{-1} : Y \longrightarrow X$$

で表す．逆写像は全単射に対してだけ定義されることに注意しよう．また明らかに全単射の逆写像は全単射である．

例 3.21 全単射 $f : \boldsymbol{R} \longrightarrow \boldsymbol{R};\ x \longmapsto ax\ (a \neq 0)$ の逆関数は $f^{-1} : \boldsymbol{R} \longrightarrow \boldsymbol{R};\ x \longmapsto x/a$ である．

例 3.22 集合 X が与えられたとする．このとき，X の各要素 x を x 自身にうつす X から X への写像を，X の**恒等写像**とよび

$$\mathrm{id}_X : X \longrightarrow X\,;\ x \longmapsto x$$

または単に id で表す．例えば，$\boldsymbol{R}$ の恒等写像 $\mathrm{id}_{\boldsymbol{R}}$ は通常 $y = x$ で表される関数であり，平面 $\boldsymbol{R}^2$ の恒等写像 $\mathrm{id}_{\boldsymbol{R}^2}$ は平面上の点をまったく動かさない変換である．恒等写像は無意味に感じられるかも知れないが，加法における 0 と同様に便利な概念である．次の定理を後の章で用いる．

定理 3.23 写像 $f : X \longrightarrow Y$ と $g : Y \longrightarrow X$ が与えられ，$g \circ f = \mathrm{id}_X$ と $f \circ g = \mathrm{id}_Y$ が成り立つとする．このとき，f は全単射で $g = f^{-1}$ が成り立つ．

証明 写像 f が全射であることを示すために，任意の $y \in Y$ をとる．このとき $f \circ g = \mathrm{id}_Y$ だから，$y = \mathrm{id}_Y(y) = (f \circ g)(y) = f(g(y))$，すなわち，$y$ は X の要素 $g(y)$ の f による像だから $y \in f(X)$ である．ゆえに f は全射である．次に f が単射であることを示す．定義 3.14 の条件 (3.1) の対偶，すなわち，任意に $x, x' \in X$ に対し，もし $f(x) = f(x')$ ならば $x = x'$ であることを示せばよい．そのために，$f(x) = f(x')$ であるとする．このとき $g(f(x)) = g(f(x'))$．いま $g \circ f = \mathrm{id}_X$ だから，

$$x = (g \circ f)(x) = g(f(x)) = g(f(x')) = (g \circ f)(x') = x'$$

が成立する．ゆえに f は単射である．最後に，任意の $x \in X$ に対して $g(f(x)) = x$ だから $g = f^{-1}$ が成立する． □

例 3.24 集合 Y の要素 y_0 を 1 つ固定する．集合 X の要素をすべて y_0 にうつす写像 $f : X \longrightarrow Y\,;\ x \longmapsto y_0$ を**定値写像**とよぶ．

3.3　数列と図形の点列

次の章の準備として，無限数列と点列について説明しておこう．数列とは何かとあらためて尋ねられると答えることは難しい．数を無限に並べた列だというのでは答えにならないだろう．しかし，もし好きなように数列を 1 つ作れと言われたら，例えば，次のように考えるのではないだろうか．

第 1 項は何にしようか，そうだ 1 にしよう．

第 2 項は何にしようか，そうだ 1/3 にしよう．

第 3 項は何にしようか，そうだ 1/8 にしよう．

$\cdots$

これは，自然数 $1, 2, 3, \cdots$ に実数を 1 つずつ対応させていることにほかならない．つまり，数列を作ることと自然数の集合 $\boldsymbol{N}$ から $\boldsymbol{R}$ への写像を作ることは同じことである．この事実から，**数列**とは $\boldsymbol{N}$ から $\boldsymbol{R}$ への写像であると定めるのが，もっとも正確な数列の定義である．例えば，初項が 1 で公比が 1/2 の無限等比数列とは，写像

$$a : \boldsymbol{N} \longrightarrow \boldsymbol{R};\ n \longmapsto 1/2^{n-1}$$

のことである．このとき，写像 a による n の像 $a(n) = 1/2^{n-1}$ が第 n 項になっている．高校の教科書などでは，この数列を $a_n = 1/2^{n-1}$ と表すが，これは $a(n)$ の代わりに a_n と書いているのにすぎない．数列の各項を $\boldsymbol{E}^1$ の点と考えたとき，数列を $\boldsymbol{E}^1$ の点列とよぶ．さらに一般的に，次の定義を与える．

定義 3.25　図形 X に対し，写像 $p : \boldsymbol{N} \longrightarrow X$ を X の**点列**とよぶ．このとき，各 $n \in N$ に対し $p(n)$ をこの点列の**第 n 項**という．

点列を写像と考えて $p : \boldsymbol{N} \longrightarrow X$ のように表すのは正確ではあるが形式的すぎるので，通常は $p(n) = p_n$ とおいて点列を $\{p_n\}$ と表すことが多い．本書でも上の定義を知った上で $\{p_n\}$ と書くことにしよう．

問 7　$\boldsymbol{E}^2$ の点列 $\{p_n\}$ を次のように定める．

$$p_n = \left(\frac{2}{n}\cos\frac{n\pi}{8}, \frac{2}{n}\sin\frac{n\pi}{8}\right) \quad (n \in \boldsymbol{N}).$$

このとき，第 1 項から第 5 項までを図示せよ．

次に，点列の収束の定義を与えよう．図形 X の点列 $\{p_n\}$ が点 $p \in X$ に収束するとは，n が大きくなるにしたがって，p_n が限りなく p に近づくことである．しかし「限りなく p に近づく」という表現はあまり明確ではない．そこでこの部分を「任意の正数 (= 正の実数) ε に対して，集合

$$\boldsymbol{N}_\varepsilon = \{n \in \boldsymbol{N} : d(p, p_n) \geq \varepsilon\} \text{ は有限集合} \tag{3.3}$$

である」という条件で表現する．実際，もしある $\varepsilon > 0$ に対して $\boldsymbol{N}_\varepsilon$ が無限集合ならば，無限個の n について $d(p, p_n) \geq \varepsilon$ だから，p_n は p に近づくとは言えないだろう．さらに (3.3) の部分は $\boldsymbol{N}_\varepsilon \subseteq \{1, 2, \cdots, n_\varepsilon\}$ である自然数 n_ε が存在することと同値である．したがって，(3.3) は次のような同値条件 (3.4) に書きかえられる．

$$\begin{aligned}
(3.3) &\iff (\exists n_\varepsilon)(\boldsymbol{N}_\varepsilon \subseteq \{1, 2, \cdots, n_\varepsilon\}) \\
&\iff (\exists n_\varepsilon)(\forall n)(n > n_\varepsilon \text{ ならば } n \notin \boldsymbol{N}_\varepsilon) \\
&\iff (\exists n_\varepsilon)(\forall n)(n > n_\varepsilon \text{ ならば } d(p, p_n) < \varepsilon).
\end{aligned} \tag{3.4}$$

以上を合わせて，次の定義が得られる．

定義 3.26 図形 X の点列 $\{p_n\}$ が点 $p \in X$ に**収束**するとは，任意の正数 ε に対して，ある自然数 n_ε が存在して，

$$(\forall n \in \boldsymbol{N})(n > n_\varepsilon \text{ ならば } d(p, p_n) < \varepsilon) \tag{3.5}$$

が成り立つことである．また点列 $\{p_n\}$ が p に収束するとき

$$\lim_{n \to \infty} p_n = p \quad \text{または} \quad p_n \longrightarrow p$$

と書き，p を点列 $\{p_n\}$ の**極限点**とよぶ．

例題 3.27 問 7 (38 ページ) の点列 $\{p_n\}$ が原点 $p_0 = (0, 0)$ に収束することを，定義 3.26 の条件に照らし合わせて証明せよ．

証明 点列 $\{p_n\}$ が p_0 に収束することは図からも推測できるが，いまは任意の正数 ε に対して，条件 (3.5) を成り立たせるような自然数 n_ε が存在することを示さなければならない．そのために，任意の正数 ε に対して ($d(p_0, p_n) = 2/n$ であることに着目して) $2/\varepsilon \leq n_\varepsilon$ となる自然数 n_ε を選ぶ．このとき，任意の $n \in \boldsymbol{N}$ に対して $d(p_0, p_n) = 2/n$ だから，

$$n > n_\varepsilon \quad ならば \quad d(p_0, p_n) = \frac{2}{n} < \frac{2}{n_\varepsilon} \leq \varepsilon$$

が成り立つ．ゆえに $p_n \longrightarrow p_0$ である．□

上の証明は，条件 (3.5) が成り立つためには，具体的には例えば

$\varepsilon = 1/10$ のときは，$n_\varepsilon = 20$ とおけばよい．

$\varepsilon = 1/100$ のときは，$n_\varepsilon = 200$ とおけばよい．

$\varepsilon = 1/1000$ のときは，$n_\varepsilon = 2000$ とおけばよい．

$\cdots$

ということを示している．つまり ε がどんどん小さくなっても，それに応じて条件 (3.5) を成り立たせるような n_ε のとり方がある．それが点列 $\{p_n\}$ が点 p_0 に収束するということである．

問 8　問 7 (38 ページ) の点列 $\{p_n\}$ と原点 p_0 について，$\varepsilon = 3/10000$ に対して条件 (3.5) を成り立たせる自然数 n_ε を求めよ．また，その答えは無限にある．それはなぜか．

問 9　$\boldsymbol{E}^2$ の点列 $\{p_n\}$ を次のように定める．

$$p_n = \left(\frac{1}{n}, \frac{1}{n}\sin\frac{n}{2}\pi\right) \quad (n \in \boldsymbol{N}).$$

この点列の第 1 項から第 5 項までを図示せよ．また $\{p_n\}$ が原点 p_0 に収束することを証明せよ．

実数列の収束は，通常は (大学レベルの教科書では) 次のように定義される．

定義 3.28　実数列 $\{a_n\}$ が実数 a に**収束**するとは，任意の正数 ε に対して，ある自然数 n_ε が存在して，

$$(\forall n \in \boldsymbol{N})(n > n_\varepsilon \text{ ならば } |\, a - a_n \,| < \varepsilon) \tag{3.6}$$

が成り立つことである．

$\boldsymbol{E}^1$ 上では $|\, a - a_n \,| = d(a, a_n)$ だから，定義 3.28 は定義 3.26 の $X = \boldsymbol{E}^1$ の場合である．すなわち，実数列 $\{a_n\}$ が実数 a に収束することは，$\{a_n\}$ が $\boldsymbol{E}^1$ の点列として点 a に (定義 3.26 の意味で) 収束することと同じである．

補題 3.29　図形 X の点列 $\{p_n\}$ が点 $p \in X$ に収束するためには，実数列

$\{d(p,p_n)\}$ が 0 に収束することが必要十分である．

証明 $d(p,p_n) \longrightarrow 0$ であることは，定義 3.28 より，任意の正数 ε に対して，ある $n_\varepsilon \in \boldsymbol{N}$ が存在して，

$$(\forall n \in \boldsymbol{N})(n > n_\varepsilon \text{ ならば } |\,0 - d(p,p_n)\,| < \varepsilon) \tag{3.7}$$

が成り立つことである．しかし (3.7) は定義 3.26 の条件 (3.5) と同じだから，これは $p_n \longrightarrow p$ であることと同値である． □

例題 3.27 では，問 7 (38 ページ) の点列 $\{p_n\}$ が原点 p_0 に収束することを，定義 3.26 にもどって直接に証明した．しかし補題 3.29 を使えば，それは

$$d(p_0,p_n) = \frac{2}{n} \longrightarrow 0$$

である事実からも導かれる．

問 10 集合 $D = \{10, 10^2, 10^3, \cdots, 10^n, \cdots\}$ に対し，実数列 $\{a_n\}$ を $a_n = 1/n$ $(n \notin D)$, $a_n = 1$ $(n \in D)$ によって定める．このとき $\{a_n\}$ は 0 に収束するかどうか調べよ．

演習問題 3

1. 正方形 $I^2 = [0,1] \times [0,1]$ を $\boldsymbol{E}^2$ の図形 A に変形する．そのときの点の対応を表す写像は

$$f : I^2 \longrightarrow A\,;\ (x,y) \longmapsto (x\cos \pi y, x \sin \pi y)$$

である．このとき A を図示せよ．また I^2 の 4 辺を E_i $(i = 1,2,3,4)$ とするとき，$f(E_i)$ は図形 A のどの部分になるか．

2. 正方形 $I^2 = [0,1] \times [0,1]$ を $\boldsymbol{E}^2$ の図形 A に変形する．そのときの点の対応を表す写像は

$$f : I^2 \longrightarrow A\,;\ (x,y) \longmapsto ((x+1)\cos 2\pi y, (x+1) \sin 2\pi y)$$

である．このとき A を図示せよ．また I^2 の 4 辺を E_i $(i = 1,2,3,4)$ とするとき，$f(E_i)$ は図形 A のどの部分になるか．

3. 正方形 $I^2 = [0,1] \times [0,1]$ を $\boldsymbol{E}^3$ の図形 A に変形する．そのときの点の対応を表す写像は

$$f: I^2 \longrightarrow A;\ (x,y) \longmapsto (2\sqrt{-y^2+y}\cos 2\pi x, 2\sqrt{-y^2+y}\sin 2\pi x, 2y)$$

である．このとき A を図示せよ．また I^2 の 4 辺を E_i $(i=1,2,3,4)$ とするとき，$f(E_i)$ は図形 A のどの部分になるか．

4. 正方形 $I^2=[0,1]\times[0,1]$ を $\boldsymbol{E}^3$ の図形 A に変形する．そのときの点の対応を表す写像 $f: I^2 \longrightarrow A$ は

$$(x,y) \longmapsto ((3+\cos 2\pi x)\cos 2\pi y, (3+\cos 2\pi x)\sin 2\pi y, \sin 2\pi x)$$

によって定義される．このとき，次の問いに答えよ．

(1)　I^2 の 4 辺を E_i $(i=1,2,3,4)$ とするとき，$f(E_i)$ を図示せよ．

(2)　$L_1=\{(x,1/2): 0\le x\le 1\}$, $L_2=\{(1/2,y): 0\le y\le 1\}$ とするとき，$f(L_1)$, $f(L_2)$ を図示せよ．

(3)　A はどんな図形か，それを図示せよ．

5. 例 2.7 のアニュラス A と A'' について，A を A'' に変形したい．そのときの点の対応を表す写像 $f: A \longrightarrow A''$ を定めよ．

6. 次の (1)~(4) は写像の定義に反している．その理由を述べよ．

(1)　$f_1: \boldsymbol{R} \longrightarrow \boldsymbol{R};\ x \longmapsto \tan x$,

(2)　$f_2: \boldsymbol{R} \longrightarrow \boldsymbol{R};\ x \longmapsto \pm\sqrt{x}$,

(3)　$f_3: \boldsymbol{N}\times\boldsymbol{N} \longrightarrow \boldsymbol{N};\ (m,n) \longmapsto m-n$,

(4)　$f_4: \boldsymbol{R}\times\boldsymbol{R} \longrightarrow \boldsymbol{R};\ (x,y) \longmapsto x/y$.

7. 2 つの関数 $f: \boldsymbol{R} \longrightarrow \boldsymbol{R};\ x \longmapsto x^2$ と $g: \boldsymbol{R} \longrightarrow \boldsymbol{R};\ x \longmapsto 2^x$ について，$(g\circ f)(x)$ と $(f\circ g)(x)$ を求めよ．また，$g\circ f$ と $f\circ g$ のグラフを描き，それらの値域を求めよ．

8. 関数 $f: \boldsymbol{R} \longrightarrow \boldsymbol{R};\ x \longmapsto x^2+1$ と $g(x)=1$ $(x>2)$, $g(x)=0$ $(x\le 2)$ によって定められる関数 $g: \boldsymbol{R} \longrightarrow \boldsymbol{R}$ について，$g\circ f$ と $f\circ g$ のグラフを描き，それらの値域を求めよ．

9. 関数 $f: \boldsymbol{R} \longrightarrow \boldsymbol{R};\ x \longmapsto x^3-9x$ について，$A=(0,+\infty)$ の像 $f(A)$ を求めよ．また $B=(-\infty,0)$ の逆像 $f^{-1}(B)$ を求めよ．

10. 関数 $f: \boldsymbol{R} \longrightarrow \boldsymbol{R};\ x \longmapsto \sin x$ について，区間 $[0,t]$ の像 $f([0,t])$ を求めよ．ただし $t>0$ とする．

11. 例 3.7 の写像 $f: \boldsymbol{R}^2 \longrightarrow \boldsymbol{R}$ について，$A=[0,1]\times[0,1]$ の像 $f(A)$ を求

めよ．また $f^{-1}(\{0\})$, $f^{-1}(\{1\})$, $f^{-1}([-1,1])$ を平面 $\boldsymbol{R}^2$ 上に図示せよ．

12. 写像 $f:\boldsymbol{R}^2 \longrightarrow \boldsymbol{R};\ (x,y)\longmapsto xy$ について，上の問題 11 と同じ問いに答えよ．

13. 関数 $f:[-1,1]\longrightarrow[-1,1];\ x\longmapsto \sin a\pi x$ について，f が全射であるような実数 a の範囲を求めよ．また f が単射であるような実数 a の範囲を求めよ．

14. 次の写像 f_i $(i=1,2,3)$ は全射であるか単射であるかを調べよ．またそれらの値域を求めよ．

(1)　$f_1:\boldsymbol{R}^2\longrightarrow\boldsymbol{R};\ (x,y)\longmapsto x+2y$,

(2)　$f_2:\boldsymbol{R}\longrightarrow\boldsymbol{R}^2;\ x\longmapsto(x,2x)$,

(3)　$f_3:\boldsymbol{R}^2\longrightarrow\boldsymbol{R}^2;\ (x,y)\longmapsto(x,2y)$.

15. 関数 $f:[-a,a]\longrightarrow\boldsymbol{R};\ x\longmapsto 2x/(x^2+1)$ は単射であるという．このとき，正数 a の最大値を求めよ．

16. 関数 $f:\boldsymbol{R}\longrightarrow\boldsymbol{R};\ x\longmapsto ax^3+bx^2+cx+d$ が全単射であるための，実数 a, b, c, d に関する必要十分条件を求めよ．

17. 補題 3.19 を証明せよ．

18. 1 次関数 $f:\boldsymbol{R}\longrightarrow\boldsymbol{R};\ x\longmapsto ax+b$ $(a\neq 0)$ の逆関数を求めよ．

19. 関数 $f:\boldsymbol{R}\longrightarrow(0,+\infty);\ x\longmapsto 2^{x-1}$ の逆関数を求めよ．

20. 3.3 節，問 9 (40 ページ) の点列 $\{p_n\}$ と原点 p_0 について，$\varepsilon=1/1000$ に対して定義 3.26 の条件 (3.5) を成り立たせる最小の自然数 n_ε を求めよ．

21. $\boldsymbol{E}^2$ の点列 $\{p_n\}$ を

$$p_n=\left(\frac{n-1}{n},\frac{1}{2n}\right)\quad(n\in\boldsymbol{N})$$

によって定める．この点列 $\{p_n\}$ が点 $p=(1,0)$ に収束することを証明せよ．また，$\varepsilon=1/1000$ と $\varepsilon=1/10000$ に対して定義 3.26 の条件 (3.5) を成り立たせる最小の自然数 n_ε をそれぞれ求めよ．

4
図形を破らない変形と連続写像

前章で説明したように，図形を変形したとき，変形前の図形から変形後の図形への点の対応は写像として表現される．それでは位相的な変形 (= 切ったり貼り合わせたりしない変形) による点の対応はどのような写像として表現されるだろうか．この問題を切らない変形の場合と貼り合わせない変形の場合とに分けて考えてみよう．本章の目標は「切らない」変形，または同じことであるが「破らない」変形について，その問題に答えることである．

4.1　図形を破らない変形

いま，図形 X を図形 Y に変形したとしよう．この変形による点の対応を表す写像 $f: X \longrightarrow Y$ について，次の問題 A を考える．

問題 A　図形 X の点列 $\{p_n\}$ を考え，それを f によって Y の点列 $\{f(p_n)\}$ にうつす．このとき，もし $\{p_n\}$ が点 $p \in X$ に収束するならば，$\{f(p_n)\}$ は f による p の像 $f(p)$ に収束するか．すなわち，

$$p_n \longrightarrow p \quad \text{ならば} \quad f(p_n) \longrightarrow f(p) \tag{4.1}$$

は成り立つかどうか．

問題 A を，点 p のところで図形 X が破れる場合に考えてみよう．図 4.1 は点 p を通る線分に沿って X が破れる 2 つの典型的な場合を示している．いま点 $f(p)$ が Y の割れ目の右側の縁にあると仮定する．このとき p の左側から p に収束する X の点列 $\{p_n\}$ を考えると，図 4.1 が示すように，どちらの場合も Y の点列 $\{f(p_n)\}$ は $f(p)$ に収束しない．

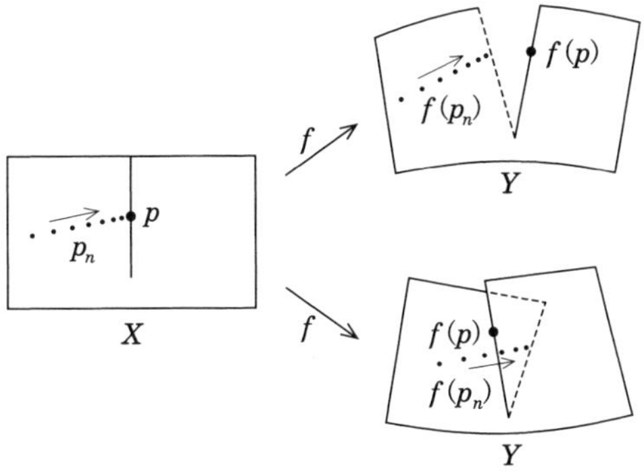

図 4.1　どちらの場合も $f(p)$ は Y の割れ目の右側の縁にある．

反対に $f(p)$ が Y の割れ目の左側の縁にあるときには，逆に p の右側から p に収束する X の点列 $\{p_n\}$ を考えると，やはり $\{f(p_n)\}$ は $f(p)$ に収束しない．以上によって「もし X が p で破れるならば，(4.1) が成り立たないような X の点列 $\{p_n\}$ が存在する」と言えそうである．そこで，この対偶を作ると「もし X の任意の点列 $\{p_n\}$ に対して (4.1) が成り立つならば，X は p で破れない」になる．すなわち，次の条件 (A) は，この変形によって X が p で破れないことの 1 つの表現であると考えられる．

(A)　図形 X の任意の点列 $\{p_n\}$ に対し，

$$p_n \longrightarrow p \quad \text{ならば} \quad f(p_n) \longrightarrow f(p) \tag{4.1}$$

が成り立つ．

次に，点列の収束を使わない別の表現を考えよう．そのために，以後の議論でも繰り返し使われる概念を定義する．

定義 4.1　図形 X の点 p と正数 ε に対し，集合

$$U(X, p, \varepsilon) = \{q \in X : d(p, q) < \varepsilon\}$$

を X における点 p の ε-**近傍**とよぶ．

例えば，点 $x \in \boldsymbol{E}^1$ に対しては $U(\boldsymbol{E}^1, x, \varepsilon)$ は開区間 $(x - \varepsilon, x + \varepsilon)$ であり，点 $p \in \boldsymbol{E}^2$ に対しては，$U(\boldsymbol{E}^2, p, \varepsilon)$ は p を中心とする半径が ε の円の内部である．また $\boldsymbol{E}^n$ の図形 X の点 p が与えられたとき，X における p の ε-近傍 $U(X, p, \varepsilon)$

と $\boldsymbol{E}^n$ における p の ε-近傍 $U(\boldsymbol{E}^n, p, \varepsilon)$ との間には関係

$$U(X, p, \varepsilon) = U(\boldsymbol{E}^n, p, \varepsilon) \cap X$$

が成り立つ．それらを区別する必要がない場合やどこにおける ε-近傍であるかが明らかな場合には，点 p の ε-近傍を簡単に $U(p, \varepsilon)$ と表す．

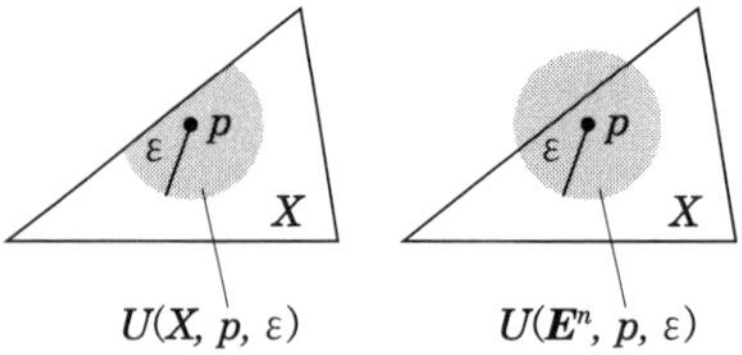

図 **4.2**

問 1　$I = [0, \sqrt{5}] \subseteq \boldsymbol{E}^1$, $x = 2$, $\varepsilon = 1/2$ に対して，$U(I, x, \varepsilon)$, $U(\boldsymbol{E}^1, x, \varepsilon)$, $U(\boldsymbol{Z}, x, \varepsilon)$ を求めよ．

ここで，本節の最初に考えた写像 $f : X \longrightarrow Y$ について，点列の代わりに ε-近傍を用いたもう 1 つの問題 B を考えよう．

問題 B　図形 X の点 p に対し，正数 ε を任意に 1 つとり $f(p)$ の ε-近傍 $U(f(p), \varepsilon)$ を考える．このとき，図 4.3 が示すように，別の正数 δ をうまく選んで $U(p, \delta)$ の f による像が $U(f(p), \varepsilon)$ に含まれるようにしたい．すなわち，

$$f(U(p, \delta)) \subseteq U(f(p), \varepsilon) \tag{4.2}$$

を成り立たせるような正数 δ を求めたい．このような δ は任意の正数 ε に対していつでも存在するか．

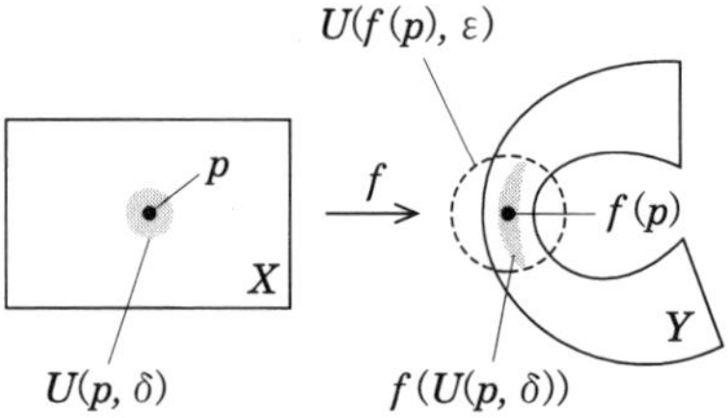

図 **4.3**

注意 1 問題 B において，$U(p,\delta)$ は $U(X,p,\delta)$ の意味である．他方 Y を $\boldsymbol{E}^n$ の図形とするとき，$U(f(p),\varepsilon)$ は $U(Y,f(p),\varepsilon)$ と $U(\boldsymbol{E}^n,f(p),\varepsilon)$ のどちらの意味だと考えてもよい．なぜなら，それらは f の終域 Y の中では一致するので (4.2) が成り立つかどうかには影響しないからである．

さて問題 B を，点 p のところで図形 X が破れる場合に考えてみよう．もし正数 ε が十分に大きい場合には (4.2) をみたすような正数 δ を見つけることはやさしい．しかし p で X が破れるということは，p のところでそれまでつながっていた部分が何らかの状態で離れることを意味する．そこで，その離れる幅よりも小さな正数 ε をとってみよう．そのときには図 4.4 が示すように，どんなに小さな正数 δ を選んでも，$f(U(p,\delta))$ は $U(f(p),\varepsilon)$ からはみ出してしまう．すなわち，(4.2) を成り立たせるような正数 δ は存在しない．

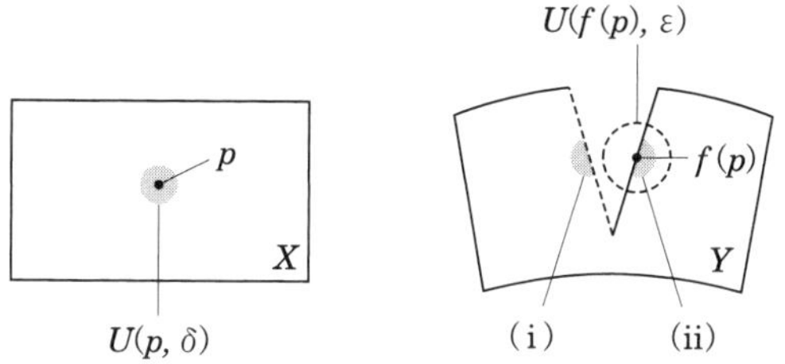

図 4.4 写像 f によって $U(p,\delta)$ の像 $f(U(p,\delta))$ は 2 つの部分 (i) と (ii) に分割される．このとき，左半分 (i) は $U(f(p),\varepsilon)$ に含まれない．

以上の観察から「もし X が p で破れるならば，ある $\varepsilon>0$ が存在して，どんな $\delta>0$ を選んでも (4.2) が成り立たない」と言えそうである．そこで，この命題の対偶を作るために「ならば」から後の部分を否定すると，次の条件 (B) が得られる．

(B) 任意の $\varepsilon>0$ に対して，(それに応じて) ある $\delta>0$ が存在して，

$$f(U(p,\delta))\subseteq U(f(p),\varepsilon) \tag{4.2}$$

が成り立つ．

したがって，上の命題の対偶は「もし条件 (B) がみたされるならば，X は p で破れない」である．すなわち，条件 (B) はこの変形によって X が p で破れな

いことのもう 1 つの表現であると考えられる．

注意 2　条件 (B) を作る際に，2.4 節の最後で述べた法則 (2.7), (2.8) を使って $(\exists\varepsilon > 0)(\forall\delta > 0)$((4.2) が成り立たない) の否定が $(\forall\varepsilon > 0)(\exists\delta > 0)$((4.2) が成立する) であることを導いた．

条件 (B) の (4.2) は次のように書き直すことができる．

$$(4.2) \Longleftrightarrow (\forall q \in X)(q \in U(p,\delta) \text{ ならば } f(q) \in U(f(p),\varepsilon))$$
$$\Longleftrightarrow (\forall q \in X)(d(p,q) < \delta \text{ ならば } d(f(p),f(q)) < \varepsilon).$$

したがって，条件 (B) は次の条件 (C) と同値である．

(C)　任意の $\varepsilon > 0$ に対して，(それに応じて) ある $\delta > 0$ が存在して，

$$(\forall q \in X)(d(p,q) < \delta \text{ ならば } d(f(p),f(q)) < \varepsilon) \tag{4.3}$$

が成り立つ．

以上で，図形 X を図形 Y に変形したときに X が点 p で破れないことを，点の対応を表す写像 f に関する 3 通りの条件 (A), (B), (C) で表現した．最後に，これらの 3 条件は (必ずしも全射とは限らない) 任意の写像 $f: X \longrightarrow Y$ と任意の点 $p \in X$ に対して同値であることを証明しよう．

補題 4.2　図形 X から図形 Y への任意の写像 f と任意の点 $p \in X$ に対して，3 条件 (A), (B), (C) は互いに同値である．

証明　(A) $\Longrightarrow$ (B) : 対偶を証明するために，f が条件 (B) をみたさないと仮定する．このとき，ある $\varepsilon_0 > 0$ が存在して，任意の $\delta > 0$ に対して

$$f(U(p,\delta)) \not\subset U(f(p),\varepsilon_0) \tag{4.4}$$

となる．自然数 n に対し $\delta = 1/n$ と考えると，(4.4) より $p_n \in U(p,1/n)$ であるが $f(p_n) \notin U(f(p),\varepsilon_0)$ となる点 $p_n \in X$ が存在する．このとき ε-近傍の定義より

$$d(p,p_n) < 1/n \quad \text{かつ} \quad d(f(p),f(p_n)) \geq \varepsilon_0 \tag{4.5}$$

が成り立つ．すべての $n \in \boldsymbol{N}$ について，(4.5) をみたす点 p_n を 1 つずつ選んで X の点列 $\{p_n\}$ を作る．このとき (4.5) の前の不等式から $d(p,p_n) < 1/n \longrightarrow 0$．したがって，補題 3.29 より $p_n \longrightarrow p$ が成り立つ．ところが一方 (4.5) の後

の不等式から，すべての n に対して $f(p_n)$ は $f(p)$ から ε_0 以上離れているので $\{f(p_n)\}$ は $f(p)$ に収束しない．ゆえに f は条件 (A) をみたさない．以上によって対偶が証明された．

(B) $\Longrightarrow$ (C) : 上で説明したように，条件 (B) と (C) は同値である．

(C) $\Longrightarrow$ (A) : f が条件 (C) をみたすと仮定して，$p_n \longrightarrow p$ である X の任意の点列 $\{p_n\}$ をとる．このとき $f(p_n) \longrightarrow f(p)$ であることを示せばよい．そのために，任意の $\varepsilon > 0$ をとる．いま条件 (C) より，ある $\delta > 0$ が存在して

$$(\forall q \in X)(d(p,q) < \delta \text{ ならば } d(f(p), f(q)) < \varepsilon) \tag{4.6}$$

が成り立つ．また $p_n \longrightarrow p$ だから，この δ に対して，ある $n_\delta \in \boldsymbol{N}$ が存在して

$$(\forall n \in \boldsymbol{N})(n > n_\delta \text{ ならば } d(p, p_n) < \delta) \tag{4.7}$$

が成り立つ．このとき (4.7) と (4.6) を組み合わせると，任意の $n \in \boldsymbol{N}$ について，もし $n > n_\delta$ ならば $d(f(p), f(p_n)) < \varepsilon$ が成り立つことが分かる．したがって $f(p_n) \longrightarrow f(p)$ である．ゆえに f は条件 (A) をみたす． □

4.2 連続写像

前節で得た同値な 3 条件を使って，写像の連続性が定義される．

定義 4.3 図形 X から図形 Y への写像 f が点 $p \in X$ で条件 (A), (B), (C) の 1 つをみたすとき，f は p で**連続**であるという．

定義 4.4 図形 X から図形 Y への写像 f が X のすべての点で連続であるとき，f は X 上で**連続**である，あるいは，f は**連続写像**であるという．

連続性の定義は全射でない写像にも適用されることに注意しよう．

特に $X = Y = \boldsymbol{E}^1$ の場合には，条件 (C) を p の代わりに x を使って書き直すと，数直線上の通常の実数値関数が x で連続であるための条件 (C′) が得られる．

(C′) 任意の $\varepsilon > 0$ に対して，ある $\delta > 0$ が存在して，

$$(\forall x' \in \boldsymbol{E}^1)(|\,x - x'\,| < \delta \text{ ならば } |\,f(x) - f(x')\,| < \varepsilon) \tag{4.8}$$

が成り立つ．

すなわち，高等学校の数学 III や微分積分学で学ぶ連続関数とは $\boldsymbol{E}^1$ から $\boldsymbol{E}^1$ への連続写像のことである．本書では場合に応じて 2 つの用語，連続写像と連続関数とを使うが，それらの意味はまったく同じである．

与えられた写像 $f: X \longrightarrow Y$ が点 $p \in X$ で連続であることを証明するためには，f が p で条件 (A), (B), (C) の 1 つをみたすことを示せばよい．また逆に，f が p で連続でないことを示す場合も，補題 4.2 から，f が p で条件 (A), (B), (C) のどれか 1 つをみたさないことを示せばよい．条件 (B) と (C) はいわゆる (学生諸君には評判の悪い) ε–δ 論法であるが，実際の証明では使いやすい場合が多い．具体的な例題を通して，連続性の定義の意味を考えてみよう．

例題 4.5　例 3.1 の写像 $f: I^2 \longrightarrow B;\ (x, y) \longmapsto (2x, y)$ は連続写像であることを証明せよ．

はじめに，f が任意の点 $p \in I^2$ において条件 (B) をみたすことを図を用いて確かめよう．まず任意の $\varepsilon > 0$ をとる．写像 f が I^2 を横に 2 倍に引き伸ばすことに着目して $\delta = \varepsilon/2$ とおく．このとき，図 4.5 が示すように

$$f(U(p, \delta)) \subseteq U(f(p), \varepsilon) \tag{4.9}$$

が成り立つ．ゆえに f は p で条件 (B) をみたす．

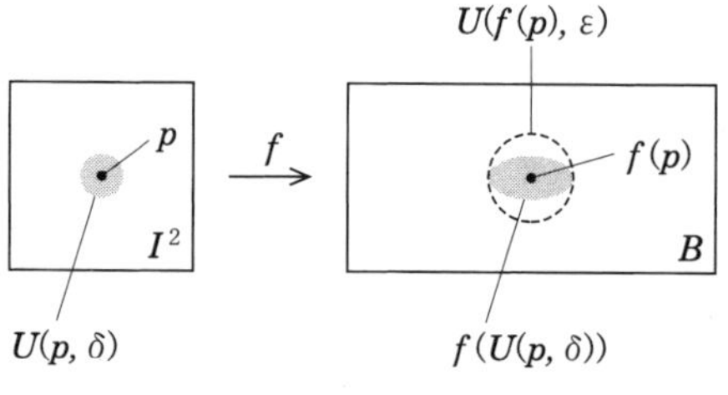

図 4.5　$\delta = \varepsilon/2$ とおくと (4.9) が成立する．

上の説明は (4.9) が成り立つためには，具体的には

$\varepsilon = 1/10$ のときは $\delta = 1/20$ とすればよい．

$\varepsilon - 1/100$ のときは $\delta = 1/200$ とすればよい．

$\varepsilon = 1/1000$ のときは $\delta = 1/2000$ とすればよい．

$\cdots$

ということを示している．すなわち，ε がどんどん小さくなっても，それに応じて (4.9) を成り立たせるような δ のとり方がある．これが f が p で連続であるということである．

注意 3　上の説明では $\delta = \varepsilon/2$ とおいたが，$\varepsilon/2$ 以下のどんな正数 (例えば，$\varepsilon/3$ や $\varepsilon/100$) を δ とおいても (4.9) は成立する．したがって δ のとり方は一意的ではない．また $\varepsilon = a$ に対して (4.9) を成立させるような δ が存在すれば，その δ は $\varepsilon > a$ であるどんな ε に対しても (4.9) を成立させる．この事実から，条件 (B) がみたされることを証明するためには，小さな $\varepsilon > 0$ についてだけ考えればよいことが分かる．条件 (C) や (C$'$) についても同じである．

実際に証明を書く場合は，次のように f が任意の点で条件 (C) をみたすことを示すとよいだろう．

証明　任意の点 $p = (x, y) \in I^2$ をとる．任意の $\varepsilon > 0$ に対して $\delta = \varepsilon/2$ とおく．このとき，任意の点 $q = (x', y') \in I^2$ に対して，$f(p) = (2x, y)$, $f(q) = (2x', y')$ だから，もし $d(p, q) < \delta$ ならば

$$\begin{aligned} d(f(p), f(q)) &= \sqrt{(2x - 2x')^2 + (y - y')^2} \\ &\leq 2\sqrt{(x - x')^2 + (y - y')^2} = 2d(p, q) < 2\delta = \varepsilon \end{aligned}$$

が成り立つ．ゆえに f は p で (条件 (C) をみたすので) 連続である．点 p の選び方は任意だから，f は連続写像である．　□

例題 4.6　例 3.3 の写像

$$f : I^2 \longrightarrow C\,;\ (x, y) \longmapsto \begin{cases} (x, y) & (0 \leq x \leq 1/2) \\ (x + 1/4, y) & (1/2 < x \leq 1) \end{cases}$$

は点 $p = (1/2, 1/2)$ で連続でないことを証明せよ．

はじめに，f が点 p で条件 (B) をみたさないことを図を用いて確かめよう．任意の $\varepsilon > 0$ をとる．もし $\varepsilon > 1/4$ ならば，$\delta = \varepsilon - 1/4$ とおけば，

$$f(U(p, \delta)) \subseteq U(f(p), \varepsilon) \tag{4.10}$$

が成り立つ (図 4.6 を見よ)．しかし ε をどんどん小さくしていって $\varepsilon \leq 1/4$ になった途端，どんな $\delta > 0$ に対しても (4.10) が成り立たなくなる (図 4.7 を見

よ)．すなわち，f は点 p で条件 (B) をみたさない．

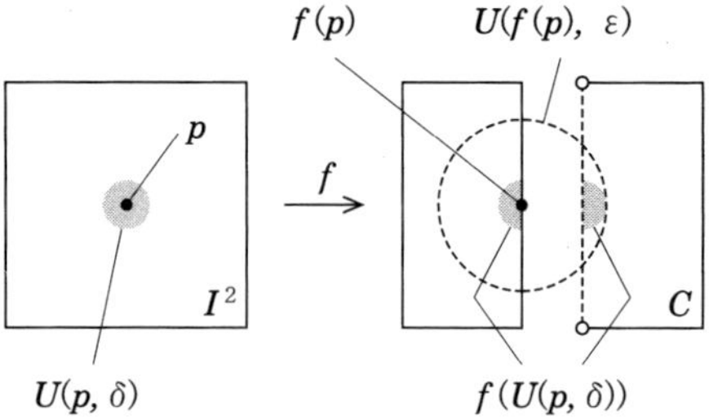

図 **4.6**　$\varepsilon > 1/4$ のときは $\delta = \varepsilon - 1/4$ とおけばよい．

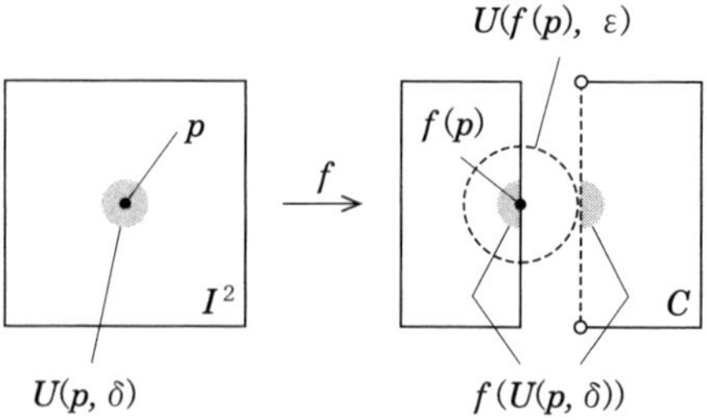

図 **4.7**　$\varepsilon \leq 1/4$ のとき，$f(U(p,\delta))$ の右半分は $U(f(p),\varepsilon)$ に含まれない．

上のように，正数 ε を小さくしていったとき，いつか (4.10) を成り立たせるような $\delta > 0$ がとれなくなることが，f が点 p で連続でないということである．

実際に証明を書いてみよう．

証明　いま $\varepsilon = 1/4$ とする．任意の $\delta > 0$ に対して，点 $q = (x, 1/2) \in I^2$ を $1/2 < x < 1/2 + \delta$ をみたすようにとる．すなわち q は p の右側にあって $d(p,q) < \delta$ をみたす点である．このとき，f の定義から $f(p) = p = (1/2, 1/2)$, $f(q) = (x + 1/4, 1/2)$ だから

$$d(f(p), f(q)) = \left| \left(x + \frac{1}{4} \right) - \frac{1}{2} \right| \geq \frac{1}{4} = \varepsilon$$

である．以上で，$\varepsilon = 1/4$ に対しては，どんな $\delta > 0$ に対しても，$d(p,q) < \delta$ であるが $d(f(p), f(q)) \geq \varepsilon$ となる点 $q \in I^2$ が存在することが示された．ゆえに，f は点 p で (条件 (C) をみたさないので) 連続でない．　□

問 2 例題 4.6 の写像 f は点 $p=(1/2,1/2)$ で連続でないから条件 (A) をみたさない．したがって，$p_n \longrightarrow p$ であるが $f(p_n) \longrightarrow f(p)$ でないような I^2 の点列 $\{p_n\}$ が存在するはずである．そのような点列 $\{p_n\}$ の例を与えよ．

例題 4.7 関数 $f: \boldsymbol{E}^1 \longrightarrow \boldsymbol{E}^1;\ x \longmapsto x^2$ は連続関数であることを証明せよ．

証明 任意の点 x で f が条件 (C$'$) をみたすことを示す．任意の $\varepsilon>0$ をとる．まず $x=0$ のときは $\delta=\sqrt{\varepsilon}$ とおく．このとき，任意の点 x' に対し，もし $|x-x'|<\delta$ ならば $|x'|<\sqrt{\varepsilon}$ だから

$$|f(x)-f(x')|=(x')^2<\varepsilon.$$

ゆえに f は $x=0$ で連続である．次に $x>0$ の場合を考える．注意 3 (51 ページ) で述べたように小さな ε についてだけ考えればよいから，$\varepsilon<x^2$ であると仮定してよい．このとき $\sqrt{x^2-\varepsilon}<x<\sqrt{x^2+\varepsilon}$ だから，

$$\sqrt{x^2-\varepsilon} \leq x-\delta<x<x+\delta \leq \sqrt{x^2+\varepsilon} \tag{4.11}$$

をみたす $\delta>0$ が存在する (図 4.8 を見よ)．このとき，任意の x' に対し，もし $|x-x'|<\delta$ ならば，(4.11) より $x^2-\varepsilon<(x')^2<x^2+\varepsilon$ が成り立つから

$$|f(x)-f(x')|=|x^2-(x')^2|<\varepsilon.$$

ゆえに f は x で連続である．最後に $x<0$ の場合の証明は $x>0$ の場合と同様である．以上により f は連続関数である． □

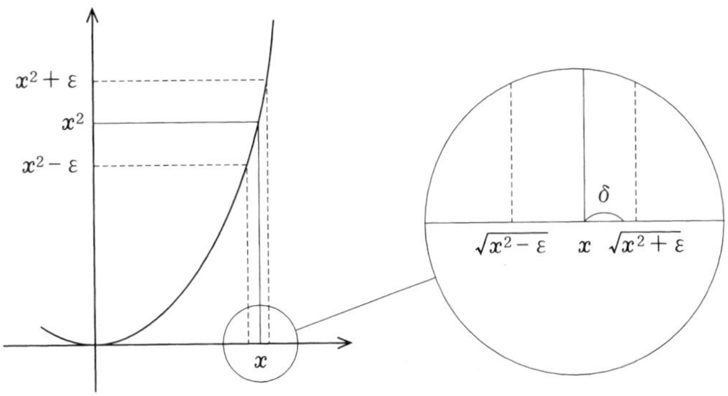

図 **4.8** $0<\delta<\sqrt{x^2+\varepsilon}-x$ である δ は不等式 (4.11) をみたす．

上の証明のキー・ポイントは，$x > 0$ のときには，正数 ε をどんなに小さくしても $\sqrt{x^2 - \varepsilon} < x < \sqrt{x^2 + \varepsilon}$ が成り立つから，不等式 (4.11) をみたす正数 δ がとれることである．

問 3　例題 4.7 の関数 f と点 $x = 1$ について，$\varepsilon = 1/2$ に対して連続性の条件 (C$'$) の (4.8) を成立させるような最大の $\delta > 0$ を求めよ．

例題 4.8　関数

$$f : \boldsymbol{E}^1 \longrightarrow \boldsymbol{E}^1 ;\ x \longmapsto \begin{cases} x + 1 & (x \geq 0) \\ x & (x < 0) \end{cases}$$

は点 $x = 0$ で連続でないことを示せ．

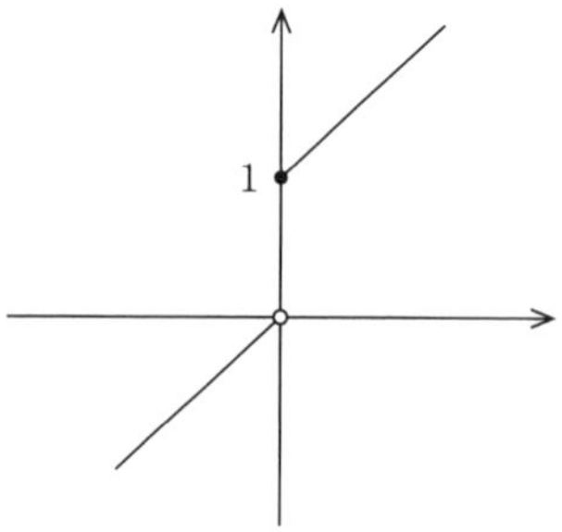

図 **4.9**　関数 f が $x = 0$ で連続でないことはグラフを見れば一目瞭然だが，実際に証明を書いてみることも大切である．

証明　$\varepsilon = 1$ とする．任意の $\delta > 0$ に対して，$-\delta < x' < 0$ である点 x' をとると $|x - x'| < \delta$ が成り立つ．ところが他方，f の定義より $f(x) = 1$, $f(x') = x' < 0$ だから，

$$|f(x) - f(x')| \geq 1 = \varepsilon.$$

したがって，$\varepsilon = 1$ に対しては，どんな $\delta > 0$ に対しても，$|x - x'| < \delta$ であるが $|f(x) - f(x')| \geq \varepsilon$ となる点 $x' \in \boldsymbol{E}^1$ が存在する．ゆえに f は $x = 0$ で連続でない．　□

問 4　例題 4.8 の関数 $f : \boldsymbol{E}^1 \longrightarrow \boldsymbol{E}^1$ と点 $x = 0$ について，$x_n \longrightarrow x$ であるが $f(x_n) \longrightarrow f(x)$ でないような $\boldsymbol{E}^1$ の点列 $\{x_n\}$ の例を与えよ．

問 5 次の写像は連続であることを証明せよ.

(1) $f_1 : \boldsymbol{E}^2 \longrightarrow \boldsymbol{E}^1;\ (x,y) \longmapsto x+y$,

(2) $f_2 : \boldsymbol{E}^2 \longrightarrow \boldsymbol{E}^1;\ (x,y) \longmapsto xy$.

問 6 極座標で表された 2 次元閉球体 $B^2 = \{(r,\theta) : 0 \leq r \leq 2, 0 \leq \theta < 2\pi\}$ について，写像

$$f : B^2 \longrightarrow B^2;\ (r,\theta) \longmapsto \begin{cases} (r,\theta) & (0 \leq r < 1) \\ (r, \theta + \pi/2) & (1 \leq r \leq 2) \end{cases}$$

は点 $p = (1,0) \in B^2$ で連続でないことを証明せよ.

次の補題は，ある種の条件をみたす写像はいつでも自動的に連続になることを示している.

補題 4.9 図形 X から図形 Y への写像 f に対して，定数 $r \geq 0$ が存在して，

$$(\forall p\, \forall q \in X)(d(f(p), f(q)) \leq r \cdot d(p,q)) \tag{4.12}$$

が成り立つとする．このとき f は連続写像である.

証明 任意の点 $p \in X$ をとり，f が p で連続であることを示す．$r > 0$ のときは，任意の $\varepsilon > 0$ に対し $\delta = \varepsilon/r$ とおく．このとき，任意の点 $q \in X$ に対し，もし $d(p,q) < \delta$ ならば (4.12) より

$$d(f(p), f(q)) \leq r \cdot d(p,q) < r \cdot \delta = \varepsilon.$$

$r = 0$ のときは，任意の $\varepsilon > 0$ に対し任意の正数を δ とおく (例えば，$\delta = 1$). このとき，任意の点 $q \in X$ に対し，もし $d(p,q) < \delta$ ならば (4.12) より

$$d(f(p), f(q)) \leq r \cdot d(p,q) = 0 < \varepsilon.$$

ゆえに f は p で連続である．点 p の選び方は任意だから，f は連続写像である.

□

問 7 補題 4.9 を連続性の条件 (A) を使って証明せよ.

定義 4.10 補題 4.9 の仮定をみたす写像 f を**リプシッツ写像**とよび，そのときの定数 r を f の**リプシッツ定数**という．特に，リプシッツ定数 r が 1 より小さいリプシッツ写像は**縮小写像**とよばれる.

系 4.11　任意の図形 X に対し，X の恒等写像 id_X と X から任意の図形 Y への任意の定値写像は連続写像である．

証明　恒等写像はリプシッツ定数が 1 のリプシッツ写像である．また定値写像はリプシッツ定数が 0 のリプシッツ写像である．ゆえに，補題 4.9 よりそれらは連続写像である．　□

定義 4.12　$\boldsymbol{E}^n$ の各点 $p = (x_1, x_2, \cdots, x_n)$ に p の第 i 座標 x_i を対応させる写像を第 i 座標への**射影**とよび，

$$\mathrm{pr}_i : \boldsymbol{E}^n \longrightarrow \boldsymbol{E}^1\,;\ (x_1, x_2, \cdots, x_n) \longmapsto x_i$$

で表す．

系 4.13　各 $i = 1, 2, \cdots, n$ について，射影 $\mathrm{pr}_i : \boldsymbol{E}^n \longrightarrow \boldsymbol{E}^1$ は連続写像である．

証明　任意の 2 点 $p = (x_1, x_2, \cdots, x_n)$, $q = (y_1, y_2, \cdots, y_n) \in \boldsymbol{E}^n$ に対し

$$|\,\mathrm{pr}_i(p) - \mathrm{pr}_i(q)\,| = |\,x_i - y_i\,| \leq \sqrt{\sum_{j=1}^{n}(x_j - y_j)^2} = d(p, q)$$

が成り立つから，射影 pr_i はリプシッツ定数が 1 のリプシッツ写像である．ゆえに，補題 4.9 より pr_i は連続写像である．　□

図形を破らない変形は，そのときの点の対応がリプシッツ写像によって表される場合が多い．例えば，長方形からメビウスの帯やトーラスなどを作る工作 (例 2.8, 2.9) を思い出してみよう．その際の点の対応を表す写像は，任意の 2 点間の距離を一定の比以上に広げないのでリプシッツ写像である．また，例題 4.5 で考えた写像 $f : I^2 \longrightarrow B$ はリプシッツ定数が 2 のリプシッツ写像である．

問 8　次の連続関数はリプシッツ写像であるかどうかを調べよ．

(1)　$f : \boldsymbol{E}^1 \longrightarrow \boldsymbol{E}^1\,;\ x \longmapsto ax + b\ (a \neq 0)$,

(2)　$f : \boldsymbol{E}^1 \longrightarrow \boldsymbol{E}^1\,;\ x \longmapsto x^2$,

(3)　$f : \boldsymbol{E}^1 \longrightarrow \boldsymbol{E}^1\,;\ x \longmapsto \sin x$.

問 9　例 3.2 で定義した 2 つの写像 $f : I^2 \longrightarrow B$, $g : B \longrightarrow A$ はともにリプシッツ写像であることを示せ．

最後に，この章の議論をふり返っておこう．4.1 節では図形を破る変形を観察して，そのときに起こる現象を否定することによって連続性の条件 (A), (B), (C) を導いた．すなわち，連続性の定義は

$$\text{図形を破る} \Longrightarrow \text{連続でない}$$

という考察に基づいている．したがって，この対偶である「連続ならば図形を破らない」は正しいと言ってよい．しかし，その逆の「図形を破らなければ連続か」という問いには答えていない．実はその問いに対する答えは否定的であるが，それを数学的に説明するためにはさらに準備が必要である．そこで最後の章の 12.4 節でこの問題を再考することにしよう．しかし，大ざっぱに言えば

$$\text{連続} \Longleftrightarrow \text{図形を破らない} \tag{4.13}$$

であると考えられ，実際そのように考えることによって，位相の基礎のかなりの部分が見通しよく理解できるようになる．

注意 4　図 4.10 は $\boldsymbol{E}^3$ 内の離れた 2 つの S^1 からなる図形 X から鎖状の図形 Z を作る様子を示している．この変形では，X の片方の S^1 を一度切り離しているが，変形全体を表す写像 $g \circ f$ は連続写像である．実際，f は連続ではないが，$g \circ f$ は 2 点間の距離を広げないのでリプシッツ定数が 1 のリプシッツ写像である．この事実は上の考察 (4.13) には矛盾しない．なぜなら，前章の注意 1 (32 ページ) で述べたように，本書では変形前の図形から変形後の図形への点の対応だけに着目して，変形の途中の段階を無視している．したがって，図 4.10 のように，一度切り離してもその後で元通りに復元するような変形は，結果として図形を切っていないと見なされるからである．

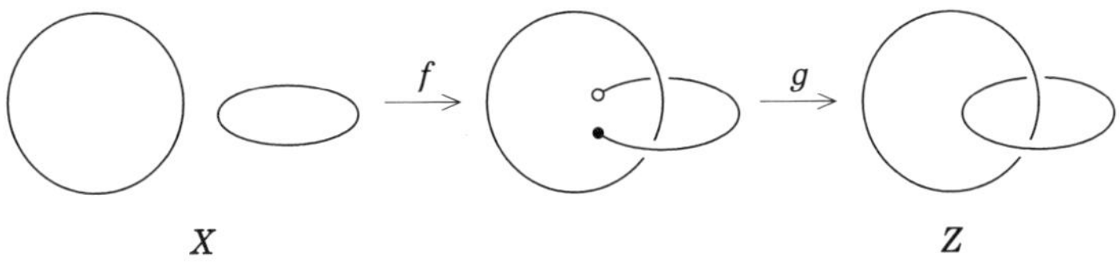

図 **4.10**　2 つの円を組み合わせて鎖を作る．

演習問題 4

1. 正方形 $I^2=[0,1]\times[0,1]\subseteq \boldsymbol{E}^2$ の点 $p=(1,1)$ について，$U(I^2,p,1/2)$ と $U(\boldsymbol{E}^2,p,1/2)$ を図示せよ．

2. 1 次元球面 $S^1=\{(x,y):x^2+y^2=1\}\subseteq \boldsymbol{E}^2$ の点 $p=(\sqrt{3}/2,1/2)$ について，$U(S^1,p,1)$ と $U(\boldsymbol{E}^2,p,1)$ を図示せよ．

3. $\boldsymbol{E}^1$ の点 $x=2$ について，$U(\boldsymbol{E}^1,x,\sqrt{7})$ と $U(\boldsymbol{Z},x,\sqrt{7})$ を求めよ．

4. $\boldsymbol{E}^2$ の原点 p_0 に対し，$U(\boldsymbol{Z}\times\boldsymbol{Z},p_0,2)$ と $U(\boldsymbol{Z}\times\boldsymbol{Z},p_0,5/2)$ を求めよ．ただし，$\boldsymbol{Z}\times\boldsymbol{Z}$ は $\boldsymbol{E}^2$ の格子点 (= x-座標と y-座標がともに整数である点) の集合である．

5. 極座標で表されたアニュラス $A=\{(r,\theta):1\leq r\leq 3,\ 0\leq\theta<2\pi\}$ から 1 次元球面 $S^1=\{(3,\theta):0\leq\theta<2\pi\}$ への写像 f を

$$f:A\longrightarrow S^1\,;\ (r,\theta)\longmapsto(3,\theta)$$

によって定める．点 $p=(1,0)\in A$ に対して，次の問いに答えよ．

(1)　$\varepsilon=1,1/100,1/10000$ に対して $f(U(p,\delta))\subseteq U(f(p),\varepsilon)$ を成り立たせるような $\delta>0$ を求めよ．

(2)　f が p で連続であることを証明せよ．

6. 演習問題 3 の問題 1 (41 ページ) の写像 $f:I^2\to A$ と点 $p=(0,0)\in I^2$ について，上の問題 5 と同じ問いに答えよ．

7. 関数 $f:\boldsymbol{E}^1\longrightarrow\boldsymbol{E}^1\,;\ x\longmapsto -3x+2$ と点 $x\in\boldsymbol{E}^1$ について，与えられた $\varepsilon>0$ に対して連続性の条件 (C′) の (4.8) を成立させるような $\delta>0$ を求めよ．

8. 関数 $f:(0,\infty)\longrightarrow\boldsymbol{E}^1\,;\ x\longmapsto 1/x$ と点 $x=1$ について，$\varepsilon=1/2$ に対して連続性の条件 (C′) の (4.8) を成立させるような最大の $\delta>0$ を求めよ．

9. 正方形 $I^2=[0,1]\times[0,1]$ 上で定義された写像

$$f:I^2\longrightarrow\boldsymbol{E}^2\,;\ (x,y)\longmapsto\begin{cases}(x,y+1/5) & (0\leq x\leq 1/2)\\ (x,y) & (1/2<x\leq 1)\end{cases}$$

について，f の値域 $f(I^2)$ を図示せよ．また次の問いに答えよ．

(1)　写像 f は I^2 のどの点で連続でどの点で連続でないか．

(2)　写像 f が連続でない点の 1 つを p とする．どのような $\varepsilon>0$ に対して

連続性の条件 (C) の (4.3) を成立させるような $\delta > 0$ がとれないか.

(3) (2) で選んだ点 p に対し, $p_n \longrightarrow p$ であるが $f(p_n) \longrightarrow f(p)$ でない I^2 の点列 $\{p_n\}$ の例を与えよ.

10. 正方形 $I^2 = [0,1] \times [0,1]$ 上で定義された写像

$$f : I^2 \longrightarrow \boldsymbol{E}^2 ;\ (x,y) \longmapsto \begin{cases} (x,y) & (0 \leq y \leq 1/2) \\ (x, y - 1/4) & (1/2 < y \leq 1) \end{cases}$$

について, f の値域 $f(I^2)$ を図示せよ. また上の問題 9 と同じ問いに答えよ.

11. 関数 $f : \boldsymbol{E}^1 \longrightarrow \boldsymbol{E}^1$ を $f(x) = x + 1\ (x < 0)$, $f(x) = x\ (x \geq 0)$ によって定義する. 関数 f のグラフを描き, 次の問いに答えよ.

(1) 点 $x = 0$ について, $\varepsilon = 2, 3/2, 1, 1/2$ に対して連続性の条件 (C$'$) の (4.8) を成立させる $\delta > 0$ は存在するか. もし存在するならば, それを求めよ.

(2) 点 $x = 1/2$ について, (1) と同じ問いに答えよ.

(3) $x_n \longrightarrow 0$ であるが $f(x_n) \longrightarrow f(0)$ でないような $\boldsymbol{E}^1$ の点列 $\{x_n\}$ の例を与えよ.

12. 実数 x に対しガウス記号 $[x]$ は x を越えない最大の整数を表す記号である. 関数 $f : \boldsymbol{E}^1 \longrightarrow \boldsymbol{E}^1 ;\ x \longmapsto [x]$ のグラフを描き, 上の問題 11 と同じ問いに答えよ.

13. $\boldsymbol{E}^1$ の図形 $X = [0,1] \cup (2,3]$ と $Y = [0,2]$ に対し, 写像 $f : X \longrightarrow Y$ を $f(x) = x\ (0 \leq x \leq 1)$, $f(x) = x - 1\ (2 < x \leq 3)$ によって定義する. このとき f は連続写像であることを証明せよ (ヒント : 補題 4.9 を用いよ).

14. 例題 4.6 で考えた写像 $f : I^2 \longrightarrow C$ の逆写像 $f^{-1} : C \longrightarrow I^2$ は連続写像であることを証明せよ.

15. 写像 $f : [0, 2\pi] \longrightarrow S^1 ;\ x \longmapsto (\cos x, \sin x)$ はリプシッツ写像であることを証明せよ.

16. 4.2 節, 問 5 (55 ページ) の写像 f_1, f_2 について, f_1 はリプシッツ写像であるが f_2 はリプシッツ写像でないことを示せ.

17. 2 つのリプシッツ写像の合成写像はまたリプシッツ写像であることを証明せよ.

5
位相同型写像といろいろな距離

前章に続いて，図形の位相的な変形を数学的に表現する方法を考えよう．また，複雑な数式で表された写像の連続性を証明する方法と $\boldsymbol{E}^n$ 上に定められる距離関数について考察する．

5.1　位相的な変形と位相同型写像

これまでに，図形の位相的な変形の説明「図形を切ったり貼り合わせたりしない変形」の中で使われる言葉を，次のように数学的に表現した．

$$\begin{aligned}
\text{図形} &= \boldsymbol{E}^n \text{ の部分集合},\\
\text{変形} &= \text{全射 (上への写像)},\\
\text{切らない} &= \text{連続},\\
\text{貼り合わせない} &= \quad ?
\end{aligned}$$

本節では，まず「?」マークの部分を埋めることによって位相的な変形の表現を完成しよう．そのために次の問題を考える．

問題　図形 X を図形 Y に変形する際の点の対応が全射 $f : X \longrightarrow Y$ によって表されている．この変形によって X が貼り合わされないためには，f はどんな条件をみたさなければならないか．

すぐに気付くことは，f は単射でなければならないことである．なぜなら，もし $f(p) = f(q)$ である異なる 2 点 $p, q \in X$ が存在すれば，これらの点で X が貼り合わされてしまうからである．しかし f が単射であるだけではまだ不十分である．例えば，図 5.1 に示す図形の変形を考えてみよう．

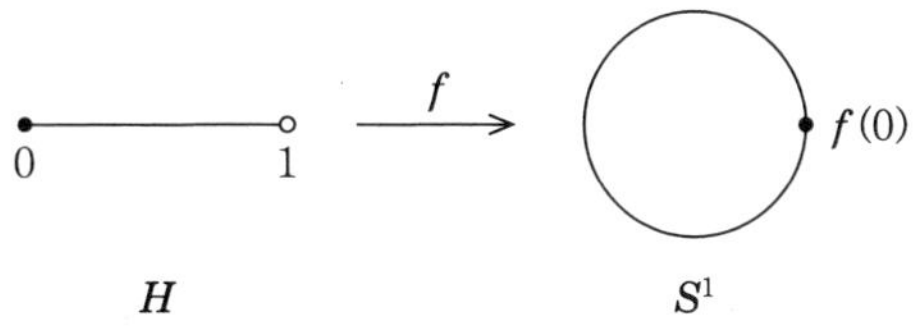

図 **5.1**　半開区間 H を引き伸ばしながら曲げて S^1 を作る．このとき，端点 1 が H に含まれていないので f は全単射である．

この変形による点の対応は，連続な全単射

$$f : H \longrightarrow S^1 ;\ x \longmapsto (\cos 2\pi x, \sin 2\pi x)$$

によって表されるが，H の両端が貼り合わされて (接着されて) しまうので位相的な変形ではない．したがって，このような変形を許さない f の条件を見つける必要がある．そのために，図 5.1 の変形の様子をビデオに撮影して，巻き戻しながら逆向きに再生してみよう．そうすると，円周 S^1 が切り離されて半開区間 H に戻る様子が見えるはずである．つまり，貼り合わせの逆の操作は切断である．したがって，図形を貼り合わせないためには，逆の変形が図形を切らなければよい．数学的に言うと，f の逆写像 f^{-1} が連続ということである．以上によって，前ページの表の「?」マークの部分に入る条件は「全単射で逆写像が連続」であることが分かった．表をまとめることによって，位相的な変形による点の対応を表す写像の定義が得られる．

定義 5.1　図形 X から図形 Y への写像 f が全単射であって，f と f^{-1} がともに連続写像であるとき，f を**位相同型写像**または**同相写像**とよぶ．

2 つの図形 X, Y が位相同型であるとは，X が Y に位相的に変形されることであった．したがって，それは次のように定義される．

定義 5.2　図形 X から図形 Y への位相同型写像が存在するとき，X, Y は**位相同型**である，あるいは，X, Y は**同相**であるといい

$$X \approx Y$$

と書く．

以上で，図形が位相同型であることの定義が完成した．位相同型写像の定義

の鍵は写像の連続性である．この理由で，連続性はトポロジーにおけるもっとも重要な概念である．ここで，位相同型な図形の簡単な例を観察しよう．

例 5.3　任意の 2 つの閉区間 $I=[a,b]$, $I'=[c,d]$ $(a<b,\ c<d)$ は位相同型である．座標平面において I を x-軸上にとり I' を y-軸上にとる．このとき，2 点 (a,c), (b,d) を結ぶ線分をグラフとする 1 次関数

$$f: I \longrightarrow I';\ x \longmapsto \frac{c-d}{a-b}x + \frac{ad-cb}{a-b}$$

は位相同型写像である．ゆえに，区間 I と I' の長さがどんなに違っていても，$I \approx I'$ である．

問 1　例 5.3 で定義した関数 f の逆関数 $f^{-1}: I' \longrightarrow I$ を求めよ．

例 5.4　直線 $\boldsymbol{E}^1$ と開区間 $J=(-1,1)$ とは位相同型である．無限の長さを持つ直線 $\boldsymbol{E}^1$ と長さ 2 の開区間 J とが位相同型であることは不思議に感じられるかも知れない．しかし，図 5.2 に示すグラフを持つ関数

$$f: \boldsymbol{E}^1 \longrightarrow J;\ x \longmapsto \frac{x}{1+|x|}$$

は全単射，連続で逆関数 $f^{-1}: J \longrightarrow \boldsymbol{E}^1;\ x \longmapsto x/(1-|x|)$ もまた連続である (次節の問 4 (69 ページ) を参照せよ)．ゆえに，f は位相同型写像だから $\boldsymbol{E}^1 \approx J$ である．

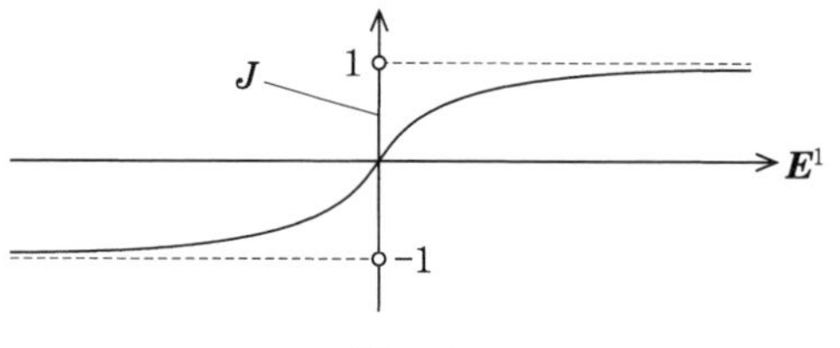

図 **5.2**

問 2　任意の 2 つの開区間 $J=(a,b)$, $J'=(c,d)$ $(a<b,\ c<d)$ は位相同型であることを示せ．

問 3*　$\boldsymbol{E}^1 \approx (0,+\infty)$ であることを示せ．また，$\boldsymbol{E}^1$ から $(0,+\infty)$ への異なる 2 つの位相同型写像の例を与えよ．

上の例の後には「閉区間と開区間とは位相同型か」または「開区間と半開区間とは位相同型か」といったさまざまな疑問が生じるだろう．これらの疑問には第11, 12 章で答える．大きく要約すれば，それらも含めて次の 2 つの問題に答えることがトポロジーの目標であると言える．

(1) どんな図形とどんな図形が位相同型か．

(2) 位相同型な図形はどんな性質を共有するか．

問題 (2) の答えとなるような性質は図形の**位相的性質**とよばれる．

補題 5.5 3 つの図形 X, Y, Z について，連続写像 $f : X \longrightarrow Y$ と連続写像 $g : Y \longrightarrow Z$ が与えられたとする．このとき，合成写像 $g \circ f : X \longrightarrow Z$ はまた連続写像である．

証明 任意の点 $p \in X$ をとり，$g \circ f$ が p で連続性の条件 (A) をみたすことを示す．そのために X の任意の点列 $\{p_n\}$ をとり，$p_n \longrightarrow p$ であると仮定する．このとき，f は点 p で連続だから，$f(p_n) \longrightarrow f(p)$ が成り立つ．次に，g は点 $f(p)$ で連続だから，$g(f(p_n)) \longrightarrow g(f(p))$ が成り立つ．合成写像の定義から，これは $(g \circ f)(p_n) \longrightarrow (g \circ f)(p)$ であることを意味する．ゆえに $g \circ f$ は点 p で連続である．点 p の選び方は任意だから，$g \circ f$ は連続写像である． □

定理 5.6 任意の図形 X, Y, Z に対して，次の (1), (2), (3) が成り立つ．

(1) $X \approx X$,

(2) $X \approx Y$ ならば $Y \approx X$,

(3) $X \approx Y$ かつ $Y \approx Z$ ならば $X \approx Z$.

証明 恒等写像 $\mathrm{id}_X : X \longrightarrow X$ は位相同型写像だから $X \approx X$ が成り立つ．次に，もし $X \approx Y$ ならば位相同型写像 $f : X \longrightarrow Y$ が存在する．このとき，逆写像 $f^{-1} : Y \longrightarrow X$ もまた位相同型写像だから $Y \approx X$ が成り立つ．最後に，もし $X \approx Y$ かつ $Y \approx Z$ ならば，位相同型写像 $f : X \longrightarrow Y$ と位相同型写像 $g : Y \longrightarrow Z$ が存在する．このとき，補題 3.19 と補題 5.5 より $g \circ f : X \longrightarrow Z$ もまた位相同型写像である．ゆえに $X \approx Z$ が成り立つ． □

定理 5.6 は関係 $\approx$ が図形の間の同値関係であること，すなわち，図形全体が互いに位相同型な図形からなるクラス (= 同値類) に分類できることを示している．合同や相似もまた図形の間の同値関係であるが，位相同型による図形の分類は合同や相似による分類よりも粗い，すなわち，より本質的な相違に着目した分類であると考えられる．図形全体を位相同型な図形のクラスに分類したとき，前ページで述べた問題 (1), (2) は次のように表現される．

(1)　どんな図形とどんな図形が同じクラスに属するか．

(2)　同じクラスに属する図形はどんな性質を共有するか．

位相同型な図形のもう 1 つの例を観察しよう．

例 5.7　1 次元球面 S^1 から 1 点 $p_0 \in S^1$ を取り除いた図形 $S^1 - \{p_0\}$ は $\boldsymbol{E}^1$ と位相同型である．中心が $(0,1)$ で半径が 1 の S^1 を考え，$p_0 = (0,2)$ とする．このとき $\boldsymbol{E}^1$ を x-軸と考えると，図 5.3 に示す写像

$$f : S^1 - \{p_0\} \longrightarrow \boldsymbol{E}^1\,;\ (x,y) \longmapsto \frac{2x}{2-y} \tag{5.1}$$

は位相同型写像である．実際 f は全単射で，f とその逆写像

$$f^{-1} : \boldsymbol{E}^1 \longrightarrow S^1 - \{p_0\}\,;\ x \longmapsto \left(\frac{4x}{x^2+4}, \frac{2x^2}{x^2+4}\right) \tag{5.2}$$

とは連続である (例題 5.8, 5.13, 5.16 で証明する)．写像 f は $S^1 - \{p_0\}$ を左右に広げながら無限に伸ばす変形を表している．図形を切ることなくこのような変形ができるのは，点 p_0 が除かれているからである．

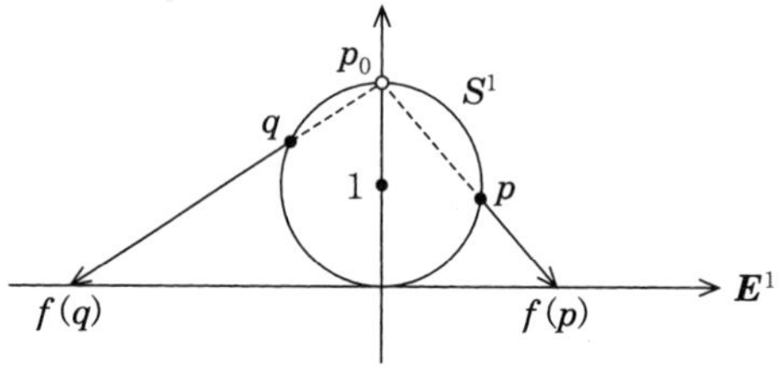

図 5.3　写像 f は，点 $p \in S^1 - \{p_0\}$ を 2 点 p_0, p を通る直線が x 軸と交わる点にうつす．

例題 5.8　例 5.7 で定義した写像 f と f^{-1} について，実際に f が全単射で f^{-1} が f の逆写像であることを証明せよ．

証明　定理 3.23 を利用する．写像 f^{-1} を g とおいて，$g \circ f = \mathrm{id}_{S^1 - \{p_0\}}$ と

$f \circ g = \mathrm{id}_{\boldsymbol{E}^1}$ が成立することを示せばよい．任意の $p = (x, y) \in S^1 - \{p_0\}$ をとり，$g(f(p)) = (x', y')$ とおくと

$$x' = \frac{4f(p)}{f(p)^2 + 4} = \frac{4(2x/(2-y))}{(2x/(2-y))^2 + 4} = \frac{2x(2-y)}{x^2 + (2-y)^2}$$

である．いま $p = (x, y) \in S^1$ だから $x^2 = 1 - (y-1)^2$．これを代入すると

$$x' = \frac{2x(2-y)}{(1-(y-1)^2) + (2-y)^2} = \frac{2x(2-y)}{4-2y} = x.$$

同様に $y' = y$ であることも示される．ゆえに $g(f(p)) = p$．すなわち，$g \circ f = \mathrm{id}_{S^1 - \{p_0\}}$ が成立する．他方，任意の $x \in \boldsymbol{E}^1$ に対し，

$$f(g(x)) = \frac{2(4x/(x^2+4))}{2 - (2x^2/(x^2+4))} = x$$

だから，$f \circ g = \mathrm{id}_{\boldsymbol{E}^1}$ が成立する． □

例 5.4, 5.7 から $S^1 - \{p_0\} \approx \boldsymbol{E}^1 \approx (-1, 1)$ が成立する．この事実は高い次元の場合に一般化される．$\boldsymbol{E}^n$ の図形

$$U^n = \{(x_1, x_2, \cdots, x_n) \in \boldsymbol{E}^n : x_1^2 + x_2^2 + \cdots + x_n^2 < 1\}$$

を n **次元開球体**と呼ぶ．特に，$n = 1$ のとき $U^1 = (-1, 1)$ である．一般に，任意の次元 n と点 $p_0 \in S^n$ に対して

$$S^n - \{p_0\} \approx \boldsymbol{E}^n \approx U^n \tag{5.3}$$

が成立する ($n = 2$ の場合を演習問題とする)．

5.2 連続性の証明

一般に $X \subseteq \boldsymbol{E}^1$ 上で定義された多項式関数，すなわち

$$f : X \longrightarrow \boldsymbol{E}^1;\ x \longmapsto a_0 x^n + a_1 x^{n-1} + \cdots + a_{n-1}x + a_n$$

$(a_0, a_1, \cdots, a_n \in \boldsymbol{R}, n \in \boldsymbol{N})$ の形の関数 f と，2 つの多項式関数 f, g の商として定義される関数 $h : X \longrightarrow \boldsymbol{E}^1;\ x \longmapsto f(x)/g(x)$ を**有理関数**とよぶ．

複雑な有理関数や例 5.7 で定義した写像 f, f^{-1} などの連続性を，ε–δ 論法を使って証明することはかなり面倒である．実はそれらの関数や写像の連続性は，そのたびに ε–δ 論法を使って証明する必要はなく，恒等写像と定値写像と射影の連続性に帰結できることを説明しよう．

本節では，定理をより一般的な形で述べるために，第 10 章で定義する「位相空間」と「部分空間」という用語を先取りして用いる．読者はここでは，位相空間を $\boldsymbol{E}^n$ または図形，部分空間をそれらに含まれる図形と考えて理解すればよい．実際，それらはもっとも身近な位相空間の例である．

定義 5.9　位相空間 X から $\boldsymbol{E}^1$ への (連続) 関数を X 上の**実数値 (連続) 関数**とよぶ．位相空間 X 上の 2 つの実数値関数 f, g と定数 $a \in \boldsymbol{R}$ が与えられたとき，関数 $f \pm g$, fg, af, $|f|$ を次のように定義する．

$$f \pm g : X \longrightarrow \boldsymbol{E}^1;\ x \longmapsto f(x) \pm g(x),$$

$$fg : X \longrightarrow \boldsymbol{E}^1;\ x \longmapsto f(x)g(x),$$

$$af : X \longrightarrow \boldsymbol{E}^1;\ x \longmapsto af(x),$$

$$|f| : X \longrightarrow \boldsymbol{E}^1;\ x \longmapsto |f(x)|.$$

また，X のすべての点 x で $g(x) \neq 0$ であるとき，関数 f/g を

$$f/g : X \longrightarrow \boldsymbol{E}^1;\ x \longmapsto f(x)/g(x)$$

によって定義する．

例えば，図形 X 上の 2 つの実数値連続関数 f, g が与えられたとき，$\varphi(p) = |f(p) - g(p)|$ $(p \in X)$ で定義される関数は $\varphi = |f - g|$ と表される．

定理 5.10　位相空間 X 上の 2 つの実数値連続関数 f, g と定数 $a \in \boldsymbol{R}$ が与えられたとする．このとき $f \pm g$, fg, af, $|f|$ は連続関数である．また X のすべての点 x で $g(x) \neq 0$ のとき，f/g は連続関数である．

本書ではこの定理を証明しない (詳しい証明が参考書 [1], [4] にある)．有理関数や例 5.7 の写像 f の連続性は定理 5.10 から導かれることを示そう．

例題 5.11　有理関数

$$f : \boldsymbol{E}^1 \longrightarrow \boldsymbol{E}^1;\ x \longmapsto \frac{x^3 - \sqrt{2}x^2 + 3x - 1}{x^2 + x + 2}$$

は連続であることを証明せよ．

証明　系 4.11 より $\boldsymbol{E}^1$ の恒等写像 $\mathrm{id}_{\boldsymbol{E}^1}$ と定値写像 $c : \boldsymbol{E}^1 \longrightarrow \boldsymbol{E}^1;\ x \longmapsto 1$ は $\boldsymbol{E}^1$ 上の実数値連続関数である．簡単のために $i = \mathrm{id}_{\boldsymbol{E}^1}$ と書く．このとき，

任意の $x \in \boldsymbol{E}^1$ に対して $i(x) = x$, $c(x) = 1$ だから，関数 f はそれらの定数倍と四則演算によって

$$f = \frac{iii - \sqrt{2}ii + 3i - c}{ii + i + 2c}$$

と表される．ゆえに，定理 5.10 より f は連続関数である． □

補題 5.12 X, Y を位相空間とし $f : X \longrightarrow Y$ を連続写像とする．

(1) X の任意の部分空間 A に対し，制限写像 $f|_A : A \longrightarrow Y$ は連続である．

(2) $f(X) \subseteq Y' \subseteq Y$ である Y の任意の部分空間 Y' に対し，f の終域を Y' に変えた写像 $f' : X \longrightarrow Y'$; $x \longmapsto f(x)$ は連続写像である．

証明 位相空間 X, Y に対する証明は 10.3 節で与える．ここでは，X, Y が図形の場合に (1), (2) が成立する理由を簡単に述べよう．4.1 節で与えた連続性の条件 (C) の中で定義域に関係する部分は (4.3) の '$(\forall q \in X)$' のところだけである．いま $A \subseteq X$ だから，もし $(\forall q \in X)(\cdots)$ が成り立てば $(\forall q \in A)(\cdots)$ も成り立つ．ゆえに (1) は成立する．一方，条件 (4.3) は終域の選び方に関係しないから (2) も成立する． □

例題 5.13 例 5.7 で定義した写像

$$f : S^1 - \{p_0\} \longrightarrow \boldsymbol{E}^1;\ (x, y) \longmapsto \frac{2x}{2 - y} \tag{5.4}$$

は連続写像であることを証明せよ．

証明 $\boldsymbol{E}^2$ の射影 pr_i $(i = 1, 2)$ の $S^1 - \{p_0\}$ への制限写像を，それぞれ

$$\rho_1 : S^1 - \{p_0\} \longrightarrow \boldsymbol{E}^1;\ (x, y) \longmapsto x,$$

$$\rho_2 : S^1 - \{p_0\} \longrightarrow \boldsymbol{E}^1;\ (x, y) \longmapsto y$$

とする．系 4.13 と補題 5.12 (1) より，ρ_1 と ρ_2 は $S^1 - \{p_0\}$ 上の実数値連続関数である．このとき写像 f は，ρ_1, ρ_2 と定値写像 $c : S^1 - \{p_0\} \longrightarrow \boldsymbol{E}^1$; $p \longmapsto 1$ を使って，

$$f = \frac{2\rho_1}{2c - \rho_2}$$

と表される．ゆえに，定理 5.10 より f は連続写像である． □

定理 5.14　位相空間 X と写像 $f : X \longrightarrow \boldsymbol{E}^n$ が与えられ，すべての $i = 1, 2, \cdots, n$ について，合成写像 $\mathrm{pr}_i \circ f : X \longrightarrow \boldsymbol{E}^1$ が連続であるとする．ただし $\mathrm{pr}_i : \boldsymbol{E}^n \longrightarrow \boldsymbol{E}^1$ は射影である．このとき f は連続写像である．

証明　位相空間に対する証明は 10.3 節で与えることにして，ここでは X が図形の場合の証明を与えよう．任意の点 $p \in X$ と任意の $\varepsilon > 0$ をとる．仮定より各 i について $\mathrm{pr}_i \circ f$ は連続だから，ある $\delta_i > 0$ が存在して

$$(\forall q \in X)(d(p, q) < \delta_i \text{ ならば } |\,\mathrm{pr}_i(f(p)) - \mathrm{pr}_i(f(q))\,| < \varepsilon/\sqrt{n}\,) \tag{5.5}$$

が成り立つ．いま $\delta = \min\{\delta_1, \delta_2, \cdots, \delta_n\}$ とおくと $\delta > 0$ である．このとき，任意の点 $q \in X$ に対し，もし $d(p, q) < \delta$ ならば (5.5) より

$$d(f(p), f(q)) = \sqrt{\sum_{i=1}^{n} (\mathrm{pr}_i(f(p)) - \mathrm{pr}_i(f(q)))^2} < \sqrt{\sum_{i=1}^{n} \frac{\varepsilon^2}{n}} = \varepsilon$$

が成り立つ．ゆえに f は p で連続である．点 p の選び方は任意だから f は連続写像である． □

系 5.15　位相空間 X 上の n 個の実数値連続関数 $f_1, f_2, \cdots, f_n$ が与えられたとき，写像

$$f : X \longrightarrow \boldsymbol{E}^n\,;\ x \longmapsto (f_1(x), f_2(x), \cdots, f_n(x))$$

は連続写像である．

証明　各 $i = 1, 2, \cdots, n$ に対し，$f_i = \mathrm{pr}_i \circ f$ が成り立つ．仮定より f_i は連続写像だから，定理 5.14 より f は連続写像である． □

系 5.15 で定義された写像 f は $f_1, f_2, \cdots, f_n$ の**評価写像**とよばれる．

例題 5.16　例 5.7 で定義した写像 f の逆写像

$$f^{-1} : \boldsymbol{E}^1 \longrightarrow S^1 - \{p_0\}\,;\ x \longmapsto \left(\frac{4x}{x^2 + 4}, \frac{2x^2}{x^2 + 4}\right)$$

は連続写像であることを証明せよ．

証明　もし f^{-1} の終域を $\boldsymbol{E}^2$ に変えた写像の連続性が示されたならば，補題 5.12 (2) より f^{-1} も連続になる．したがって f^{-1} の終域は $\boldsymbol{E}^2$ であると仮定してよい．このとき，写像 f^{-1} と $\boldsymbol{E}^2$ の射影 pr_i $(i = 1, 2)$ との合成写像

$$\mathrm{pr}_1 \circ f^{-1} : \boldsymbol{E}^1 \longrightarrow \boldsymbol{E}^1;\ x \longmapsto \frac{4x}{x^2+4},$$

$$\mathrm{pr}_2 \circ f^{-1} : \boldsymbol{E}^1 \longrightarrow \boldsymbol{E}^1;\ x \longmapsto \frac{2x^2}{x^2+4}$$

を考えると，これらは有理関数だから定理 5.10 より連続である．ゆえに，定理 5.14 より f^{-1} は連続写像である． □

応用例をもう 1 つ与えよう．

例題 5.17　連続関数 $f : \boldsymbol{E}^1 \longrightarrow \boldsymbol{E}^1$ のグラフ $G(f) = \{(x, f(x)) : x \in \boldsymbol{E}^1\}$ を $\boldsymbol{E}^2$ の図形と考える．このとき，$G(f) \approx \boldsymbol{E}^1$ であることを証明せよ．

証明　写像

$$h : \boldsymbol{E}^1 \longrightarrow G(f);\ x \longmapsto (x, f(x))$$

が位相同型写像であることを証明する．まず，定義から h は全単射である．次に h が連続であることを示そう．前の例題 5.16 の証明と同じ理由で，h の終域は $\boldsymbol{E}^2$ であると仮定してよい．このとき，h と $\boldsymbol{E}^2$ の射影 pr_i $(i = 1, 2)$ との合成写像をとると，h の定義より

$$\mathrm{pr}_1 \circ h = \mathrm{id}_{\boldsymbol{E}^1}, \quad \mathrm{pr}_2 \circ h = f$$

が成り立つ．これらは，それぞれ，系 4.11 と仮定から連続である．ゆえに，定理 5.14 より h は連続写像である．また h の逆写像 h^{-1} は射影 pr_1 の $G(f)$ への制限写像だから，系 4.13 と補題 5.12 (1) より h^{-1} も連続写像である．以上で h は位相同型写像であることが証明された． □

問 4　例 5.4 で定義した関数 f, f^{-1} が連続関数であることを証明せよ．

問 5　次の写像 f_1, f_2 は連続写像であることを証明せよ．

(1)　$f_1 : \boldsymbol{E}^2 \longrightarrow \boldsymbol{E}^2;\ (x, y) \longmapsto (2xy, x^2 + y^2)$,

(2)　$f_2 : \boldsymbol{E}^2 \longrightarrow \boldsymbol{E}^1;\ (x, y) \longmapsto \sin(x^2 - 3y)\pi$.

5.3　いろいろな距離

第 1 章のはじめで，位相空間とはトポロジーを考えるための道具 (= 構造) を備えた集合であると説明した．これまでの考察から「トポロジーを考えるための

道具」とは「写像の連続性を定義するための道具」であると考えられる．$\boldsymbol{E}^n$ や図形では写像の連続性は距離を使って定義されたので，距離はそのような道具の1つである．そこで，本節では距離について考えてみよう．最初に，$\boldsymbol{E}^n$ 上の距離関数 d は次の基本性質を持つことを証明する．

定理 5.18 (**距離の基本 3 性質**)　任意の 3 点 $p, q, r \in \boldsymbol{E}^n$ に対して，次の 3 条件が成り立つ．

(M1)　$d(p,q) \geq 0$．ここで，等号が成立するのは $p = q$ のときであり，またそのときに限る．

(M2)　$d(p,q) = d(q,p)$.

(M3)　$d(p,r) \leq d(p,q) + d(q,r)$.

証明　条件 (M1) と (M2) は距離の定義から直ちに導かれる．条件 (M3) は三角不等式とよばれ，2 点 p, r 間の距離を測るとき，第 3 の点 q を経由して測った距離は直接に測った距離 $d(p,r)$ より大きいかまたは等しいことを主張している．これは寄り道をすると遠くなるということで経験上では明らかだが，証明はそれほど自明ではない．そこで (M3) の証明を与えよう．いま $p = (x_1, x_2, \cdots, x_n)$, $q = (y_1, y_2, \cdots, y_n)$, $r = (z_1, z_2, \cdots, z_n)$ として，$a_i = x_i - y_i$, $b_i = y_i - z_i$ とおく．このとき $a_i + b_i = x_i - z_i$ だから，(M3) は不等式

$$\sqrt{\sum_{i=1}^{n}(a_i + b_i)^2} \leq \sqrt{\sum_{i=1}^{n} a_i^2} + \sqrt{\sum_{i=1}^{n} b_i^2}$$

と書き直すことができる．この両辺を 2 乗して整理すると

$$\sum_{i=1}^{n} a_i b_i \leq \sqrt{\left(\sum_{i=1}^{n} a_i^2\right)\left(\sum_{i=1}^{n} b_i^2\right)} \tag{5.6}$$

になるので (5.6) を証明すればよい．不等式 (5.6) は **Schwarz の不等式**とよばれていろいろな証明が知られているが，一例を紹介しよう．

いま，$a = \sum_{i=1}^{n} a_i^2$, $b = \sum_{i=1}^{n} b_i^2$ とおく．はじめに，任意の実数 α, β に対して，

$$\alpha\beta \leq \frac{\alpha^2}{2} + \frac{\beta^2}{2} \tag{5.7}$$

が成り立つことに注意しよう．もしすべての i について $a_i = 0$ であるか，または，すべての i について $b_i = 0$ ならば，明らかに (5.6) は成立する．したがっ

て，$a \neq 0$ かつ $b \neq 0$ であると仮定してよい．このとき，各 i に対して，$\alpha = a_i/\sqrt{a}$, $\beta = b_i/\sqrt{b}$ とおいて，これらを (5.7) に代入すると，

$$\frac{a_i b_i}{\sqrt{ab}} \leq \frac{a_i^2}{2a} + \frac{b_i^2}{2b}$$

が得られる．この両辺の $i = 1$ から n までの和をとると，

$$\frac{1}{\sqrt{ab}} \sum_{i=1}^{n} a_i b_i \leq \frac{1}{2a} \sum_{i=1}^{n} a_i^2 + \frac{1}{2b} \sum_{i=1}^{n} b_i^2 = \frac{1}{2} + \frac{1}{2} = 1$$

となり，Schwarz の不等式 (5.6) が導かれる． □

約束　今後，他の距離関数と区別するために，いままで考えてきた距離関数 d を**ユークリッドの距離関数**とよび，d に添え字の 2 をつけて d_2 と表す．すなわち，2 点 $p = (x_1, x_2, \cdots, x_n)$, $q = (y_1, y_2, \cdots, y_n) \in \boldsymbol{E}^n$ に対し

$$d_2(p, q) = \sqrt{\sum_{i=1}^{n} (x_i - y_i)^2} \tag{5.8}$$

である．このとき，$d_2(p, q)$ を p, q 間の**ユークリッドの距離**とよぶ．添え字の 2 は平方の和の平方根をとる操作を表している．

さて，$\boldsymbol{E}^n$ は集合 $\boldsymbol{R}^n$ にユークリッドの距離関数 d_2 を定めることによって作られた空間であった．実は $\boldsymbol{R}^n$ 上には，d_2 のほかにも目的に応じていろいろな距離関数の定め方がある．

本節の残りの部分で，それらのいくつかを紹介しよう．ユークリッドの距離は自然であるが，平方の和の平方根をとる計算はかなり面倒である．そのため，数式 (5.8) の代わりに次の数式で定義される距離関数 d_1 や d_∞ を用いることがある．

$$d_1(p, q) = \sum_{i=1}^{n} |\, x_i - y_i \,|,$$
$$d_\infty(p, q) = \max_{1 \leq i \leq n} |\, x_i - y_i \,|.$$

距離 $d_1(p, q)$ を求めるには単に $|\, x_i - y_i \,|$ の和をとればよく，また $d_\infty(p, q)$ を求めるにはそれらの中の最大のものをみつけるだけでよい．例えば，図 5.4 は平面 $\boldsymbol{R}^2$ の一部分である．このとき，$d_1(p, q)$ は線分 ps と sq の長さの和であり，$d_\infty(p, q)$ は線分 ps と sq の長さの大きい方である．

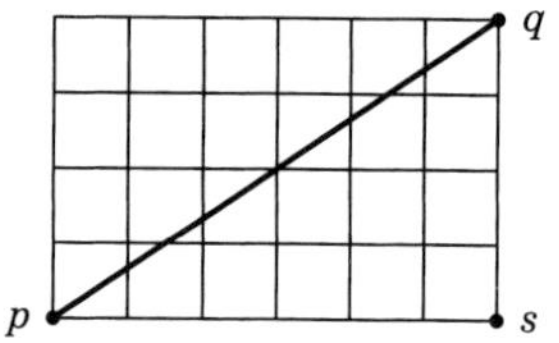

図 **5.4**　図の 1 目盛りの長さを 1 とすれば，$d_1(p,q)=10$, $d_2(p,q)=2\sqrt{13}$, $d_\infty(p,q)=6$ である．

注意 1　厳密に言えば，$m \neq n$ のとき，$\boldsymbol{R}^m$ 上の距離関数 d_1 (d_∞) と $\boldsymbol{R}^n$ 上の距離関数 d_1 (d_∞) とは異なる関数だから，それらを同じ記号で表すのは不合理である．しかし，本書では記号を複雑にしないために，読者のセンスを信じて，n の値に無関係にそれらを同じ記号 d_1 (d_∞) で表す．第 2 章の注意 1 (13 ページ) で述べたように d_2 についても同様である．

問 6　2 点 $p=(1,0,-2,3)$, $q=(2,3,1,-1) \in \boldsymbol{R}^4$ に対し $d_2(p,q)$, $d_1(p,q)$, $d_\infty(p,q)$ を求めよ．

ユークリッドの距離の計算が難しいことは，次のような問題を考えてみると理解できるだろう．

問 7　平面 $\boldsymbol{R}^2$ 上に，どの 3 点も同一直線上になく，任意の 2 点間のユークリッドの距離が整数であるように異なる 5 点を選べ．

注意 2　次の問題は未解決である．平面 $\boldsymbol{R}^2$ の稠密な (= どんな小さな円の内部とも交わるような) 部分集合 D で，D の任意の 2 点間のユークリッドの距離が有理数であるものは存在するか．ユークリッドの距離の代わりに距離関数 d_1 や d_∞ を考えた場合には，この条件をみたす集合 D を見つけることはやさしい．実際，有理点 (= x-座標と y-座標がともに有理数である点) 全体の集合 $\boldsymbol{Q} \times \boldsymbol{Q}$ が条件をみたしている．この問題については [13] を参照せよ．

距離関数 d_1 や d_∞ は簡便であるが，ユークリッドの距離関数と同様に，それらは距離の基本 3 性質を持っていることを示そう．

定理 5.19　$\boldsymbol{R}^n$ 上の距離関数 d_1 と d_∞ について，定理 5.18 の 3 条件 (M1), (M2), (M3) が，任意の 3 点 p, q, $r \in \boldsymbol{R}^n$ に対して成り立つ．

証明　条件 (M1) と (M2) が成り立つことは d_1 と d_∞ の定義から直ちに導かれる．三角不等式 (M3) の証明はユークリッドの距離関数の場合よりもむしろやさしい．ここでは d_∞ について (M3) が成立することだけを示して，d_1 の場合の証明は演習問題としよう．

いま $p=(x_1,x_2,\cdots,x_n)$, $q=(y_1,y_2,\cdots,y_n)$, $r=(z_1,z_2,\cdots,z_n)$ とおいて，n 個の実数 $|x_1-z_1|, |x_2-z_2|,\cdots,|x_n-z_n|$ の中で最大のものを $|x_k-z_k|$ とする．このとき，

$$
\begin{aligned}
d_\infty(p,r) &= |x_k-z_k| = |(x_k-y_k)+(y_k-z_k)| \\
&\leq |x_k-y_k|+|y_k-z_k| \\
&\leq d_\infty(p,q)+d_\infty(q,r).
\end{aligned}
$$

ゆえに d_∞ について (M3) が成り立つ．□

$\boldsymbol{R}^n$ に距離関数 d_1 や d_∞ を定めたときには，それを n 次元ユークリッド空間とはよばないことに注意しよう．距離関数 d_2, d_1, d_∞ の間には次の関係が成立する．

補題 5.20　$\boldsymbol{R}^n$ の任意の 2 点 p, q に対し，不等式

$$
d_\infty(p,q) \leq d_2(p,q) \leq d_1(p,q) \leq n\cdot d_\infty(p,q) \tag{5.9}
$$

が成立する．

証明　最後の不等号が成り立つことだけを示して，残りの証明は問とする．いま $p=(x_1,x_2,\cdots,x_n)$, $q=(y_1,y_2,\cdots,y_n)$ とおいて，n 個の実数 $|x_1-y_1|$, $|x_2-y_2|,\cdots,|x_n-y_n|$ の中で最大のものを $|x_k-y_k|$ とする．このとき，

$$
d_1(p,q)=\sum_{i=1}^{n}|x_i-y_i| \leq n\cdot|x_k-y_k| = n\cdot d_\infty(p,q)
$$

が成立する．□

問 8　補題 5.20 の証明を完成せよ．また $n=2$ の場合に，不等式 (5.9) の意味を図 5.4 を使って考えよ．

最後に，距離関数 d_2, d_1, d_∞ の違いを観察しよう．ユークリッドの距離の特徴は合同変換によって保たれることである．一方，距離 $d_1(p,q)$ や $d_\infty(p,q)$ は合同変換の下で不変ではない．例えば，平面 $\boldsymbol{R}^2$ 上で原点 p_0 を中心とする角度

$\pi/4$ の回転を考えよう．この回転によって原点 p_0 は動かないが，点 $p = (1, 0)$ は点 $p' = (1/\sqrt{2}, 1/\sqrt{2})$ にうつされる．このとき

$$d_1(p_0, p) = 1 < \sqrt{2} = d_1(p_0, p'), \quad d_\infty(p_0, p) = 1 > \frac{1}{\sqrt{2}} = d_\infty(p_0, p')$$

だから，距離 $d_1(p_0, p)$ と $d_\infty(p_0, p)$ は回転によって変化する．

異なる距離関数の下では，距離を使って定義される集合の形も変化する．例えば，平面 $\boldsymbol{R}^2$ において原点 $p_0 = (0, 0)$ からの距離がちょうど 1 である点が作る集合を考えてみよう．この集合はユークリッドの距離関数 d_2 に対しては p_0 を中心とする半径 1 の円であるが，距離関数 d_1 や d_∞ に対しては図 5.5 のように変化する．

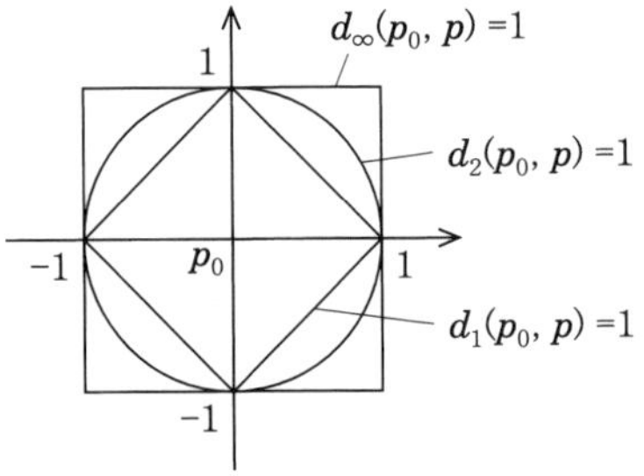

図 5.5

問 9　平面 $\boldsymbol{R}^2$ の 2 点 $p_1 = (1, 0)$, $p_2 = (-1, 0)$ をとる．距離関数 d_1 に関して 2 点 p_1, p_2 から等距離にある点が作る集合を図示せよ．また，距離関数 d_∞ について同様の集合を図示せよ．

問 10　上の問 9 で定めた 2 点 $p_1, p_2 \in \boldsymbol{R}^2$ に対して，次の集合を図示せよ．

(1)　$E_1 = \{p \in \boldsymbol{R}^2 : d_1(p_1, p) + d_1(p_2, p) = 4\}$,

(2)　$E_\infty = \{p \in \boldsymbol{R}^2 : d_\infty(p_1, p) + d_\infty(p_2, p) = 4\}$.

距離を使って定義される集合の形だけでなく，点列の収束や写像の連続性もまた距離関数の定め方に影響を受ける．結果として，位相同型の概念も距離関数の選び方によってその意味が変化する．これらの現象については，第 6, 7, 9 章でより広い視点から考察する．

演習問題 5

1. 任意の 2 つの半開区間 $H = (a, b]$ と $H' = [c, d)$ $(a < b,\ c < d)$ について，$H \approx H'$ であることを証明せよ．

2. $(0, 1] \approx [0, +\infty)$ であることを証明せよ．

3. $\boldsymbol{E}^1$ から $\boldsymbol{E}^1$ への異なる位相同型写像の例を 3 つ与えよ．

4. 正方形 $I^2 = [0, 1] \times [0, 1]$ から長方形 $B = [0, 3] \times [0, 2]$ への位相同型写像を定義せよ．

5. 演習問題 3 の問題 1 (41 ページ) で定義した写像 $f : I^2 \longrightarrow A$ は位相同型写像であるかどうか，理由と共に答えよ．

6. 演習問題 4 の問題 13 (59 ページ) で定義した写像 $f : X \longrightarrow Y$ は位相同型写像であるかどうか，理由と共に答えよ．

7. $\boldsymbol{E}^3$ において，中心が $(0, 0, 1)$ で半径が 1 の 2 次元球面 S^2 から 1 点 $p_0 = (0, 0, 2)$ を取り除いた図形 $S^2 - \{p_0\}$ を考えて，xy 平面を $\boldsymbol{E}^2$ とみなす．このとき，図 5.6 に示す写像 $f : S^2 - \{p_0\} \longrightarrow \boldsymbol{E}^2$ について，次の問いに答えよ．

(1)　点 $p = (x, y, z) \in S^2 - \{p_0\}$ に対して $f(p)$ の座標を求めよ．

(2)　点 $q = (x, y) \in \boldsymbol{E}^2$ に対して $f^{-1}(q)$ の座標を求めよ．

(3)　f は位相同型写像であることを証明せよ．

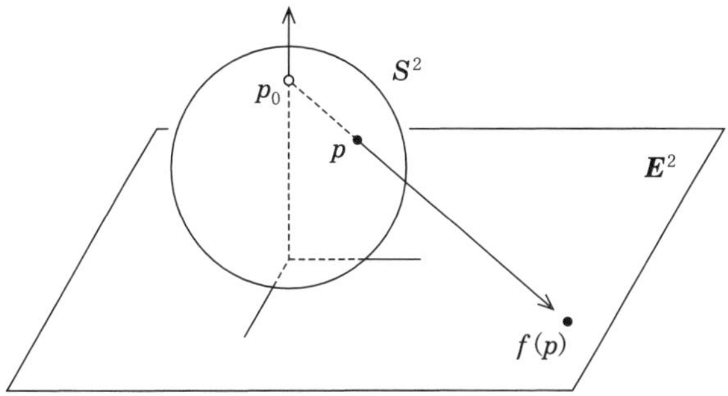

図 5.6　写像 f は，点 $p \in S^2 - \{p_0\}$ を 2 点 p_0, p を通る直線が xy 平面と交わる点にうつす．

8. 2 次元開球体 $U^2 = \{(x, y) : x^2 + y^2 < 1\}$ について，$\boldsymbol{E}^2 \approx U^2$ が成り立つことを証明せよ (ヒント：例 5.4 のアイデアを拡張せよ)．

9. 4.2 節，問 5 (55 ページ) の 2 つの写像 f_1, f_2 が連続であることを 5.2 節で述べた方法を使って証明せよ．

10. 次の写像が連続であることを 5.2 節で述べた方法を使って証明せよ．

(1)　$f_1 : \boldsymbol{E}^2 \longrightarrow \boldsymbol{E}^1\ ;\ (x, y) \longmapsto x + 2y,$

(2)　$f_2 : \boldsymbol{E}^1 \longrightarrow \boldsymbol{E}^2\ ;\ x \longmapsto (x, 2x),$

(3)　$f_3 : \boldsymbol{E}^2 \longrightarrow \boldsymbol{E}^2\ ;\ (x, y) \longmapsto (x, 2y).$

11. 有理関数

$$f : \boldsymbol{E}^1 \longrightarrow \boldsymbol{E}^1\ ;\ x \longmapsto \frac{|\,x^3 - 4x^2 - x - 2\,|}{x^4 + 2x^2 + 1}$$

が連続であることを 5.2 節で述べた方法を使って証明せよ．

12. $\boldsymbol{R}^6$ の 2 点 $p = (2, -1, 3, -5, 1, -2)$, $q = (5, -3, 0, 2, -1, 4)$ について，距離 $d_2(p, q)$, $d_1(p, q)$, $d_\infty(p, q)$ を求めよ．

13. $\boldsymbol{R}^n$ の任意の 2 点 p, q に対して，不等式 $d_2(p, q) \leq \sqrt{n} \cdot d_\infty(p, q)$ が成立することを証明せよ．

14. 平面 $\boldsymbol{R}^2$ の 2 点 $p_1 = (1, 1)$, $p_2 = (-1, -1)$ をとる．距離関数 d_1 に関して 2 点 p_1, p_2 から等距離にある点が作る集合を図示せよ．また，距離関数 d_∞ について同様の集合を図示せよ．

15. 平面 $\boldsymbol{R}^2$ の 2 点 $p_1 = (2, 1)$, $p_2 = (-2, -1)$ に対して，上の問題 14 と同じ問いに答えよ．

16. 距離関数 d_1 が距離の基本 3 性質を持つことを証明せよ．

17. 平面 $\boldsymbol{R}^2$ の 2 点 $p_1 = (1, 0)$, $p_2 = (-1, 0)$ に対し，次の集合を図示せよ．

(1)　$H_2 = \{p \in \boldsymbol{R}^2 : |\,d_2(p_1, p) - d_2(p_2, p)\,| = 1\},$

(2)　$H_1 = \{p \in \boldsymbol{R}^2 : |\,d_1(p_1, p) - d_1(p_2, p)\,| = 1\},$

(3)　$H_\infty = \{p \in \boldsymbol{R}^2 : |\,d_\infty(p_1, p) - d_\infty(p_2, p)\,| = 1\}.$

18. 平面 $\boldsymbol{R}^2$ の 2 点 p, q に対して，$d_1(p, q) = d_\infty(p, q)$ が成り立つためには p, q がどんな位置関係にあることが必要十分であるか．

19. 平面上の鏡映が距離 $d_1(p, q)$ と $d_\infty(p, q)$ を保存しないことを示す例を与えよ．

6 距離空間

前回までに，距離を使って写像の連続性を定義し，写像の連続性を用いて位相同型写像を定義した．これらの事実から自然な疑問が生じる．$\boldsymbol{E}^n$ や図形以外の集合においても，もしその要素の間に距離を定めることができれば，位相同型の概念が定義できるのではないか．もしそれが可能ならば，$\boldsymbol{E}^n$ や図形だけでなくいろいろな対象に位相的な考え方が応用できるだろう．このアイデアに基づいて，要素の間に距離を定めた集合が距離空間である．

6.1 距離関数と距離空間

前節では，ユークリッドの距離関数 d_2 および d_2 と異なる距離関数として d_1, d_∞ を紹介したが，距離関数という言葉自身は定義しなかった．距離関数の定義を与えるために，d_2, d_1, d_∞ に共通する 2 つの事実を思い出そう．第 1 は d_2, d_1, d_∞ はすべて距離の基本 3 性質を持つこと．第 2 は d_2, d_1, d_∞ の 1 つを d とすると，d は $\boldsymbol{R}^n$ の 2 点の組 (p,q) に実数 $d(p,q)$ を対応させる関数

$$d : \boldsymbol{R}^n \times \boldsymbol{R}^n \longrightarrow \boldsymbol{R};\ (p,q) \longmapsto d(p,q)$$

であることである．これら 2 つの共通点を抽出することによって距離関数の定義が得られる．

定義 6.1 集合 X に対し関数 $d : X \times X \longrightarrow \boldsymbol{R}$ が定められ，任意の 3 点 $x, y, z \in X$ に対して，次の 3 条件が成り立つとする．

(M1) $d(x,y) \geq 0$．ここで，等号が成立するのは $x = y$ のときであり，またそのときに限る．

(M2)　$d(x,y)=d(y,x)$.

(M3)　$d(x,z)\leq d(x,y)+d(y,z)$.

このとき，d を X 上の**距離関数**とよぶ．

前節までに定めた d_2, d_1, d_∞ は $\boldsymbol{R}^n$ 上の代表的な距離関数である．

問 1　次の式 (1), (2) で定められる関数 $d:\boldsymbol{R}^1\times\boldsymbol{R}^1\longrightarrow\boldsymbol{R}$ は $\boldsymbol{R}^1$ 上の距離関数であるかどうかを，それぞれ調べよ．

(1)　$d(x,y)=|\,x^2-y^2\,|$,

(2)　$d(x,y)=|\,x^3-y^3\,|$.

問 2　平面 $\boldsymbol{R}^2$ の 2 点 $p=(x_1,x_2)$, $q=(y_1,y_2)$ に対し，

$$d(p,q)=(x_1-y_1)^2+(x_2-y_2)^2$$

と定める．このとき，関数 d は $\boldsymbol{R}^2$ 上の距離関数であるかどうかを調べよ．

定義 6.2　距離関数 d が 1 つ定められた集合 X を**距離空間**とよび，それを (X,d) と表す．距離関数 d を明示する必要がない場合には (X,d) を X と略記する．距離空間 (X,d) において，X の要素を (X,d) の**点**とよび，2 点 x, y に対し $d(x,y)$ を x, y 間の**距離**という．

n 次元ユークリッド空間 $\boldsymbol{E}^n$ は距離関数 d_2 が定められた集合 $\boldsymbol{R}^n$ だから距離空間である，すなわち $\boldsymbol{E}^n=(\boldsymbol{R}^n,d_2)$ と表される．また $(\boldsymbol{R}^n,d_1)$ と $(\boldsymbol{R}^n,d_\infty)$ も距離空間である．これら 3 つの距離空間は，集合としては同じものであるが異なる距離関数を持つので互いに異なる距離空間である．

定義 6.3　距離空間 (X,d_X) が距離空間 (Y,d_Y) に含まれている (すなわち，$X\subseteq Y$ である) と仮定する．このとき，もし

$$(\forall x\,\forall y\in X)(d_X(x,y)=d_Y(x,y))$$

が成立するならば，(X,d_X) は (Y,d_Y) の**部分距離空間**である，あるいは，**部分空間**であるという．

逆に，距離空間 (Y,d) とその部分集合 X が与えられたとしよう．このとき距離関数 $d:Y\times Y\longrightarrow\boldsymbol{R}$ の定義域を $X\times X$ に制限した関数

$$d|_{X\times X}:X\times X\longrightarrow\boldsymbol{R};\ (x,y)\longmapsto d(x,y)$$

は X 上の距離関数であり，距離空間 $(X, d|_{X\times X})$ は (Y, d) の部分空間になる．

約束 以後，距離空間 (Y, d) の部分集合 $X \subseteq Y$ は，いつでも (Y, d) の部分空間 $(X, d|_{X\times X})$ であると考える．また，前章までに議論をした $\boldsymbol{E}^n$ の図形とは，正確に言えば $\boldsymbol{E}^n$ の部分空間のことである．そこで今後は「図形」とよぶことをやめ，数学の標準語である「$\boldsymbol{E}^n$ の部分空間」というよび方を採用する．

6.2 いろいろな距離空間

距離空間の例を観察しよう．

例 6.4 2 次元球面 S^2 上の 2 点 p, q に対し，p, q を結ぶ S^2 上の最短経路は図 6.1 のようにして求められる．この経路の長さを $d(p, q)$ と定めると d は S^2 上の距離関数になる．したがって (S^2, d) は距離空間である．このとき (S^2, d) は $\boldsymbol{E}^3 = (\boldsymbol{R}^3, d_2)$ の部分空間ではない．なぜなら，異なる 2 点 $p, q \in S^2$ に対しては $d(p, q) \neq d_2(p, q)$ だからである．

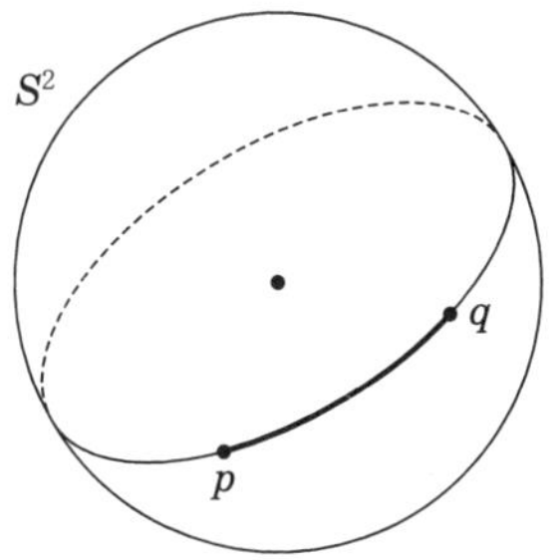

図 6.1 2 点 p, q を結ぶ S^2 上の最短経路は p, q を通る大円 (= p, q と S^2 の中心を通る平面と S^2 との交わり) の短い方の弧 pq である．

S^2 を地球の表面とみなしたとき，図 6.1 で求めた最短経路は大圏コースとよばれ，飛行機が p 地点から q 地点まで飛ぶ際には，気象条件などを無視すればもっとも経済的なコースである．一般に，球面やトーラスのような曲面 S に対し，S の 2 点を結ぶ S 上の最短経路は**測地線**とよばれる．2 点 $p, q \in S$ を結ぶ測地線の長さを $d(p, q)$ と定めると d は S 上の距離関数になる．与えられた曲面上の測地線を求めることは興味深い問題である．

例 6.5　S 市のバス運賃は市内均一 180 円である．市内のバス停全体の集合を X として，停留所 x, y 間の距離を運賃によって定めると

$$d(x,y) = \begin{cases} 180 & (x \neq y) \\ 0 & (x = y) \end{cases}$$

となる．このとき d は X 上の距離関数である．したがって (X,d) は距離空間になる．

問 3　東海道新幹線の駅全体の集合を X として，$x, y \in X$ に対し $d(x,y)$ を自由席を利用した場合の x, y 駅間の片道運賃 (= 乗車券 + 自由席特急券の料金) と定める．ただし，$x = y$ の場合は $d(x,y) = 0$ と定める．このとき d は X 上の距離関数であるかどうか．

上の例 6.5 は次のように一般化される．

例 6.6　任意の集合 X が与えられたとき，$x, y \in X$ に対し $d_0(x,y)$ を次のように定める．

$$d_0(x,y) = \begin{cases} 1 & (x \neq y) \\ 0 & (x = y). \end{cases}$$

このとき d_0 は X 上の距離関数である．これはもっとも原始的な距離関数であって，どんな集合 X 上にも定義することができる．また d_0 はすべての点が 1 の間隔で偏りなく配置されているイメージを与えるので**離散距離関数**とよばれる．離散距離関数 d_0 が定められた距離空間 (X, d_0) を**離散距離空間**とよぶ．

問 4　離散距離関数 d_0 について，定義 6.1 の 3 条件が成り立つことを確かめよ．

問 5　平面 $\boldsymbol{R}^2$ 上に離散距離関数 d_0 を定める．2 点 $p_1 = (1,1)$, $p_2 = (-1, -1)$ に対して $d_0(p_1, p_2)$ を求めよ．また，原点 p_0 からの距離がちょうど 1 である点が作る集合を求めよ．

補題 6.7　集合 X から距離空間 (Y, d_Y) への単射 h が与えられたとき，

$$d(x,y) = d_Y(h(x), h(y)) \quad (x,\ y \in X)$$

で定義される関数 $d : X \times X \longrightarrow \boldsymbol{R}$ は X 上の距離関数である．

証明　関数 d について定義 6.1 の条件 (M1), (M2), (M3) が成り立つことを示す．任意の $x, y \in X$ に対し $d(x,y) = d_Y(h(x), h(y)) \geq 0$．また，

$$\begin{aligned} x = y &\overset{(1)}{\iff} h(x) = h(y) \\ &\overset{(2)}{\iff} d_Y(h(x), h(y)) = 0 \overset{(3)}{\iff} d(x,y) = 0. \end{aligned}$$

ここで，(1) は h が単射であることから，(2) は d_Y について (M1) が成り立つことから，(3) は d の定義から，それぞれ導かれる．ゆえに d について (M1) が成り立つ．関数 d について (M2) と (M3) が成り立つことは，d_Y について (M2) と (M3) が成り立つことから容易に導かれる．ゆえに d は X 上の距離関数である．　□

補題 6.7 で定義した X 上の距離関数 d を，写像 $h : X \longrightarrow (Y, d_Y)$ によって d_Y から**誘導された距離関数**とよぶ．応用例を与えよう．

例 6.8　実数を成分とする 2×2 行列全体の集合を $M(2, \boldsymbol{R})$ で表す．行列 $A = (a_{ij}) \in M(2, \boldsymbol{R})$ の成分を 1 列に並べることによって，全単射

$$h : M(2, \boldsymbol{R}) \longrightarrow \boldsymbol{E}^4 ;\ \begin{pmatrix} a_{11} & a_{12} \\ a_{21} & a_{22} \end{pmatrix} \longmapsto (a_{11}, a_{12}, a_{21}, a_{22})$$

が定義できる．このとき，写像 h によって $\boldsymbol{E}^4$ 上のユークリッドの距離関数 d_2 から誘導された距離関数を d とすれば $(M(2, \boldsymbol{R}), d)$ は距離空間になる．同様にして，実数を成分とする $n \times n$ 行列全体の集合 $M(n, \boldsymbol{R})$ 上にも距離関数を定義することができる．

例 6.8 では，行列の集合を距離空間と考え，1 つ 1 つの行列をその点と見なした．距離を定めることによって，行列の集合に幾何学的な研究の視点が与えられたことになる．

問 6　例 6.8 の距離空間 $(M(2, \boldsymbol{R}), d)$ において，距離 $d(E, -2E)$ を求めよ．ただし E は単位行列を表す．

問 7　平面 $\boldsymbol{R}^2$ の点 $p_0 = (0, 1)$ に立って x-軸を眺める．2 点 $x, y \in \boldsymbol{R}^1$ に対し，点 p_0 から $p_1 = (x, 0)$ と $p_2 = (y, 0)$ を見たときの線分 p_0p_1 と p_0p_2 のなす角 α $(0 \leq \alpha < \pi)$ を $d(x, y)$ と定める．このとき d は $\boldsymbol{R}^1$ 上の距離関数であることを示せ．

例 6.9　閉区間 $I = [0, 1]$ で定義された実数値連続関数全体の集合を $C(I)$ で表す．任意の関数 $f,\ g \in C(I)$ に対し

$$d_1(f, g) = \int_0^1 |\, f(x) - g(x)\,|\, dx \tag{6.1}$$

と定める．このとき，d_1 は $C(I)$ 上の距離関数であることを証明しよう．

関数 d_1 について定義 6.1 の 3 条件が成り立つことを示す．条件 (M1) の中で自明でない箇所は，$d_1(f, g) = 0$ ならば $f = g$ を示す部分だけである．この対偶を証明するために $f \neq g$ であると仮定する．このとき $f(x_0) \neq g(x_0)$ である点 $x_0 \in I$ が存在する．定理 5.10 より，関数 $\varphi = |\, f - g\,|$ は連続関数で $\varphi(x_0) > 0$ をみたす．そこで $\varphi(x_0) = \varepsilon$ とおくと φ の連続性から，ある $\delta > 0$ が存在して

$$(\forall x \in I)(|\, x_0 - x\,| < \delta \text{ ならば } |\, \varphi(x_0) - \varphi(x)\,| < \varepsilon/2) \tag{6.2}$$

が成り立つ．いま $\varphi(x_0) = \varepsilon$ だから，(6.2) より次が導かれる．

$$(\forall x)(x \in (x_0 - \delta, x_0 + \delta) \cap I \text{ ならば } \varphi(x) > \varepsilon/2). \tag{6.3}$$

ここで $(x_0 - \delta, x_0 + \delta) \cap I$ は区間だから，その中に任意に閉区間 $[a, b]$ $(a < b)$ をとる．(6.3) より関数 φ は区間 $[a, b]$ で $\varepsilon/2$ 以上の値をとるから，

$$d_1(f, g) = \int_0^1 \varphi(x)\, dx \geq (b - a) \cdot \varepsilon/2 > 0.$$

ゆえに (M1) は成立する．(M2) は d_1 の定義から直ちに導かれる．最後に (M3) を示そう．任意の $f,\ g,\ h \in C(I)$ に対して

$$\begin{aligned}
d_1(f, h) &= \int_0^1 |\, f(x) - h(x)\,|\, dx \\
&= \int_0^1 |\,(f(x) - g(x)) + (g(x) - h(x))\,|\, dx \\
&\leq \int_0^1 (|\, f(x) - g(x)\,| + |\, g(x) - h(x)\,|)\, dx \\
&= \int_0^1 |\, f(x) - g(x)\,|\, dx + \int_0^1 |\, g(x) - h(x)\,|\, dx \\
&= d_1(f, g) + d_1(g, h).
\end{aligned}$$

したがって (M3) は成立する．以上により d_1 は $C(I)$ 上の距離関数であることが証明された．ゆえに $(C(I), d_1)$ は距離空間である．

例 6.9 では，連続関数全体の集合を距離空間と考え，1 つ 1 つの関数をその点と見なした．集合 $C(I)$ 上のもう 1 つの距離関数を紹介しよう．

例 6.10　任意の $f, g \in C(I)$ に対し，第 1 章で述べた最大値・最小値の定理から，連続関数 $\varphi = |\, f - g \,|$ は区間 I のどこかの点で最大値をとる．その最大値を $d_\infty(f, g)$ と定める．すなわち，

$$d_\infty(f, g) = \max_{0 \leq x \leq 1} |\, f(x) - g(x) \,| \tag{6.4}$$

と定義する．このとき d_∞ は $C(I)$ 上の距離関数である．したがって $(C(I), d_\infty)$ は距離空間になる．

問 8　例 6.10 で定義した d_∞ が $C(I)$ 上の距離関数であることを確かめよ．

問 9　関数 $f, g \in C(I)$ を，それぞれ，$f(x) = \sin \pi x$, $g(x) = \cos \pi x$ によって定める．このとき $d_1(f, g)$ と $d_\infty(f, g)$ を求めよ．

問 10　任意の $f, g \in C(I)$ に対して $d_1(f, g) \leq d_\infty(f, g)$ が成り立つことを証明せよ．

6.3　点列とその収束

$\boldsymbol{E}^n$ の部分空間 (= 図形) X の点列とは，自然数の集合 $\boldsymbol{N}$ から X への写像のことであった．距離空間 (X, d) に対しても，写像 $p : \boldsymbol{N} \longrightarrow X$ を (X, d) の**点列**とよぶ．ただし，これまでと同様に $p(n) = x_n$ とおいて，点列を $\{x_n\}$ のように表すことにする．距離空間の点列の収束もまた，$\boldsymbol{E}^n$ の部分空間の場合とまったく同様に定義される．

定義 6.11　距離空間 (X, d) の点列 $\{x_n\}$ が点 $x \in X$ に**収束**するとは，任意の正数 ε に対して，ある自然数 n_ε が存在して

$$(\forall n \in \boldsymbol{N})(n > n_\varepsilon \text{ ならば } d(x, x_n) < \varepsilon) \tag{6.5}$$

が成り立つことである．また点列 $\{x_n\}$ が点 x に収束することを

$$x_n \longrightarrow x \quad \text{または} \quad \lim_{n \to \infty} x_n = x$$

と書き，x を点列 $\{x_n\}$ の**極限点**とよぶ．

3.3 節で議論をした $\boldsymbol{E}^n$ の部分空間の場合と異なり，本節では同じ集合の上に 2 通り以上の異なる距離関数を考えることがある．そのとき，点列の収束は距離関数の選び方に依存して決まることに注意しよう．すなわち，距離空間 (X, d) の点列 $\{x_n\}$ が点 x に収束するとき，もし X に別の距離関数 d' を定めると，$\{x_n\}$ は距離空間 (X, d') の点列としては，もはや x に収束するとは限らない．そのような例を与えよう．

例 6.12　図 6.2 は $p_n = (1/n, 1/n)$ で定められる平面 $\boldsymbol{R}^2$ 上の点列 $\{p_n\}$ を示している．明らかに $\{p_n\}$ は $\boldsymbol{E}^2$ の点列としては原点 p_0 に収束する．しかし $\boldsymbol{R}^2$ 上に離散距離関数 d_0 を定めると，$\{p_n\}$ は離散距離空間 $(\boldsymbol{R}^2, d_0)$ の点列としては p_0 に収束しない．なぜなら，すべての n について $p_n \neq p_0$ だから d_0 の定義より $d_0(p_0, p_n) = 1$ となるからである．

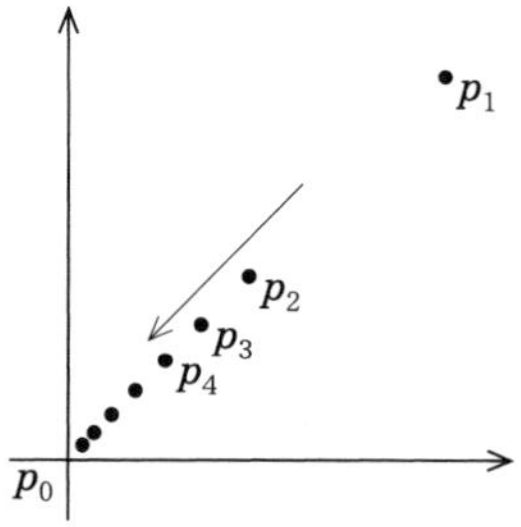

図 **6.2**　$p_n = (1/n, 1/n)$ $(n \in \boldsymbol{N})$.

問 11　離散距離空間 (X, d_0) の点列 $\{x_n\}$ が $x \in X$ に収束するためには，ある自然数 m が存在して $(\forall n \in \boldsymbol{N})(n \geq m$ ならば $x = x_n)$ が成り立つことが必要十分である．このことを証明せよ．

約束　本書では，実数列 $\{a_n\}$ が実数 a に収束するとは，特に断らない限り，$\{a_n\}$ が $\boldsymbol{E}^1$ の点列として (すなわち，定義 3.28 の意味で) a に収束することを意味するものとする．

補題 6.13　距離空間 (X, d) の点列 $\{x_n\}$ が点 $x \in X$ に収束するためには，実数列 $\{d(x, x_n)\}$ が 0 に収束することが必要十分である．

証明 実数列 $\{d(x, x_n)\}$ が 0 に収束するとは，任意の正数 ε に対して，ある自然数 n_ε が存在して，

$$(\forall n \in \boldsymbol{N})(n > n_\varepsilon \text{ ならば } |\,0 - d(x, x_n)\,| < \varepsilon) \tag{6.6}$$

が成り立つことである．しかし (6.6) は定義 6.11 の条件 (6.5) とまったく同じだから，これは $x_n \longrightarrow x$ であることと同値である． □

例題 6.14 各 $n \in \boldsymbol{N}$ に対し関数 $f_n \in C(I)$ を $f_n(x) = x^n$ によって定め，関数 $f \in C(I)$ を $f(x) = 0$ によって定める．このとき関数列 $\{f_n\}$ は距離空間 $(C(I), d_1)$ の点列としては f に収束するが，距離空間 $(C(I), d_\infty)$ の点列としては f に収束しないことを証明せよ．

証明 図 6.3 の左図を参考にせよ．距離関数 d_1 の定義から

$$d_1(f, f_n) = \int_0^1 x^n\,dx = \frac{1}{n+1} \longrightarrow 0$$

が成り立つ．したがって，補題 6.13 より $\{f_n\}$ は $(C(I), d_1)$ の点列として f に収束する．他方，すべての $n \in \boldsymbol{N}$ に対して

$$d_\infty(f, f_n) = \max_{0 \leq x \leq 1} |\,x^n\,| = 1$$

だから，$\{f_n\}$ は $(C(I), d_\infty)$ の点列としては f に収束しない． □

例題 6.15 各 $n \in \boldsymbol{N}$ に対し関数 $g_n \in C(I)$ を $g_n(x) = x/n$ によって定め，$f \in C(I)$ を $f(x) = 0$ によって定める．このとき関数列 $\{g_n\}$ は距離空間 $(C(I), d_1)$ と距離空間 $(C(I), d_\infty)$ のどちらの点列としても f に収束することを証明せよ．

証明 図 6.3 の右図を参考にせよ．いま

$$d_1(f, g_n) = \int_0^1 \frac{x}{n}\,dx = \frac{1}{2n} \longrightarrow 0$$

だから，補題 6.13 より $\{g_n\}$ は $(C(I), d_1)$ の点列として f に収束する．また，

$$d_\infty(f, g_n) = \max_{0 \leq x \leq 1} \left|\,\frac{x}{n}\,\right| = \frac{1}{n} \longrightarrow 0$$

だから，$\{g_n\}$ は $(C(I), d_\infty)$ の点列としても f に収束する． □

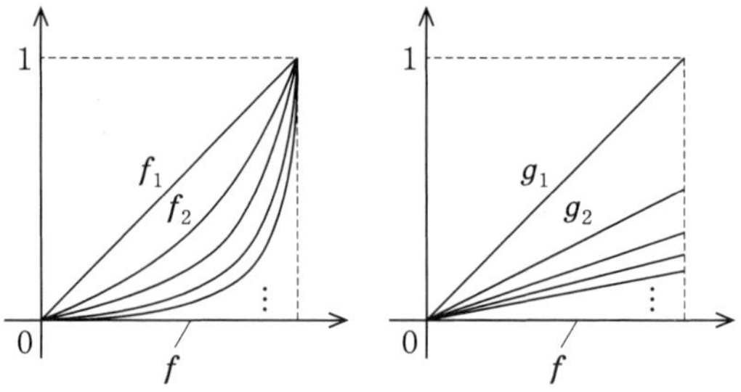

図 **6.3**　$f_n = x^n$ と $g_n = x/n$.

関数列の収束は，距離空間における点列の収束の 1 つの例である．関数列を距離空間 $(C(I), d_1)$ や $(C(I), d_\infty)$ の点列と考えることによって，その収束を実数列の収束や $\boldsymbol{E}^n$ の部分空間における点列の収束とまったく同等に扱うことができる．なお解析学では，関数列 $\{f_n\}$ が距離空間 $(C(I), d_\infty)$ の点列として f に収束することを $\{f_n\}$ は f に**一様収束**するという．

例題 6.16　$\boldsymbol{R}^m$ の任意の点列 $\{p_n\}$ と点 p をとる．このとき $\{p_n\}$ が距離空間 $(\boldsymbol{R}^m, d_1)$ の点列として p に収束することと距離空間 $(\boldsymbol{R}^m, d_\infty)$ の点列として p に収束することとは同値である．そのことを証明せよ．

証明　補題 6.13 より $\{p_n\}$ が $(\boldsymbol{R}^m, d_1)$ の点列として p に収束するためには $d_1(p, p_n) \longrightarrow 0$ が成り立つことが必要十分である．また $\{p_n\}$ が $(\boldsymbol{R}^m, d_\infty)$ の点列として p に収束するためには $d_\infty(p, p_n) \longrightarrow 0$ が成り立つことが必要十分である．ところが補題 5.20 より，任意の $n \in \boldsymbol{N}$ に対して，不等式

$$d_\infty(p, p_n) \leq d_1(p, p_n) \leq m \cdot d_\infty(p, p_n)$$

が成り立つから，$d_1(p, p_n) \longrightarrow 0$ と $d_\infty(p, p_n) \longrightarrow 0$ とは同値である．　□

例題 6.16 で述べた現象については，9.3 節，注意 4 (124 ページ) でもう一度考察する．最後に，もし集合に距離が定められていなければ「収束」という言葉はまったく意味を持たないことに注意しよう．距離が定められる前の集合は，宇宙に生まれたばかりの星のように，単なる要素の集まりにすぎない．しかし，そこに距離が定められると点と点の間に有機的なつながりが生じて，点列の収束をはじめとして，さまざまな数学的な議論ができるようになる．

演習問題 6

1. 正の定数 a, b を固定し，$\boldsymbol{R}^2$ の 2 点 $p=(x_1,x_2)$, $q=(y_1,y_2)$ に対し

$$d(p,q)=a|\,x_1-y_1\,|+b|\,x_2-y_2\,|$$

と定める．このとき，関数 d は $\boldsymbol{R}^2$ 上の距離関数であることを証明せよ．

2. 次の式で定められる関数 $d:\boldsymbol{R}^1\times\boldsymbol{R}^1\longrightarrow\boldsymbol{R}$ は $\boldsymbol{R}^1$ 上の距離関数であるかどうかを，それぞれ調べよ．

(1) $d(x,y)=|\,x-y\,|^2$,

(2) $d(x,y)=\sqrt{|\,x-y\,|}$.

3. $\boldsymbol{R}^2$ の 2 点 $p=(x_1,x_2)$, $q=(y_1,y_2)$ に対し，$d(p,q)$ を次の (1)～(3) のように定める．このとき，関数 $d:\boldsymbol{R}^2\times\boldsymbol{R}^2\longrightarrow\boldsymbol{R}$ は $\boldsymbol{R}^2$ 上の距離関数であるかどうかを，それぞれ調べよ．

(1) $d(p,q)=\sqrt{|\,x_1-y_1\,|\cdot|\,x_2-y_2\,|}$,

(2) $d(p,q)=\sqrt{|\,x_1-y_1\,|}+\sqrt{|\,x_2-y_2\,|}$,

(3) $d(p,q)=\sqrt{|\,x_1-y_1\,|+|\,x_2-y_2\,|}$.

4. 距離空間 (X,d) の任意の n 個の点 $x_1,x_2,\cdots,x_n$ に対し，不等式

$$d(x_1,x_n)\leq d(x_1,x_2)+d(x_2,x_3)+\cdots+d(x_{n-1},x_n)$$

が成り立つことを証明せよ．

5. 距離空間 (X,d) の任意の 3 点 x, y, z に対し，不等式

$$|\,d(x,z)-d(y,z)\,|\leq d(x,y)$$

が成り立つことを証明せよ (ヒント：$|a-b|\leq c$ を示すためには，$a-b\leq c$ と $b-a\leq c$ とを示せばよい)．

6. 関数 f, $g\in C(I)$ を，それぞれ，$f(x)=4x^2-4x+1$, $g(x)=-x^2+2x$ によって定める．このとき $d_1(f,g)$ と $d_\infty(f,g)$ とを求めよ．

7. 関数 f, g, $h\in C(I)$ を，それぞれ，$f(x)=-x^2+2x$, $g(x)=0$, $h(x)=ax$ によって定める．このとき，次の問いに答えよ．

(1) $d_1(f,h)=d_1(g,h)$ が成り立つとき，実数 a の値を求めよ．

(2) $d_\infty(f,h)=d_\infty(g,h)$ が成り立つとき，実数 a の値を求めよ．

8. 関数 $f \in C(I)$ を $f(x) = x^2$ によって定める．このとき $d_1(f, g) = 1$ かつ $d_\infty(f, g) = 2$ である関数 $g \in C(I)$ を見つけよ．

9. 各 $n \in \boldsymbol{N}$ に対し関数 $f_n \in C(I)$ を $f_n(x) = \sin 2n\pi x$ によって定め，関数 $f \in C(I)$ を $f(x) = 0$ によって定める．このとき，次の問いに答えよ．

(1)　$d_1(f, f_n)$ と $d_\infty(f, f_n)$ を求めよ．

(2)　$\{f_n\}$ は距離空間 $(C(I), d_1)$ の点列として f に収束するかどうか．

(3)　$\{f_n\}$ は距離空間 $(C(I), d_\infty)$ の点列として f に収束するかどうか．

10. 各 $n \in \boldsymbol{N}$ に対し関数 $f_n \in C(I)$ を $f_n(x) = n^{-x}$ によって定め，関数 $f \in C(I)$ を $f(x) = 0$ によって定める．このとき，上の問題 9 と同じ問いに答えよ．

11. 各 $n \in \boldsymbol{N}$ に対し関数 $f_n \in C(I)$ を $f_n(x) = x^n$ によって定める．このとき，次の問いに答えよ．

(1)　$d_1(f_1, f_2), d_1(f_2, f_3), d_\infty(f_1, f_2), d_\infty(f_2, f_3)$ を求めよ．

(2)　実数列 $\{d_1(f_n, f_{n+1})\}$ と $\{d_\infty(f_n, f_{n+1})\}$ は収束するかどうか，それぞれ調べよ．また，もし収束するならばその極限値を求めよ．

12. 距離空間 (X, d) において点列 $\{x_n\}$ が点 $x \in X$ に収束していると仮定する．このとき，任意の点 $y \in X$ に対し，実数列 $\{d(x_n, y)\}$ は $d(x, y)$ に収束することを証明せよ (ヒント：上の問題 5 を用いよ)．

13. 離散距離空間 (X, d_0) の相異なる点からなる点列 $\{x_n\}$ は X のどの点にも収束しないことを証明せよ．

14. $\boldsymbol{R}^n$ の任意の点列 $\{p_n\}$ と点 $p \in \boldsymbol{R}^n$ をとる．このとき $\{p_n\}$ が $\boldsymbol{E}^n$ の点列として p に収束することと距離空間 $(\boldsymbol{R}^n, d_1)$ の点列として p に収束することとは同値であることを証明せよ．

7
距離空間の間の連続写像と位相同型写像

2 つの距離空間 (X, d_X) と (Y, d_Y) が与えられたとする．このとき，集合 X から集合 Y への写像 f を，距離空間 (X, d_X) から距離空間 (Y, d_Y) への写像と考え $f : (X, d_X) \longrightarrow (Y, d_Y)$ と表す．

7.1　距離空間の間の連続写像

本節の目標は，距離空間の間の写像の連続性を，$\boldsymbol{E}^n$ やその部分空間の間の写像の連続性をモデルにして定義することである．準備として距離空間における ε-近傍を定義しよう．

定義 7.1　距離空間 (X, d) の点 x と正数 ε に対し，集合

$$U(X, d, x, \varepsilon) = \{y \in X : d(x, y) < \varepsilon\}$$

を (X, d) における点 x の ε-**近傍**とよぶ．

点 x の ε-近傍を考える際には，x と ε だけでなく，それがどの距離空間における ε-近傍であるかということにも注意を払う必要がある．そのために，本書では少し長いが $U(X, d, x, \varepsilon)$ という記号を用いる．しかし，それが (X, d) における ε-近傍であることが明らかな場合には，適当に X や d を略して $U(X, x, \varepsilon)$ や $U(x, \varepsilon)$ のように書く．図 7.1 は距離空間 $(\boldsymbol{R}^2, d_1)$ と距離空間 $(\boldsymbol{R}^2, d_\infty)$ における点 p の ε-近傍の形を示している．平面 $\boldsymbol{R}^2$ の点の ε-近傍であっても，距離関数の定め方によって形が変化することに注意しよう．

問 1　離散距離空間 (X, d_0) の点 x に対し，$U(X, d_0, x, 1)$ と $U(X, d_0, x, \sqrt{2})$ はどんな集合か．

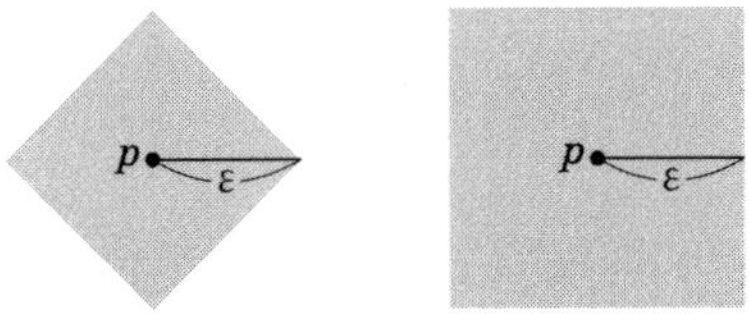

$\boldsymbol{U}(\boldsymbol{R}^2, \boldsymbol{d}_1, \boldsymbol{p}, \varepsilon)$　　$\boldsymbol{U}(\boldsymbol{R}^2, \boldsymbol{d}_\infty, \boldsymbol{p}, \varepsilon)$

図 **7.1**

距離空間 (X, d_X) から距離空間 (Y, d_Y) への写像 f が与えられたとする．このとき，点 $x \in X$ に対して，次の 3 条件を考える．

(A)　(X, d_X) の任意の点列 $\{x_n\}$ に対し，

$$x_n \longrightarrow x \text{ ならば } f(x_n) \longrightarrow f(x) \tag{7.1}$$

が成り立つ．

(B)　任意の $\varepsilon > 0$ に対して，ある $\delta > 0$ が存在して，

$$f(U(X, x, \delta)) \subseteq U(Y, f(x), \varepsilon) \tag{7.2}$$

が成り立つ．

(C)　任意の $\varepsilon > 0$ に対して，ある $\delta > 0$ が存在して，

$$(\forall y \in X)(d_X(x, y) < \delta \text{ ならば } d_Y(f(x), f(y)) < \varepsilon) \tag{7.3}$$

が成り立つ．

$\boldsymbol{E}^n$ の部分空間の間の写像の場合と同様に，次の補題が成立する．補題 4.2 と同様に証明できるので，ここでは証明を省く．

補題 7.2　距離空間 (X, d_X) から距離空間 (Y, d_Y) への任意の写像 f と任意の点 $x \in X$ に対し，3 条件 (A), (B), (C) は互いに同値である．

定義 7.3　距離空間 X から距離空間 Y への写像 f が点 $x \in X$ で条件 (A), (B), (C) の 1 つをみたすとき，f は x で**連続**であるという．

定義 7.4　距離空間 X から距離空間 Y への写像 f が X のすべての点で連続であるとき，f は**連続**である，あるいは，f は**連続写像**であるという．

距離空間の間の連続写像は，第 10 章で説明する位相空間の間の連続写像の特別な場合である．したがって，連続写像については 10.2 節でもう一度より広い立場から考察することになる．本章では，連続写像の具体例の観察を中心にして議論を進めよう．

例 7.5　写像 $f:(X,d_X)\longrightarrow(Y,d_Y)$ は

$$(\forall x\,\forall y\in X)(d_Y(f(x),f(y))=d_X(x,y))$$

が成り立つとき**等距離写像**とよばれる．等距離写像は明らかに連続写像である．定理 1.3 では，$\boldsymbol{E}^n$ から $\boldsymbol{E}^n$ への等距離写像 (= 等長変換) が合同変換であることを証明した．

問 2　等距離写像 $f:(X,d_X)\longrightarrow(Y,d_Y)$ は単射であることを証明せよ．

次の補題もまた補題 4.9 と同様に証明できるので，ここでは証明を省く．

補題 7.6　距離空間 (X,d_X) から距離空間 (Y,d_Y) への写像 f に対し，定数 $r\geq 0$ が存在して，

$$(\forall x\,\forall y\in X)(d_Y(f(x),f(y))\leq r\cdot d_X(x,y)) \tag{7.4}$$

が成り立つとする．このとき f は連続写像である．

定義 7.7　補題 7.6 の仮定をみたす写像 f を**リプシッツ写像**とよび，そのときの定数 r を f の**リプシッツ定数**という．特に，リプシッツ定数 r が 1 より小さいリプシッツ写像は**縮小写像**とよばれる．

例 7.8　例 6.9 の距離空間 $(C(I),d_1)$ に対し，写像

$$h:(C(I),d_1)\longrightarrow\boldsymbol{E}^1\,;\ f\longmapsto\int_0^1 f(x)\,dx$$

は連続写像である．なぜなら，任意の $f,g\in C(I)$ に対し，

$$\begin{aligned}|\,h(f)-h(g)\,|&=\left|\int_0^1 f(x)\,dx-\int_0^1 g(x)\,dx\right|=\left|\int_0^1(f(x)-g(x))\,dx\right|\\&\leq\int_0^1|\,f(x)-g(x)\,|\,dx=d_1(f,g)\end{aligned}$$

が成り立つから h はリプシッツ写像である．ゆえに，補題 7.6 より h は連続写像である．高等学校の数学や微分積分学では，多項式関数や三角関数などの個々

の連続関数の積分法を学んだ．それに対して，この例は連続関数に定積分の値を対応させる写像を考え，それが連続であること (すなわち，定積分という作用が連続であること) を主張している．このようなダイナミックな考え方ができるのは，集合 $C(I)$ に距離関数を定めたからである．

問 3　例 6.10 の距離空間 $(C(I), d_\infty)$ の点 f に対し，閉区間 I における f の最大値を $m(f)$ で表す．このとき，写像

$$m : (C(I), d_\infty) \longrightarrow \boldsymbol{E}^1 ;\ f \longmapsto m(f)$$

は連続写像であることを証明せよ．

上の例だけでなく，数学における操作や作用は写像や関数によって記述できる場合が多い．例えば，面積を求めることは図形に実数を対応させることであり，方程式を解くことは方程式に解を対応させることである．例 3.7 で示したように数の演算もまた写像として表される．一般にどのような写像や関数に対しても，その定義域と終域に距離関数を定めれば (すなわち，それらを距離空間にすれば) 連続性についての議論が可能になる．$\boldsymbol{E}^n$ の部分空間から距離空間に理論を拡張することにより，トポロジーの応用範囲が大きく広がることが分かるだろう．

問 4　距離空間 X, Y, Z と 2 つの連続写像 $f : X \longrightarrow Y$, $g : Y \longrightarrow Z$ について，合成写像 $g \circ f : X \longrightarrow Z$ は連続であることを証明せよ．

次に，少し奇妙な例を与えよう．

例 7.9　任意の離散距離空間 (X, d_0) に対し，(X, d_0) から任意の距離空間 (Y, d) への任意の写像

$$f : (X, d_0) \longrightarrow (Y, d)$$

はいつでも連続である．これを証明するために，任意の点 $x \in X$ をとる．任意の $\varepsilon > 0$ に対して $0 < \delta \leq 1$ である δ をとる．このとき，任意の $y \in X$ に対して，もし $d_0(x, y) < \delta$ ならば，d_0 の定義から $x = y$ だから，$d(f(x), f(y)) = 0 < \varepsilon$ が成り立つ．ゆえに f は x で連続である．点 x の選び方は任意だから，f は連続写像である．

例 7.9 はまた，写像の連続性が距離関数の定め方に依存して決まることを示している．実際，どのような写像 $f : (X, d_X) \longrightarrow (Y, d_Y)$ に対しても，たとえ f

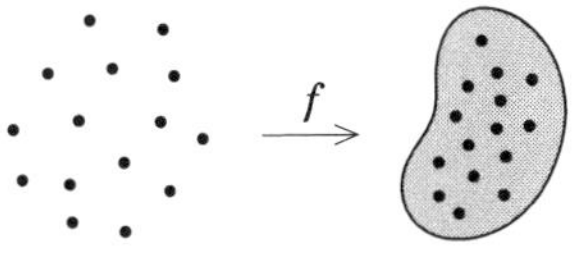

図 7.2　例 7.9 は次のように解釈できる．離散距離空間 (X, d_0) は点がバラバラに離れた完全に破れた状態の距離空間である．したがって，どのように変形しても，(X, d_0) はもうそれ以上は破れない．破らない変形の数学的表現が連続写像であったから，結果として (X, d_0) で定義された任意の写像は連続である．

が連続でなくも，もし X の距離関数 d_X を離散距離関数 d_0 に変えれば f はいつでも連続になる．

問 5　恒等写像 $\mathrm{id} : \boldsymbol{E}^1 \longrightarrow \boldsymbol{E}^1$ の終域 $\boldsymbol{E}^1$ の距離関数 d_2 を離散距離関数 d_0 に変える．このとき関数 $\mathrm{id} : \boldsymbol{E}^1 \longrightarrow (\boldsymbol{R}^1, d_0)$ は不連続になることを示せ．

例題 7.10　距離空間 (X, d) の 1 点 x_0 を固定する．このとき，(X, d) の各点 x に 2 点 x_0, x 間の距離を対応させる関数

$$f : (X, d) \longrightarrow \boldsymbol{E}^1;\ x \longmapsto d(x_0, x)$$

は連続であることを証明せよ．

証明　任意の $x, y \in X$ に対して，定義 6.1 の (M2), (M3) より

$$f(x) - f(y) = d(x_0, x) - d(x_0, y) \leq d(x, y),$$

$$f(y) - f(x) = d(x_0, y) - d(x_0, x) \leq d(x, y)$$

が成り立つ．したがって $|\,f(x) - f(y)\,| \leq d(x, y)$．ゆえに，$f$ はリプシッツ写像だから，補題 7.6 より連続である．　□

例題 7.11　$\boldsymbol{E}^1$ の部分空間 $\boldsymbol{Q}$ で定義された関数

$$f : \boldsymbol{Q} \longrightarrow \boldsymbol{E}^1;\ x \longmapsto \begin{cases} 1 & (x < \sqrt{2}) \\ 0 & (x > \sqrt{2}) \end{cases}$$

は連続であることを証明せよ．

証明　任意の $x \in \boldsymbol{Q}$ と任意の $\varepsilon > 0$ をとる．いま $x \neq \sqrt{2}$ だから，$0 < \delta \leq |x - \sqrt{2}|$ である δ を選ぶことができる．このとき，任意の $x' \in \boldsymbol{Q}$ に対して，もし $|x - x'| < \delta$ ならば，

$$\{x,\, x'\} \subseteq (-\infty, \sqrt{2}) \quad \text{または} \quad \{x,\, x'\} \subseteq (\sqrt{2}, +\infty)$$

の一方が成り立つ．したがって，f の定義から $|f(x) - f(x')| = 0 < \varepsilon$ が成立する．ゆえに f は x で連続である．点 x の選び方は任意だから，f は連続関数である．□

問 6　関数 $f : \boldsymbol{E}^1 \longrightarrow \boldsymbol{E}^1$ で，点 $x = 0$ では連続であるが，0 以外のすべての点で不連続であるものの例を与えよ．また逆に，$x = 0$ では不連続であるが，0 以外のすべての点で連続である関数の例を与えよ．

問 7　距離空間 (X, d) 上の実数値連続関数 f が点 $x \in X$ において $f(x) > a$ をみたすとする．ただし a は定数である．このとき，ある $\delta > 0$ が存在して，任意の点 $y \in U(x, \delta)$ に対して $f(y) > a$ が成り立つことを証明せよ．

7.2　位相同型な距離空間

5.1 節では $\boldsymbol{E}^n$ の 2 つの部分空間が位相同型であることの定義を与えた．それは距離空間の間の関係に自然に一般化される．

定義 7.12　距離空間 X から距離空間 Y への写像 f が全単射であって，f と f^{-1} がともに連続写像であるとき，f を**位相同型写像**または**同相写像**とよぶ．

定義 7.13　距離空間 X から距離空間 Y への位相同型写像が存在するとき，X と Y は**位相同型**であるといい，$X \approx Y$ と書く．

位相同型の概念については，第 10 章で位相空間に対してもう一度議論をする．本節ではいくつかの具体例を観察することだけに留めよう．

例 7.14　全射，等距離写像 f は位相同型写像である．なぜなら，前節の問 2 (91 ページ) で調べた事実から f は全単射であって，f^{-1} もまた等距離写像だからである．特に，例 6.8 で定めた距離空間 $(M(2, \boldsymbol{R}), d)$ に対し，同じ例の中で定めた写像 $h : (M(2, \boldsymbol{R}), d) \longrightarrow \boldsymbol{E}^4$ は，全射，等距離写像だから位相同型写像である．したがって $(M(2, \boldsymbol{R}), d) \approx \boldsymbol{E}^4$ が成り立つ．

例 7.15 3 つの距離空間 $\boldsymbol{E}^n = (\boldsymbol{R}^n, d_2), (\boldsymbol{R}^n, d_1), (\boldsymbol{R}^n, d_\infty)$ について

$$\boldsymbol{E}^n \approx (\boldsymbol{R}^n, d_1) \approx (\boldsymbol{R}^n, d_\infty) \tag{7.5}$$

が成り立つ．なぜなら，これらの中のどの 2 つの距離空間を選んでも，補題 5.20 で証明した不等式 (5.9) から，それらの間の恒等写像 id とその逆写像 id^{-1} はリプシッツ写像であることが分かる．したがって，補題 7.6 より id は位相同型写像になるからである．ゆえに (7.5) が成立する．

集合 X 上の 2 つの距離関数 d, d' に対し，恒等写像 $\mathrm{id}_X : (X, d) \longrightarrow (X, d')$ が位相同型写像であるとき，d と d' とは**位相的に同値**な距離関数であるという．例 7.15 の証明から $\boldsymbol{R}^n$ 上の 3 つの距離関数 d_2, d_1, d_∞ はどの 2 つも位相的に同値である．一方，$C(I)$ 上の距離関数 d_1, d_∞ は位相的に同値ではないことを示そう．

例 7.16 集合 $C(I)$ 上の距離関数 d_1, d_∞ について，恒等写像

$$\mathrm{id} : (C(I), d_\infty) \longrightarrow (C(I), d_1)$$

は連続であるが，逆写像 id^{-1} は連続ではない．なぜなら，6.2 節，問 10 (83 ページ) で確かめた不等式から id はリプシッツ写像である．したがって，補題 7.6 より id は連続写像である．他方，例題 6.14 では，次の条件 (1), (2) をみたす $C(I)$ の関数列 $\{f_n\}$ と $f \in C(I)$ が存在することを示した．

(1) $\{f_n\}$ は距離空間 $(C(I), d_1)$ の点列としては f に収束する．
(2) $\{f_n\}$ は距離空間 $(C(I), d_\infty)$ の点列としては f に収束しない．

各 n に対し $\mathrm{id}^{-1}(f_n) = f_n$ だから，(1) と (2) は id^{-1} が連続性の条件 (A) をみたさないことを示している．ゆえに id^{-1} は連続でない．

例 7.16 は，id が位相同型写像でないことを示しただけであって，

$$(C(I), d_1) \not\approx (C(I), d_\infty) \tag{7.6}$$

を証明してはいないことに注意しよう．なぜなら，id 以外の位相同型写像が存在する可能性が残っているからである．実際には (7.6) は正しいが，その証明は本書の範囲を越えている．一般に，$X \not\approx Y$ であることを証明するためには，X から Y へのどんな位相同型写像も存在しないことを示す必要がある．

例題 7.17　$\boldsymbol{E}^1$ の部分空間 $\boldsymbol{Q}$ と $\boldsymbol{Z}$ について $\boldsymbol{Q} \not\approx \boldsymbol{Z}$ であることを証明せよ．

証明　背理法によって証明する．もし位相同型写像 $f : \boldsymbol{Q} \longrightarrow \boldsymbol{Z}$ が存在したと仮定する．任意の 1 点 $x \in \boldsymbol{Q}$ を固定する．このとき f の x における連続性から，$\varepsilon = 1$ に対して，ある $\delta > 0$ が存在して

$$(\forall x' \in \boldsymbol{Q})(|\, x - x' \,| < \delta \text{ ならば } |\, f(x) - f(x') \,| < \varepsilon) \tag{7.7}$$

が成り立つ．いま $x < x' < x + \delta$ をみたす $x' \in \boldsymbol{Q}$ をとると $|\, x - x' \,| < \delta$ である．ところが f は単射だから $f(x) \neq f(x')$，さらに $f(x), f(x') \in \boldsymbol{Z}$ だから $|\, f(x) - f(x') \,| \geq 1 = \varepsilon$ である．これは (7.7) に矛盾する．したがって $\boldsymbol{Q}$ から $\boldsymbol{Z}$ への位相同型写像は存在しない．ゆえに $\boldsymbol{Q} \not\approx \boldsymbol{Z}$ である．□

7.3　そのほかの例題

例 6.8 で定義した 2×2 行列が作る距離空間 $(M(2, \boldsymbol{R}), d)$ に関する 2 つの例題を補充する．先を急ぐ読者は，本節を省略して次章へ進むことができる．はじめに，5.2 節で位相空間に対して述べた結果 (定理 5.10, 補題 5.12, 定理 5.14, 系 5.15) は距離空間に対しても成立することに注意しておこう．第 10 章で説明するように距離空間はいつでも位相空間であると考えられるからである．

例題 7.18　行列 $A = (a_{ij}) \in M(2, \boldsymbol{R})$ に A の行列式 $|\, A \,| = a_{11}a_{22} - a_{12}a_{21}$ の値を対応させる写像

$$f : (M(2, \boldsymbol{R}), d) \longrightarrow \boldsymbol{E}^1 \,;\; A \longmapsto |\, A \,|$$

は連続写像であることを証明せよ．

証明　距離関数 d の定義より，任意の 2 点 $A = (a_{ij}), B = (b_{ij}) \in M(2, \boldsymbol{R})$ に対し，

$$d(A, B) = \sqrt{\sum_{i=1}^{2} \sum_{j=1}^{2} (a_{ij} - b_{ij})^2} \tag{7.8}$$

であることに注意する．各 $i, j = 1, 2$ に対し，$A \in M(2, \boldsymbol{R})$ に A の (i, j) 成分を対応させる写像を

$$\mathrm{pr}_{ij} : (M(2, \boldsymbol{R}), d) \longrightarrow \boldsymbol{E}^1 \,;\; A = (a_{ij}) \longmapsto a_{ij}$$

で表す．このとき，(7.8) より pr_{ij} はリプシッツ写像であることが導かれる．したがって，補題 7.6 より pr_{ij} は距離空間 $(M(2,\boldsymbol{R}),d)$ 上の実数値連続関数である．そこで定義 5.9 で定めた実数値関数の演算を使えば，$f=\mathrm{pr}_{11}\mathrm{pr}_{22}-\mathrm{pr}_{12}\mathrm{pr}_{21}$ と表される．ゆえに，定理 5.10 より f は連続写像である． □

例題 7.19 距離空間 $(M(2,\boldsymbol{R}),d)$ の正則行列からなる部分空間を $GL(2,\boldsymbol{R})$ で表す．行列 $A\in GL(2,\boldsymbol{R})$ に A の逆行列 A^{-1} を対応させる写像

$$g: GL(2,\boldsymbol{R})\longrightarrow GL(2,\boldsymbol{R});\ A\longmapsto A^{-1}$$

は位相同型写像であることを証明せよ．

証明 任意の正則行列 A に対して $(A^{-1})^{-1}=A$ が成り立つ．この事実から $g\circ g=\mathrm{id}$ が導かれる．ゆえに，定理 3.23 より g は全単射で $g=g^{-1}$ が成り立つ．したがって g の連続性を示せば証明は完成する．いま定理 5.14 を適用するために (少しまわりくどいが) g の終域を $M(2,\boldsymbol{R})$ に変えた写像 g' と例 6.8 で定義した全単射 $h: M(2,\boldsymbol{R})\longrightarrow \boldsymbol{E}^4$ との合成写像

$$GL(2,\boldsymbol{R})\xrightarrow{\ g'\ } M(2,\boldsymbol{R})\xrightarrow{\ h\ }\boldsymbol{E}^4 \tag{7.9}$$

について考えよう．例 7.14 で述べたように h は位相同型写像である．したがって，もし (7.9) の合成写像 $h\circ g'$ の連続性が証明されれば，7.1 節，問 4 (92 ページ) で述べた命題から合成写像 $g'=h^{-1}\circ h\circ g'$ も連続になり，結果として補題 5.12 (2) から g の連続性が導かれる．そこで $h\circ g'$ と $\boldsymbol{E}^4$ の射影 pr_i $(i=1,2,3,4)$ との合成写像を考えると，写像 g', h の定義から

$$\mathrm{pr}_1\circ h\circ g': GL(2,\boldsymbol{R})\longrightarrow \boldsymbol{E}^1;\ A=(a_{ij})\longmapsto a_{22}/|A|,$$

$$\mathrm{pr}_2\circ h\circ g': GL(2,\boldsymbol{R})\longrightarrow \boldsymbol{E}^1;\ A=(a_{ij})\longmapsto -a_{12}/|A|,$$

$$\mathrm{pr}_3\circ h\circ g': GL(2,\boldsymbol{R})\longrightarrow \boldsymbol{E}^1;\ A=(a_{ij})\longmapsto -a_{21}/|A|,$$

$$\mathrm{pr}_4\circ h\circ g': GL(2,\boldsymbol{R})\longrightarrow \boldsymbol{E}^1;\ A=(a_{ij})\longmapsto a_{11}/|A|$$

が得られる．いま例題 7.18 の中で定義した $M(2,\boldsymbol{R})$ 上の実数値連続関数 f と pr_{ij} の $GL(2,\boldsymbol{R})$ への制限写像を，それぞれ，f' と pr'_{ij} で表す．補題 5.12 (1) よりそれらは連続である．特に，$GL(2,\boldsymbol{R})$ の定義から任意の $A\in GL(2,\boldsymbol{R})$ に対して $f'(A)=|A|\neq 0$ であることに注意しよう．このとき，$i=1$ の場合は

$$\mathrm{pr}_1 \circ h \circ g' = \mathrm{pr}'_{22}/f'$$

と表されるから，定理 5.10 より $\mathrm{pr}_1 \circ h \circ g'$ は連続である．同様に $i = 2, 3, 4$ に対しても $\mathrm{pr}_i \circ h \circ g'$ は連続であることが導かれる．ゆえに，定理 5.14 より合成写像 $h \circ g'$ は連続である．以上により，g が位相同型写像であることが証明された．□

例題 7.18, 7.19 で証明した事実は，距離空間 $(M(n, \boldsymbol{R}), d)$ とその正則行列からなる部分空間 $GL(n, \boldsymbol{R})$ に対しても，それぞれ，同様に成り立つ．

注意 1　距離空間 $GL(n, \boldsymbol{R})$ は行列の積に関して群をなす．例題 7.19 は，そのとき逆元をとる操作が位相同型写像であることを示している．実際の研究の対象になる距離空間や位相空間には，代数的な構造を同時に備えているものが多い．例えば，$\boldsymbol{E}^n$ や $(C(I), d_1)$, $(C(I), d_\infty)$ などは，距離空間であると同時に線形空間でもある．距離空間や位相空間の様々な具体例と応用例については，参考書 [6] が詳しい．

演習問題 7

1. 補題 7.2 と補題 7.6 を証明せよ．

2. $\boldsymbol{R}^n$ において，任意の点 p と $\varepsilon > 0$ に対して，

$$U(d_1, p, \varepsilon) \subseteq U(d_2, p, \varepsilon) \subseteq U(d_\infty, p, \varepsilon) \subseteq U(d_1, p, n\varepsilon)$$

が成立することを証明せよ．

3. 任意の $f \in C(I)$ と $\varepsilon > 0$ に対して，$U(C(I), d_\infty, f, \varepsilon) \subseteq U(C(I), d_1, f, \varepsilon)$ が成り立つことを証明せよ．

4. 距離空間 X の任意の 2 点 x, y と任意の $\varepsilon > 0$ に対し，次の (1), (2) が成り立つことを証明せよ．

(1)　$x \in U(y, \varepsilon)$ ならば $U(y, \varepsilon) \subseteq U(x, 2\varepsilon)$.

(2)　$U(x, \varepsilon) \cap U(y, \varepsilon) \neq \varnothing$ ならば $U(y, \varepsilon) \subseteq U(x, 3\varepsilon)$.

5. $\boldsymbol{E}^1$ の部分空間 $X = \boldsymbol{E}^1 - \{0\}$ に対し，関数 $f : X \longrightarrow \boldsymbol{E}^1$; $x \longmapsto |x|/x$ のグラフを描き，f が連続であることを証明せよ．また，f はリプシッツ写像であるかどうかを調べよ．

6. $\boldsymbol{E}^1$ の部分空間 $X = [0,1] \cup [2,3]$ に対し，$f(x) = 0$ $(0 \leq x \leq 1)$, $f(x) = 1$ $(2 \leq x \leq 3)$ で定義される関数 $f : X \longrightarrow \boldsymbol{E}^1$ は連続であることを証明せよ．また，f はリプシッツ写像であるかどうかを調べよ．

7. $\boldsymbol{E}^1$ の部分空間 $\boldsymbol{Z}$ について，$\boldsymbol{Z}$ から任意の距離空間への任意の写像は連続であることを証明せよ．

8. $\boldsymbol{E}^1$ の部分空間 $\boldsymbol{Q}$ と $\boldsymbol{Z}$ について，$\boldsymbol{Q}$ から $\boldsymbol{Z}$ への全射連続写像の例を与えよ．

9. $\boldsymbol{E}^1$ の部分空間 $S = \{0\} \cup \{1/n : n \in \boldsymbol{N}\}$ と $\boldsymbol{Z}$ に対して，$S \not\approx \boldsymbol{Z}$ であることを証明せよ．

10. 実数 x に対し x を越えない最大の整数を $[x]$ で表す．$\boldsymbol{E}^1$ の無理数全体からなる部分空間 $\boldsymbol{P}$ に対し，関数 $f : \boldsymbol{P} \longrightarrow \boldsymbol{E}^1$; $x \longmapsto [x]$ は連続であることを証明せよ．

11. 関数 $f : \boldsymbol{E}^1 \longrightarrow \boldsymbol{E}^1$ に対し，f が連続である $\boldsymbol{E}^1$ の点全体の集合を $c(f)$ で表す．次の条件 (1)~(4) をみたすような関数 f の例をそれぞれ与えよ (ヒント：7.1 節，問 6 (94 ページ) を参照).

$$(1)\ c(f) = \varnothing, \quad (2)\ c(f) = (0,1), \quad (3)\ c(f) = [0,1], \quad (4)\ c(f) = \boldsymbol{R} - \boldsymbol{Q}.$$

12. 補題 5.12 と定理 5.14 を X, Y が距離空間である場合について証明せよ．

13. 任意の点 $x \in I$ に対し，写像 $p_x : (C(I), d_\infty) \longrightarrow \boldsymbol{E}^1$; $f \longmapsto f(x)$ は連続写像であることを証明せよ．

14. 全射 $f : (X, d_X) \longrightarrow (Y, d_Y)$ に対して正の定数 r, s が存在して

$$(\forall x\ \forall y \in X)(r \cdot d_Y(f(x), f(y)) \leq d_X(x,y) \leq s \cdot d_Y(f(x), f(y)))$$

が成り立つとする．このとき f は位相同型写像であることを証明せよ．

15. 行列 $A = (a_{ij}) \in M(2, \boldsymbol{R})$ の対角成分の和 $\mathrm{tr}A = a_{11} + a_{22}$ を A の**トレース**とよぶ．写像 $f : (M(2, \boldsymbol{R}), d) \longrightarrow \boldsymbol{E}^1$; $A \longmapsto \mathrm{tr}A$ は連続写像であることを証明せよ (ヒント：例題 7.18 を参照).

16. 行列 A の行と列を入れ替えてできる行列を A の**転置行列**とよび ${}^tA$ で表す．写像 $f : (M(2, \boldsymbol{R}), d) \longrightarrow (M(2, \boldsymbol{R}), d)$; $A \longmapsto {}^tA$ は全単射，等距離写像であることを証明せよ (ヒント：例題 7.19 を参照).

8
距離空間の開集合と閉集合

例 5.7 では，1 次元球面 S^1 から 1 点 $p_0 \in S^1$ を取り除いて得られる部分空間 $S^1 - \{p_0\}$ と数直線 $\boldsymbol{E}^1$ の間に位相同型写像が存在することを示した．この例が示すように，距離空間 X から距離空間 Y への位相同型写像は，一般に X の大きさや形を自由に変化させることができる．それでは，位相同型写像が変えないものはいったい何だろうか．この疑問を具体的に述べるために，$\boldsymbol{R}^n$ における合同変換とは等長変換のことであったことを思い出そう．すなわち

「合同変換とは対応する [2 点間] の [距離] を変えない写像である」

と言える．それでは，次の？マークに入る言葉は何だろう．

「位相同型写像とは対応する [？] の [？] を変えない写像である」

この問題に答えることが本章と次章の目標である．以下，本章では (X, d) を 1 つの距離空間として，それを略して X と書く．

8.1　部分集合の境界

図 8.1 のような $\boldsymbol{E}^2$ の閉球体 B と開球体 U (正確には，2 次元閉球体 B^2 と 2 次元開球体 U^2) に対しては，これらの集合の内部と外部とを隔てる境界はどちらの場合も $S^1 = \{(x, y) : x^2 + y^2 = 1\}$ である．

$\boldsymbol{E}^n$ の部分集合だけでなく，任意の距離空間のすべての部分集合に対して，その境界を定義したい．そのために，境界の概念を参考書 [2] の中の例を借りて説明しよう．いま，A 県に住むある人 x が隣の県まで歩いて行くところを想像しよう．このとき x は県境を通らなければならないが，自分が県境にいることはどのようにして分かるだろう．かなり県境に近づいたとしても，もし x を中心

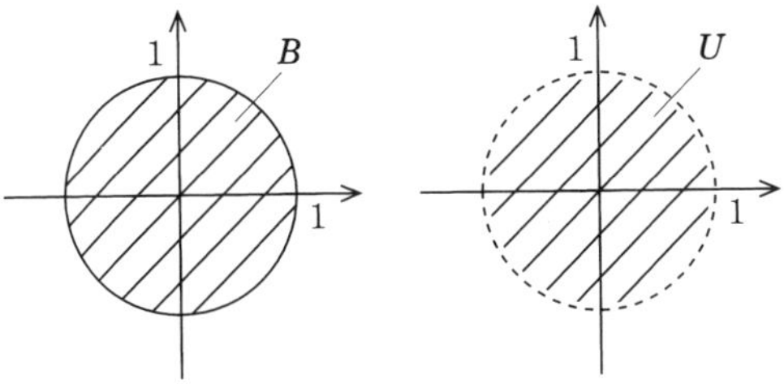

図 **8.1**　$\boldsymbol{E}^2$ の閉球体 B と開球体 U.

とする半径 10m の円の内側がすべて A 県の土地ならば，x はまだ A 県の内部にいると考えられる．同様に半径が 1m でも (理論的には，たとえ 1cm でも) x を中心とするある円の内側がすべて A 県の土地ならば，x はまだ A 県の内部にいることになる．逆に x を中心とするある円の内側がすべて県外の土地ならば，x はすでに A 県の外部に出たと言えるだろう．したがって，これらのどちらでもない場合が県境にいるときである．すなわち，x を中心とするどんな半径の円を描いても，その円の内側に A 県の土地と県外の土地とが両方とも含まれるとき，x はちょうど県境の上にいると考えられる．

この説明の中の x を中心とする円の内側を x の ε-近傍と見なすことによって，距離空間の部分集合に対する境界の定義が得られる．

定義 8.1　A を X の部分集合，x を X の点とする．任意の $\varepsilon > 0$ に対して，

$$U(X, x, \varepsilon) \cap A \neq \varnothing, \quad U(X, x, \varepsilon) \cap (X - A) \neq \varnothing$$

がともに成り立つとき，x は X における A の**境界点**であるという．また，X における A の境界点全体の集合を X における A の**境界**とよび，$\mathrm{Bd}_X A$ で表わす．

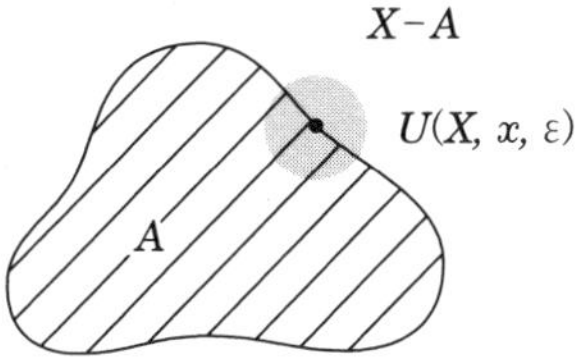

図 **8.2**　A の境界点.

注意 1　X の部分集合 A と X の点 x について，$U(X,x,\varepsilon) \subseteq A$ である x の ε-近傍が存在するとき，x は X における A の**内部の点**であるという．また，$U(X,x,\varepsilon) \cap A = \varnothing$ である x の ε-近傍が存在するとき，x は X における A の**外部の点**であるという．

例 8.2　$S^1 = \{(x,y) : x^2+y^2=1\}$ とする．図 8.1 で示した閉球体 B について，実際に $S^1 = \mathrm{Bd}_{\boldsymbol{E}^2} B$ であることを，定義 8.1 に照らし合わせて確かめてみよう．この事実を証明するためには，定義 2.15 より

$$S^1 \subseteq \mathrm{Bd}_{\boldsymbol{E}^2} B \quad と \quad \mathrm{Bd}_{\boldsymbol{E}^2} B \subseteq S^1$$

とを示す必要がある．任意の点 $p \in S^1$ をとると，任意の $\varepsilon > 0$ に対して p の ε-近傍 $U(\boldsymbol{E}^2, p, \varepsilon)$ は B と $\boldsymbol{E}^2 - B$ の両方と交わる (図 8.3 を見よ)．したがって，p は B の境界点である．ゆえに $S^1 \subseteq \mathrm{Bd}_{\boldsymbol{E}^2} B$ が成り立つ．

他方，任意の点 $q = (x,y) \in \boldsymbol{E}^2 - S^1$ をとると $x^2+y^2 \neq 1$ である．このとき $0 < \delta \leq |1 - \sqrt{x^2+y^2}|$ をみたす δ をとると，$U(\boldsymbol{E}^2, q, \delta)$ は B と $\boldsymbol{E}^2 - B$ の一方とだけしか交わらない．したがって q は B の境界点ではない．ゆえに $\boldsymbol{E}^2 - S^1 \subseteq \boldsymbol{E}^2 - \mathrm{Bd}_{\boldsymbol{E}^2} B$，すなわち，$\mathrm{Bd}_{\boldsymbol{E}^2} B \subseteq S^1$ が成立する．以上により $S^1 = \mathrm{Bd}_{\boldsymbol{E}^2} B$ であることが証明された．同様に，開球体 U に対しても $S^1 = \mathrm{Bd}_{\boldsymbol{E}^2} U$ が成り立つことが確かめられる．

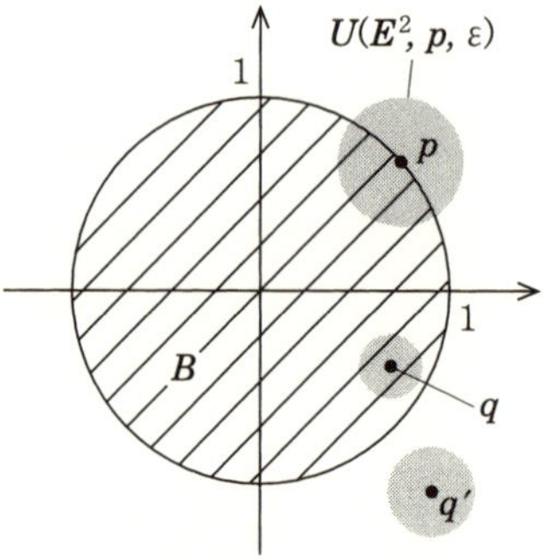

図 **8.3**　p は B の境界点，q は B の内部の点，q' は B の外部の点.

例 8.3　図 8.1 の閉球体 B の境界である S^1 自身にもまたその境界が定められる．上の例と同様の方法で $S^1 = \mathrm{Bd}_{\boldsymbol{E}^2} S^1$ が成り立つことを確かめよう．任

意の点 $p \in S^1$ をとる．このとき，任意の $\varepsilon > 0$ に対して $U(\boldsymbol{E}^2, p, \varepsilon)$ は S^1 と $\boldsymbol{E}^2 - S^1$ の両方と交わるから，$p \in \mathrm{Bd}_{\boldsymbol{E}^2} S^1$ である．ゆえに $S^1 \subseteq \mathrm{Bd}_{\boldsymbol{E}^2} S^1$ が成り立つ．逆に，任意の点 $q = (x, y) \in \boldsymbol{E}^2 - S^1$ をとると $x^2 + y^2 \neq 1$ である．このとき，$0 < \delta \leq |1 - \sqrt{x^2 + y^2}|$ をみたす δ をとると $U(\boldsymbol{E}^2, q, \delta) \cap S^1 = \varnothing$ だから，$q \notin \mathrm{Bd}_{\boldsymbol{E}^2} S^1$ である．ゆえに $\mathrm{Bd}_{\boldsymbol{E}^2} S^1 \subseteq S^1$ が成り立つ．以上により $S^1 = \mathrm{Bd}_{\boldsymbol{E}^2} S^1$ であることが証明された．すなわち，S^1 には内部の点がなく，S^1 自身が S^1 の境界である．

次の補題は，境界点の定義 8.1 から直ちに導かれる．

補題 8.4 X の任意の部分集合 A に対し，$\mathrm{Bd}_X A = \mathrm{Bd}_X (X - A)$ が成り立つ．

問 1 $\boldsymbol{E}^1$ の部分集合 $[0, 1)$, $\boldsymbol{Q}$, $\boldsymbol{Z}$, $\boldsymbol{E}^1$, $\varnothing$ の $\boldsymbol{E}^1$ における境界を求めよ．

境界は相対的な概念である．すなわち，それが「どの空間における」境界であるかによって意味が変化する．例えば，$A \subseteq X$ であって X がさらに大きな距離空間 Y の部分空間である場合には，$A \subseteq X \subseteq Y$ だから A は X の部分集合であると同時に Y の部分集合でもある．この場合，X における A の境界 $\mathrm{Bd}_X A$ と Y における A の境界 $\mathrm{Bd}_Y A$ とは同じであるとは限らない．それを示す例を与えよう．

例 8.5 $\boldsymbol{E}^2$ の部分空間 $I^2 = [0, 1] \times [0, 1]$ とその上半分の長方形

$$A = \{(x, y) \in I^2 : y > 1/2\}$$

について考える．このとき，$\mathrm{Bd}_{\boldsymbol{E}^2} A$ は A の周囲の 4 辺であるが，$\mathrm{Bd}_{I^2} A$ は A の底辺 $B = \{(x, 1/2) : 0 \leq x \leq 1\}$ である．図 8.4 を見ながら，B 以外の I^2 の点が $\mathrm{Bd}_{I^2} A$ に属さないことを説明しよう (キー・ポイントは，I^2 における A の境界点は $\underline{I^2 \text{ における}}$任意の ε-近傍が $\underline{A \text{ と } I^2 - A}$ の両方と交わる I^2 の点として定義されることである)．任意の点 $p = (x, y) \in I^2 - B$ をとると，$y \neq 1/2$ である．このとき $0 < \varepsilon \leq |y - 1/2|$ をみたす ε をとると，$U(I^2, p, \varepsilon)$ は A と $I^2 - A$ の一方とだけしか交わらない．したがって $p \notin \mathrm{Bd}_{I^2} A$ である．

正方形 I^2 を野原の中のテニス・コートと考え，A を自分のサイドと考える．野原の中では A の境界は A の周囲の 4 辺であるが，テニス・コート I^2 の中においては A と外部を隔てる境界はネットの部分 B だけである．

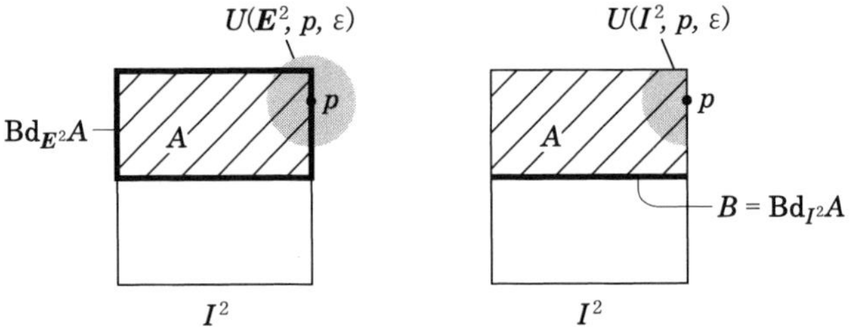

図 8.4　$\mathrm{Bd}_{\boldsymbol{E}^2}A$ と $\mathrm{Bd}_{I^2}A$.

問 2　半開区間 $X = [0, 2)$ を $\boldsymbol{E}^1$ の部分空間と考える．このとき，X の部分集合 $A = [0, 1)$, $B = [1, 2)$ について，$\mathrm{Bd}_X A$ と $\mathrm{Bd}_X B$ とを求めよ．

問 3　極座標で表された 1 次元球面 $S^1 = \{(1, \theta) : 0 \leq \theta < 2\pi\}$ を $\boldsymbol{E}^2$ の部分空間と考える．このとき，$A = \{(1, \theta) : 0 < \theta < \pi/2\} \subseteq S^1$ について $\mathrm{Bd}_{S^1} A$ と $\mathrm{Bd}_{\boldsymbol{E}^2} A$ を求めよ．

8.2　開集合と閉集合

本章のはじめに述べた問題に答えるための鍵は開集合と閉集合の概念である．図 8.1 の閉球体 B と開球体 U に対しては，$\mathrm{Bd}_{\boldsymbol{E}^2} B = \mathrm{Bd}_{\boldsymbol{E}^2} U = S^1$ であったから，関係

$$\mathrm{Bd}_{\boldsymbol{E}^2} B \subseteq B, \quad U \cap \mathrm{Bd}_{\boldsymbol{E}^2} U = \varnothing \tag{8.1}$$

が成り立つ．数学では B のようにその境界を完全に含む集合の状態を「閉」という言葉で表し，U のようにその境界と交わらない (すなわち，境界点をまったく含まない) 集合の状態を「開」という言葉で表す習慣がある．この習慣を距離空間の部分集合に適用して，次の定義が得られる．

定義 8.6　$A \subseteq X$ とする．$\mathrm{Bd}_X A \subseteq A$ が成り立つとき A を X の**閉集合**とよび，$A \cap \mathrm{Bd}_X A = \varnothing$ が成り立つとき A を X の**開集合**とよぶ．

関係 (8.1) より，B は $\boldsymbol{E}^2$ の閉集合であり U は $\boldsymbol{E}^2$ の開集合である．また，例 8.3 で調べたように $S^1 = \mathrm{Bd}_{\boldsymbol{E}^2} S^1$ だから，S^1 も $\boldsymbol{E}^2$ の閉集合である．一般に，n 次元閉球体 B^n と $n-1$ 次元球面 S^{n-1} は $\boldsymbol{E}^n$ の閉集合であり，n 次元開球体 U^n は $\boldsymbol{E}^n$ の開集合である．

例 8.7　区間 $I=[a,b]$, $J=(a,b)$, $H=[a,b)$ (ただし $a<b$) の $\boldsymbol{E}^1$ における境界を求めると $\mathrm{Bd}_{\boldsymbol{E}^1}I=\mathrm{Bd}_{\boldsymbol{E}^1}J=\mathrm{Bd}_{\boldsymbol{E}^1}H=\{a,b\}$ である．したがって，閉区間 I は $\boldsymbol{E}^1$ の閉集合，開区間 J は $\boldsymbol{E}^1$ の開集合である．また，半開区間 H は $\boldsymbol{E}^1$ の閉集合でも開集合でもない．

補題 8.8　任意の $A\subseteq X$ に対して，次の (1), (2) が成立する．

(1)　A が X の閉集合ならば $X-A$ は X の開集合である．

(2)　A が X の開集合ならば $X-A$ は X の閉集合である．

証明　補題 8.4 より $\mathrm{Bd}_X A=\mathrm{Bd}_X(X-A)$ であることに着目して，この集合を B とおく．もし $B\subseteq A$ ならば $(X-A)\cap B=\varnothing$ だから，(1) が成立する．また逆に，もし $A\cap B=\varnothing$ ならば $B\subseteq X-A$ だから，(2) も成立する．　□

注意 2　補題 8.8 は，任意の集合が必ず閉集合か開集合かのいずれかであると主張しているのではない．実際，$\boldsymbol{E}^1$ における半開区間のように閉集合でも開集合でもない集合が存在する．また，もし $\mathrm{Bd}_X A=\varnothing$ ならば，

$$\mathrm{Bd}_X A\subseteq A,\quad A\cap\mathrm{Bd}_X A=\varnothing$$

がともに成り立つから，A は X の閉集合であると同時に X の開集合でもある．特に $\mathrm{Bd}_X X=\mathrm{Bd}_X\varnothing=\varnothing$ だから，X と $\varnothing$ とはいつでも X の閉集合であると同時に X の開集合でもある．

さて，与えられた集合 A が閉集合であるか開集合であるかを調べる際に，そのたびに A の境界を求めるのは面倒である．そこで，次の (境界を使わない) 必要十分条件がよく用いられる．

補題 8.9　任意の $A\subseteq X$ に対して，次の (1), (2) が成立する．

(1)　A が X の開集合であるためには，任意の点 $x\in A$ に対して

$$U(X,x,\varepsilon)\subseteq A$$

となる x の ε-近傍が存在することが必要十分である．

(2)　A が X の閉集合であるためには，任意の点 $x\in X-A$ に対して

$$U(X,x,\varepsilon)\cap A=\varnothing$$

となる x の ε-近傍が存在することが必要十分である．

証明　(1) 最初に，任意の点 $x \in X$ と任意の $\varepsilon > 0$ に対して，$U(x,\varepsilon) \subseteq A$ と $U(x,\varepsilon) \cap (X - A) = \varnothing$ が同値であることに注意しておこう．いま，任意の点 $x \in A$ に対して $U(x,\varepsilon) \subseteq A$ となる x の ε-近傍が存在したとする．このことは，上の注意から，任意の $x \in A$ に対して $x \notin \mathrm{Bd}_X A$ であることを意味する．したがって $A \cap \mathrm{Bd}_X A = \varnothing$，すなわち，$A$ は X の開集合である．

逆に A が X の開集合であると仮定して，任意の点 $x \in A$ をとる．このとき，$A \cap \mathrm{Bd}_X A = \varnothing$ だから $x \notin \mathrm{Bd}_X A$ である．したがって，A と $X - A$ のどちらか一方とだけしか交わらない x の ε-近傍 $U(x,\varepsilon)$ が存在する．ところが，いま $x \in U(x,\varepsilon) \cap A$ だから，$U(x,\varepsilon) \cap (X - A) = \varnothing$ でなければならない．ゆえに，再び最初の注意から，$U(x,\varepsilon) \subseteq A$ が成り立つ．

(2) 2 つの式 $U(x,\varepsilon) \cap A = \varnothing$ と $U(x,\varepsilon) \subseteq X - A$ とは同値だから，(1) より (2) の後半の条件は $X - A$ が X の開集合であることを意味する．補題 8.8 より，それは A が X の閉集合であることと同値である．　□

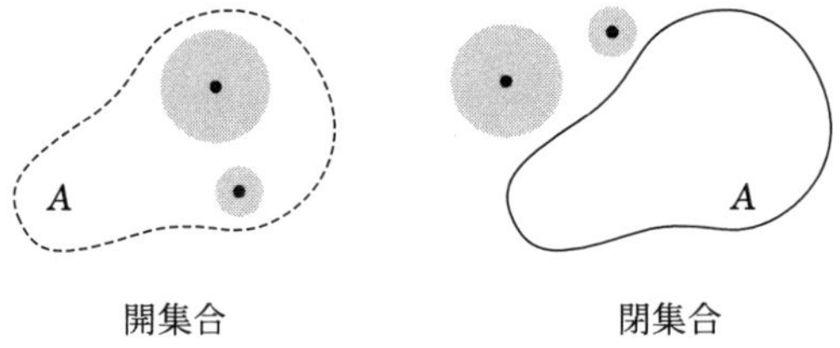

図 **8.5**　補題 8.9 のこころ．

補題 8.9 を使った証明の例を与えよう．

例題 8.10　任意の点 $y \in X$ と任意の $\delta > 0$ に対し，$U(X,y,\delta)$ は X の開集合であることを証明せよ．

証明　補題 8.9 (1) を使って証明しよう．そのために $A = U(X,y,\delta)$ とおいて，任意の点 $x \in A$ をとる．このとき $d(y,x) < \delta$ だから，$\varepsilon = \delta - d(y,x)$ とおくと $\varepsilon > 0$ である．そこで，

$$U(X,x,\varepsilon) \subseteq A \tag{8.2}$$

が成り立つことを示せばよい．任意の点 $z \in U(X, x, \varepsilon)$ をとると，$d(x, z) < \varepsilon = \delta - d(y, x)$ だから，三角不等式と合わせて $d(y, z) \leq d(y, x) + d(x, z) < \delta$ を得る．ゆえに $z \in A$ である．いま (8.2) が示されたので，補題 8.9 (1) より A は X の開集合である． □

例題 8.11　任意の点 $y \in X$ に対し，1 点だけからなる集合 $A = \{y\}$ は X の閉集合であることを証明せよ．

証明　補題 8.9 (2) を使って証明しよう．任意の点 $x \in X - A$ をとると，$x \neq y$ だから，距離関数の条件 (M1) から $d(x, y) > 0$．このとき $\varepsilon = d(x, y)$ とおくと，$U(x, \varepsilon) \cap A = \varnothing$．ゆえに，補題 8.9 (2) より A は X の閉集合である． □

例題 8.12　もし X が離散距離空間 (すなわち，$X = (X, d_0)$) ならば，X の任意の部分集合は X の開集合であると同時に閉集合でもあることを証明せよ．

証明　任意の $A \subseteq X$ をとる．離散距離関数の定義から，任意の点 $x \in X$ に対して $U(x, 1) = \{x\}$ であることに注意する．この事実から，任意の点 $x \in A$ に対し $U(x, 1) \subseteq A$ が成り立ち，任意の点 $y \in X - A$ に対して $U(y, 1) \cap A = \varnothing$ が成り立つ．ゆえに，補題 8.9 より A は X の開集合であると同時に X の閉集合でもある． □

補題 8.9 は以後の議論の中でも繰り返し用いられる．次の定理は開集合が持つ基本的な性質を示している．

定理 8.13 (開集合の基本 3 性質)　X の開集合は次の 3 性質を持つ．

(O1)　X 自身と空集合 $\varnothing$ は X の開集合である．

(O2)　X の有限個の開集合の共通部分はまた X の開集合である (すなわち，$U_1, U_2, \cdots, U_n$ が X の開集合ならば，$U_1 \cap U_2 \cap \cdots \cap U_n$ もまた X の開集合である)．

(O3)　X の任意個数の開集合の和集合はまた X の開集合である (すなわち，X の開集合からなる任意の集合族 $\{U_\lambda : \lambda \in \Lambda\}$ に対し，$\bigcup_{\lambda \in \Lambda} U_\lambda$ はまた X の開集合である)．

証明　(O1) は上の注意 2 (105 ページ) で説明した．

(O2) X の有限個の開集合 $U_1, U_2, \cdots, U_n$ に対し，$U = U_1 \cap U_2 \cap \cdots \cap U_n$ とおく．(O1) より $U \neq \varnothing$ である場合だけを考えればよい．任意の点 $x \in U$ をとる．各 $i = 1, 2, \cdots, n$ に対し，$x \in U_i$ であって U_i は X の開集合だから，補題 8.9 より $U(x, \varepsilon_i) \subseteq U_i$ となる $\varepsilon_i > 0$ が存在する．いま $\varepsilon = \min\{\varepsilon_1, \varepsilon_2, \cdots, \varepsilon_n\}$ とおく．このとき，各 i に対して $U(x, \varepsilon) \subseteq U(x, \varepsilon_i) \subseteq U_i$ だから，

$$U(x, \varepsilon) \subseteq U_1 \cap U_2 \cap \cdots \cap U_n = U$$

が成り立つ．ゆえに，再び補題 8.9 より U は X の開集合である．

(O3) X の開集合の族 $\{U_\lambda : \lambda \in \Lambda\}$ に対し，$U = \bigcup_{\lambda \in \Lambda} U_\lambda$ とおく．この場合も $U \neq \varnothing$ であると仮定してよい．任意の点 $x \in U$ をとると，ある $\lambda_0 \in \Lambda$ が存在して $x \in U_{\lambda_0}$．仮定より U_{λ_0} は X の開集合だから，補題 8.9 よりある $\varepsilon > 0$ が存在して $U(x, \varepsilon) \subseteq U_{\lambda_0}$ が成り立つ．いま $U_{\lambda_0} \subseteq U$ だから，$U(x, \varepsilon) \subseteq U$．ゆえに，再び補題 8.9 より U は X の開集合である．□

注意 3　性質 (O2) に関して，X の無限個の開集合の共通部分は開集合であるとは限らない．例えば，開区間 $U_n = (-1/n, 1/n)$ $(n \in \boldsymbol{N})$ は $\boldsymbol{E}^1$ の開集合であるが共通部分 $\bigcap_{n \in \boldsymbol{N}} U_n = \{0\}$ は $\boldsymbol{E}^1$ の開集合ではない．また，性質 (O3) の中の「任意個数」の意味は，正確には添え字の集合 Λ の濃度が任意 (無限濃度でもよい) という意味である．

問 4　区間 $[a, +\infty)$ は $\boldsymbol{E}^1$ の閉集合で，区間 $(a, +\infty)$ は $\boldsymbol{E}^1$ の開集合であることを示せ．

問 5　$\boldsymbol{E}^2$ の部分集合 $F = \{(x, y) : x \geq y\}$, $G = \{(x, y) : x > y\}$ について，F は $\boldsymbol{E}^2$ の閉集合で G は $\boldsymbol{E}^2$ の開集合であることを示せ．

8.3　部分空間の開集合と閉集合

本節では，X がある距離空間 Y の部分空間であると仮定する．このとき，次の例題が示すように，X の開集合 (閉集合) は Y の開集合 (閉集合) であるとは限らない．

例題 8.14　半開区間 $X = [0, 2)$ を $\boldsymbol{E}^1$ の部分空間と考える．このとき，$A = [0, 1)$ は X の開集合で $B = [1, 2)$ は X の閉集合であることを証明せよ．

証明 2通りの証明を与えよう．

[考え方 1] 8.1 節，問 2 (104 ページ) で確かめたように $\mathrm{Bd}_X A = \mathrm{Bd}_X B = \{1\}$ が成り立つ．したがって，$A \cap \mathrm{Bd}_X A = \varnothing$ が成り立つから A は X の開集合である．また $\mathrm{Bd}_X B \subseteq B$ が成り立つから B は X の閉集合である．

[考え方 2] 補題 8.8, 8.9 を使う．任意の点 $x \in A$ をとり，$0 < \varepsilon \leq 1 - x$ をみたす ε をとる．このとき，$U(X, x, \varepsilon) = (x - \varepsilon, x + \varepsilon) \cap X$ だから，$U(X, x, \varepsilon) \subseteq A$ が成り立つ．したがって，補題 8.9 より A は X の開集合である．他方，$B = X - A$ だから，補題 8.8 より B は X の閉集合である． □

補題 8.9 を使って集合 $A \subseteq X$ が X の開集合 (閉集合) であるかどうかを調べるときには，<u>X における</u> ε-近傍を用いることに注意しよう．上の例題 8.14 の集合 A, B はもちろん $\boldsymbol{E}^1$ においては開集合でも閉集合でもない．すなわち，開集合や閉集合は境界と同様に相対的な概念である．

さて，X の開集合 (閉集合) と Y の開集合 (閉集合) との間には，次のような自然な関係が成り立つ．

定理 8.15 任意の $A \subseteq X$ に対し，次の (1), (2) が成り立つ．

(1) A が X の開集合であるためには，$A = G \cap X$ である Y の開集合 G が存在することが必要十分である．

(2) A が X の閉集合であるためには，$A = H \cap X$ である Y の閉集合 H が存在することが必要十分である．

証明 最初に，任意の点 $x \in X$ と任意の $\varepsilon > 0$ に対して，ε-近傍の定義から

$$U(X, x, \varepsilon) = U(Y, x, \varepsilon) \cap X \tag{8.3}$$

が成り立つことを注意しておこう．

(1) いま $A = G \cap X$ である Y の開集合 G が存在したとする．任意の点 $x \in A$ に対して，$x \in G$ であって G は Y の開集合だから，補題 8.9 より $U(Y, x, \varepsilon) \subseteq G$ となる $\varepsilon > 0$ が存在する．このとき (8.3) より

$$U(X, x, \varepsilon) = U(Y, x, \varepsilon) \cap X \subseteq G \cap X = A$$

が成り立つ．ゆえに，再び補題 8.9 より A は X の開集合である．

逆に A が X の開集合であるとする．このとき，任意の点 $x \in A$ に対して，補題 8.9 より $U(X, x, \varepsilon(x)) \subseteq A$ である $\varepsilon(x) > 0$ が存在する．すべての点 $x \in A$ に対して，このような $\varepsilon(x)$ を選ぶと，

$$A = \bigcup_{x \in A} U(X, x, \varepsilon(x)) \tag{8.4}$$

が成立する．そこで $G = \bigcup_{x \in A} U(Y, x, \varepsilon(x))$ とおくと，例題 8.10 と定理 8.13 の基本性質 (O3) より G は Y の開集合である．また (8.3) と (8.4) より

$$A = \bigcup_{x \in A} (U(Y, x, \varepsilon(x)) \cap X) = \left(\bigcup_{x \in A} U(Y, x, \varepsilon(x)) \right) \cap X = G \cap X$$

が成立する．ゆえに (1) が示された．

(2) 補題 8.8 と (1) を使って証明する．いま $A = H \cap X$ である Y の閉集合 H が存在したとする．このとき $G = Y - H$ とおくと，G は Y の開集合であって $X - A = G \cap X$ が成り立つ．したがって，(1) より $X - A$ は X の開集合である．ゆえに A は X の閉集合である．

逆に，A は X の閉集合であるとする．このとき，$X - A$ は X の開集合だから，(1) より $X - A = G \cap X$ である Y の開集合 G が存在する．そこで $H = Y - G$ とおくと，H は Y の閉集合で $A = H \cap X$ が成り立つ．　□

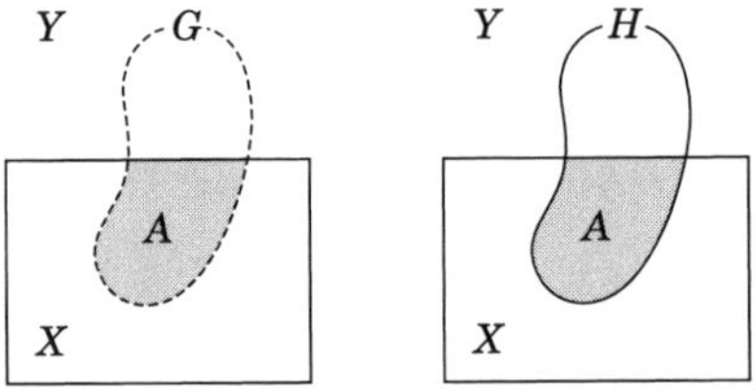

図 8.6　部分空間 X の開集合と閉集合．

系 8.16　Y の任意の開集合 G に対して $G \cap X$ は X の開集合である．また，Y の任意の閉集合 H に対して $H \cap X$ は X の閉集合である．

証明　定理 8.15 から直ちに導かれる．　□

本節の最初の例題 8.14 を系 8.16 を使って証明してみよう．

証明 [考え方 3] $\boldsymbol{E}^1$ の開集合と閉集合を利用する．開区間 $G=(-1,1)$ は $\boldsymbol{E}^1$ の開集合で $A=G\cap X$ が成り立つ．ゆえに，系 8.16 より A は X の開集合である．また，閉区間 $H=[1,2]$ は $\boldsymbol{E}^1$ の閉集合で $B=H\cap X$ が成り立つ．ゆえに，系 8.16 より B は X の閉集合である． □

以上で例題 8.14 に 3 通りの証明を与えた．実際に証明をする際には，場合に応じてもっとも見通しのよい方法を選べばよい．具体例をもう 1 つ考えよう．

例題 8.17 $\boldsymbol{E}^2$ の部分空間 $X=A\cup B$，ただし

$$A=\{(x,y):x^2+y^2\leq 1\},\quad B=\{(x,y):(x-3)^2+y^2\leq 1\}$$

において，A, B は X の開集合であると同時に閉集合でもあることを示せ．

証明 $p_1=(0,0), p_2=(3,0)$ とおくと，集合 $G_i=U(\boldsymbol{E}^2,p_i,2)$ $(i=1,2)$ は $\boldsymbol{E}^2$ の開集合で，それぞれ，$A=G_1\cap X$, $B=G_2\cap X$ が成り立つ．ゆえに，系 8.16 より A, B は X の開集合である．また，$A=X-B$, $B=X-A$ が成り立つから，補題 8.8 より A, B は X の閉集合でもある． □

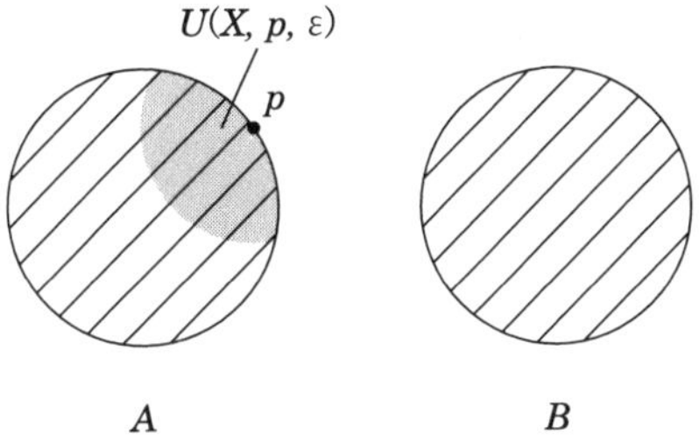

図 8.7 例題 8.17 を別の角度から考えてみよう．任意の点 $p\in X$ に対し，$0<\varepsilon\leq 1$ である ε をとると，$U(X,p,\varepsilon)$ は A と B $(=X-A)$ の一方とだけしか交わらない．この事実は X のどの点も X における A の境界点ではないことを示している．すなわち，$\mathrm{Bd}_X A=\varnothing$ である．ゆえに A は X の開集合であると同時に閉集合でもある．

例題 8.17 の集合 A や B のように X の他の部分から離れた集合は，一般に X において開集合であると同時に閉集合でもある．この事実を第 12 章で利用する．

問 6　$\boldsymbol{E}^1$ の部分空間 $\boldsymbol{Q}$ において，$A = \{x \in \boldsymbol{Q} : x^2 < 2\}$ は $\boldsymbol{Q}$ の開集合であると同時に閉集合でもあることを示せ．

問 7　$\boldsymbol{E}^1$ の部分空間 $X = \{0\} \cup [1, 2)$ において，$A = \{0\}$ と $B = [1, 2)$ はともに X の開集合であると同時に閉集合でもあることを示せ．

問 8　$\boldsymbol{E}^1$ の部分空間 $\boldsymbol{Z}$ について，次の (1)〜(4) の中で正しいものを選べ．

(1)　$\boldsymbol{Z}$ の任意の部分集合は $\boldsymbol{Z}$ の開集合である．

(2)　$\boldsymbol{Z}$ の任意の部分集合は $\boldsymbol{Z}$ の閉集合である．

(3)　$\boldsymbol{Z}$ の任意の部分集合は $\boldsymbol{E}^1$ の開集合である．

(4)　$\boldsymbol{Z}$ の任意の部分集合は $\boldsymbol{E}^1$ の閉集合である．

演習問題 8

1. 次の集合の $\boldsymbol{E}^1$ における境界を求めよ．

(1) $(0, +\infty)$,　(2) $\{-1\} \cup [1, 2]$,　(3) $\{1/n : n \in \boldsymbol{N}\}$,　(4) $\boldsymbol{Q} \cap (-1, 1)$.

2. 上の問題 1 の集合 (1)〜(4) は $\boldsymbol{E}^1$ の開集合であるか閉集合であるかを調べよ．

3. 次の集合は $\boldsymbol{E}^2$ の開集合であるか閉集合であるかを調べよ．

(1)　$[a, b] \times [c, d]$ $(a < b,\ c < d)$,

(2)　$(a, b) \times (c, d)$ $(a < b,\ c < d)$,

(3)　$\boldsymbol{Z} \times \boldsymbol{Z}$,

(4)　$\boldsymbol{Q} \times \boldsymbol{Q}$.

4. 図 8.1 (101 ページ) の開球体 U に対して，$S^1 = \mathrm{Bd}_{\boldsymbol{E}^2} U$ が成り立つことを証明せよ．ただし，$S^1 = \{(x, y) : x^2 + y^2 = 1\}$ である．

5. 距離空間 X の開集合 G と閉集合 F に対し，$G - F$ は X の開集合であり，$F - G$ は X の閉集合であることを証明せよ．

6. 距離空間 X の任意の有限個の閉集合 $F_1, F_2, \cdots, F_n$ に対し，それらの和集合 $F_1 \cup F_2 \cup \cdots \cup F_n$ は X の閉集合であることを証明せよ．

7. 距離空間 X の閉集合からなる任意の集合族 $\{F_\lambda : \lambda \in \Lambda\}$ に対し，共通部分 $\bigcap_{\lambda \in \Lambda} F_\lambda$ は X の閉集合であることを証明せよ．

8. 距離空間 X の有限部分集合 $A = \{x_1, x_2, \cdots, x_n\}$ は X の閉集合であることを証明せよ.

9. 距離空間 (X, d) の点 x と $\varepsilon > 0$ に対し，集合 $\{y \in X : d(x, y) \leq \varepsilon\}$ は (X, d) の閉集合であることを証明せよ.

10. 距離空間 (X, d) の異なる 2 点 x_1, x_2 に対し，次の (1), (2) を証明せよ.

(1) $A = \{y \in X : d(x_1, y) > d(x_2, y)\}$ は (X, d) の開集合である.

(2) $B = \{y \in X : d(x_1, y) = d(x_2, y)\}$ は (X, d) の閉集合である.

11. 次の集合は $\boldsymbol{E}^2$ の開集合であるか閉集合であるかを調べよ.

(1) $A_1 = \{(x, y) : 0 < x^2 + y^2 < 1\}$,

(2) $A_2 = \{(x, y) : x^2 + y^2 < 1\}$,

(3) $A_3 = \{(x, y) : 0 < x^2 + y^2 \leq 1\}$,

(4) $A_4 = \{(x, y) : x^2 + y^2 \leq 1\}$.

12. $B = \{(x, y) : x^2 + y^2 \leq 1\}$ を $\boldsymbol{E}^2$ の部分空間とする．上の問題 11 の集合 A_i $(i = 1, 2, 3, 4)$ について，次の問いに答えよ.

(1) A_i $(i = 1, 2, 3, 4)$ は B の開集合であるか閉集合であるかを調べよ.

(2) $\mathrm{Bd}_{\boldsymbol{E}^2} A_i$ と $\mathrm{Bd}_B A_i$ $(i = 1, 2, 3, 4)$ を求めよ.

13. 例 8.5 の集合 A は I^2 の開集合であることを示せ．また，$A = G \cap I^2$ である $\boldsymbol{E}^2$ の開集合 G を見つけよ.

14. 問 3 (104 ページ) で定めた集合 $A \subseteq S^1$ について，次の (1), (2) に答えよ.

(1) A は S^1 の開集合であることを示せ.

(2) $A = G \cap S^1$ をみたす $\boldsymbol{E}^2$ の開集合 G を見つけよ.

15. 次の集合を平面上に図示して，それらが $\boldsymbol{E}^2$ の部分空間 $X = [0, 3) \times [0, 3)$ の開集合であるか閉集合であるかを調べよ.

(1) $[0, 1) \times [0, 1)$, (2) $[2, 3) \times [2, 3)$, (3) $[0, 1) \times [2, 3)$, (4) $[2, 3) \times [0, 1)$.

16. 平面 $\boldsymbol{E}^2$ 上の 2 本の平行線 L_1, L_2 を選び，$X = L_1 \cup L_2$ を $\boldsymbol{E}^2$ の部分空間と考える．このとき L_1 と L_2 は X の開集合であることを示せ.

17. 離散距離空間 $X = (X, d)$ の任意の部分集合 A に対して，$\mathrm{Bd}_X A = \varnothing$ であることを証明せよ.

9
距離空間の開集合系

前章の冒頭では，距離空間から距離空間への位相同型写像は何を保存するかという問題を提起した．本章の目標は，その問題に答えることによって位相同型の本質を明らかにすることである．また，開集合と閉集合の具体例について考察する．

9.1 開集合・閉集合と連続写像

本節では，(X, d_X), (Y, d_Y) を任意に与えられた 2 つの距離空間として，それらを略して X, Y と書く．8.2 節で定義した開集合と閉集合を用いると，写像の連続性を (距離を直接使わずに) 次のように表現することができる．

定理 9.1 任意の写像 $f : X \longrightarrow Y$ に対し，次の 3 条件は同値である．

(1) f は連続写像である．

(2) Y の任意の開集合 U に対し，$f^{-1}(U)$ は X の開集合である．

(3) Y の任意の閉集合 F に対し，$f^{-1}(F)$ は X の閉集合である．

証明 (1) $\Longrightarrow$ (2)：Y の任意の開集合 U をとる．$f^{-1}(U)$ が X の開集合であることを示すために，任意の点 $x \in f^{-1}(U)$ をとる．このとき，$f(x) \in U$ であって U は Y の開集合だから，補題 8.9 より $U(Y, f(x), \varepsilon) \subseteq U$ となる $\varepsilon > 0$ が存在する．(1) より f は連続だから，この ε に対して，ある $\delta > 0$ が存在して

$$f(U(X, x, \delta)) \subseteq U(Y, f(x), \varepsilon)$$

が成り立つ．このとき $f(U(X, x, \delta)) \subseteq U$ だから $U(X, x, \delta) \subseteq f^{-1}(U)$ が成立する．ゆえに，再び補題 8.9 より $f^{-1}(U)$ は X の開集合である．

(2) $\Longrightarrow$ (1) : 任意の点 $x \in X$ と任意の $\varepsilon > 0$ とり，$U = U(Y, f(x), \varepsilon)$ とおく．例題 8.10 より U は Y の開集合だから，(2) より $f^{-1}(U)$ は X の開集合である．また，$f(x) \in U$ だから $x \in f^{-1}(U)$．したがって，補題 8.9 より

$$U(X, x, \delta) \subseteq f^{-1}(U)$$

となる $\delta > 0$ が存在する．このとき $f(U(X, x, \delta)) \subseteq U$ だから，f は x で連続である．点 x の選び方は任意だから，f は連続写像である．

(2) $\Longrightarrow$ (3) : Y の任意の閉集合 F をとると，補題 8.8 より $Y - F$ は Y の開集合である．したがって，(2) より $f^{-1}(Y - F)$ は X の開集合．いま

$$f^{-1}(Y - F) = X - f^{-1}(F) \tag{9.1}$$

が成り立つから，再び補題 8.8 より $f^{-1}(F)$ は X の閉集合である．

(3) $\Longrightarrow$ (2) : この証明は読者に残そう．閉集合と開集合とを交換することにより (2) $\Longrightarrow$ (3) と同様に証明できる． □

問 1 上の証明の中で等式 (9.1) が成り立つことを確かめよ．

定理 9.1 より，もし写像 $f : X \longrightarrow Y$ が連続でなければ，$f^{-1}(U)$ が X の開集合でないような Y の開集合 U と，$f^{-1}(F)$ が X の閉集合でないような Y の閉集合 F が存在するはずである．そのことを例を用いて確かめよう．

例 9.2 例 3.3 で定義した写像

$$f : I^2 \longrightarrow C\,;\ (x, y) \longmapsto \begin{cases} (x, y) & (0 \leq x \leq 1/2) \\ (x + 1/4, y) & (1/2 < x \leq 1) \end{cases}$$

について再考しよう．例題 4.6 では f が連続でないことを確かめた．いま，2 点 $p_1 = (1/2, 1)$, $p_2 = (3/4, 0) \in \boldsymbol{E}^2$ をとり

$$U = \{q \in \boldsymbol{E}^2 : d_2(p_1, q) < 1/4\} \cap C,$$

$$F = \{q \in \boldsymbol{E}^2 : d_2(p_2, q) \leq 1/4\} \cap C$$

とおく．このとき，系 8.16 より U は C の開集合で F は C の閉集合である．ところが，図 9.1 が示すように，$f^{-1}(U)$ は I^2 の開集合ではなく $f^{-1}(F)$ も I^2 の閉集合でない．

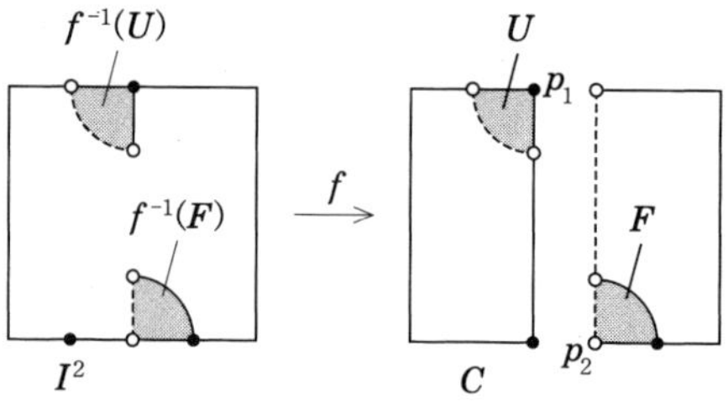

図 9.1　2 つの集合 $f^{-1}(U)$, $f^{-1}(F)$ は，どちらも境界の一部分を含んで一部分を含んでいないから，I^2 の開集合でも閉集合でもない．

問 2　例題 4.8 で考察した不連続関数 $f: \boldsymbol{E}^1 \longrightarrow \boldsymbol{E}^1$ に対して，$f^{-1}(U)$ が $\boldsymbol{E}^1$ の開集合でないような $\boldsymbol{E}^1$ の開集合 U と，$f^{-1}(F)$ が $\boldsymbol{E}^1$ の閉集合でないような $\boldsymbol{E}^1$ の閉集合 F の例を与えよ．

問 3　$\boldsymbol{E}^1$ の部分空間 $X = \boldsymbol{E}^1 - \{0\}$ 上の関数 $f: X \longrightarrow \boldsymbol{E}^1$ を $f(x) = 1$ $(x > 0)$, $f(x) = 0$ $(x < 0)$ によって定義する．このとき，f が連続であることを，定理 9.1 を用いて証明せよ．

位相同型写像は全単射，連続写像で逆写像もまた連続である写像として定義された．そこで，次の定理を得る．

定理 9.3　写像 $f: X \longrightarrow Y$ が位相同型写像であるためには，f が全単射であって，かつ任意の $A \subseteq X$ に対し，

$$A \text{ が } X \text{ の開集合} \iff f(A) \text{ が } Y \text{ の開集合} \tag{9.2}$$

が成り立つことが必要十分である．

証明　f が全単射のとき，f の逆写像 $f^{-1}: Y \longrightarrow X$ による $A \subseteq X$ の逆像は $f(A)$ にほかならない．したがって，任意の $A \subseteq X$ に対して (9.2) の $\Longrightarrow$ の部分が成り立つことは，定理 9.1 より f^{-1} が連続写像であることと同値である．また，f が全単射のとき，任意の $U \subseteq Y$ に対し，$A = f^{-1}(U)$ とおくと $U = f(A)$ となる．したがって，任意の $A \subseteq X$ に対して (9.2) の $\Longleftarrow$ の部分が成り立つことは，定理 9.1 より f が連続写像であることと同値である．これらを合わせて，定理が得られる．　□

図 9.2 のように，風船 X を風船 Y にふくらませたとしよう．いま X, Y を $\boldsymbol{E}^3$ の部分空間と考えると，この変形による点の対応を表す写像 $f : X \longrightarrow Y$ は位相同型写像である．このとき，定理 9.3 の条件 (9.2) は，f によって対応する X の部分集合 A と Y の部分集合 $f(A)$ について，それらの一方が開集合ならば他方も開集合であることを主張している．

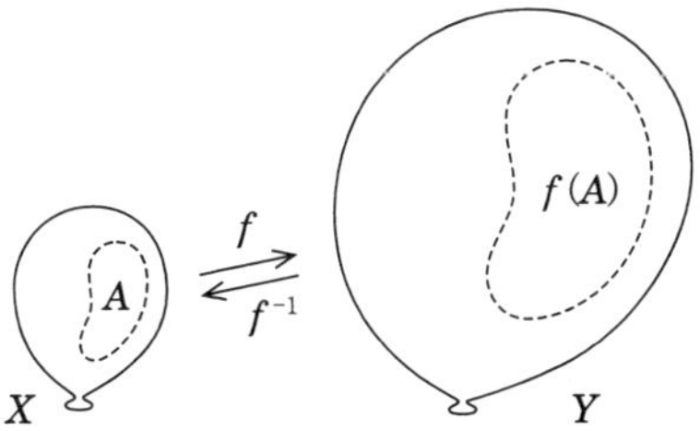

図 9.2　位相同型写像 f によって開集合は開集合にふくらみ，逆に f^{-1} によって開集合は開集合に縮む．

第 1 章で示したように，合同変換とは対応する 2 点間の距離を変えない写像のことであった．この表現にならって言えば，定理 9.3 から「位相同型写像とは全単射であって，対応する 部分集合 が 開集合であるかどうか を変えない写像のことである」と言える．これが我々の問題に対する解答である．この事実から，ユークリッド幾何学では距離がもっとも基本的な概念であったのに対し，トポロジーでは開集合がもっとも基本的な概念であると考えられる．

注意 1　定理 9.3 は条件 (9.2) を

$$A \text{ が } X \text{ の閉集合} \iff f(A) \text{ が } Y \text{ の閉集合} \tag{9.3}$$

に置き換えても成立する (定理 9.1 の (2) の代わりに (3) を使えばよい)．したがって，位相同型写像とは全単射であって，対応する部分集合が閉集合であるかどうかを変えない写像のことであると言うこともできる．

9.2　開集合と閉集合の具体例

本節では開集合と閉集合の具体例を例題形式で考察する．先を急ぐ読者は，例題 9.4 を除く他の部分を省略して次節へ進むことができる．

例題 9.4　実数 $a_i < b_i$ $(i = 1, 2, \cdots, n)$ に対し，集合

$$K = [a_1, b_1] \times [a_2, b_2] \times \cdots \times [a_n, b_n] \tag{9.4}$$

は $\boldsymbol{E}^n$ の閉集合であることを証明せよ．

証明　補題 8.9 を使って証明する．任意の点 $p = (x_1, x_2, \cdots, x_n) \in \boldsymbol{E}^n - K$ をとると，$p \notin K$ だから，ある $j \in \{1, 2, \cdots, n\}$ に対して $x_j \notin [a_j, b_j]$．そこで $U(\boldsymbol{E}^1, x_j, \varepsilon) \cap [a_j, b_j] = \varnothing$ となる $\varepsilon > 0$ をとる．このとき

$$U(\boldsymbol{E}^n, p, \varepsilon) \cap K = \varnothing \tag{9.5}$$

が成り立つことを示す．任意の $q = (y_1, y_2, \cdots, y_n) \in K$ に対し，$a_j \leq y_j \leq b_j$ だから $|x_j - y_j| > \varepsilon$．したがって，ユークリッドの距離関数 d_2 の定義から $d_2(p, q) \geq |x_j - y_j| > \varepsilon$，すなわち $q \notin U(\boldsymbol{E}^n, p, \varepsilon)$ である．以上で (9.5) が証明された．ゆえに，補題 8.9 より K は $\boldsymbol{E}^n$ の閉集合である．□

問 4　実数 $a_i < b_i$ $(i = 1, 2, \cdots, n)$ に対し，集合

$$L = (a_1, b_1) \times (a_2, b_2) \times \cdots \times (a_n, b_n) \tag{9.6}$$

は $\boldsymbol{E}^n$ の開集合であることを証明せよ．

(9.4) の形の集合を $\boldsymbol{E}^n$ の**閉区間**とよび，(9.6) の形の集合を $\boldsymbol{E}^n$ の**開区間**とよぶ．$\boldsymbol{E}^n$ の閉集合は閉区間だけではないことに注意しよう．例えば，閉球体や例 2.11 で定義したカントル集合のような集合も閉集合である (例 10.10 を参照)．また，$\boldsymbol{E}^n$ の開集合も開区間だけではない．定理 8.13 で示した開集合の基本性質 (O3) から，任意個数の開区間の和集合として表される集合もまた開集合である．この逆が成り立つことを証明しよう．

定理 9.5　$\boldsymbol{E}^n$ の任意の開集合は開区間の和集合として表される．

証明　$\boldsymbol{E}^n$ の任意の開集合 U をとる．任意の点 $p = (x_1, x_2, \cdots, x_n) \in U$ に対して，補題 8.9 より $U(p, \varepsilon) \subseteq U$ をみたす p の ε-近傍が存在する．各 $i = 1, 2, \cdots, n$ に対して，$a_i = x_i - \varepsilon/\sqrt{n}$, $b_i = x_i + \varepsilon/\sqrt{n}$ とおいて，$\boldsymbol{E}^n$ の開区間

$$L_p = (a_1, b_1) \times (a_2, b_2) \times \cdots \times (a_n, b_n)$$

を定める．このときユークリッドの距離関数の定義から，$p \in L_p \subseteq U(p, \varepsilon) \subseteq U$ が成り立つ (確かめよ)．すべての点 $p \in U$ に対して，このような開区間 L_p を

とると，$U = \bigcup_{p \in U} L_p$ が成り立つ． □

例題 9.6　連続関数 $f : \boldsymbol{E}^1 \longrightarrow \boldsymbol{E}^1$ のグラフ $G(f) = \{(x, f(x)) : x \in \boldsymbol{E}^1\}$ は $\boldsymbol{E}^2$ の閉集合であることを証明せよ．

証明　補題 8.9 を使って証明する．任意の点 $p = (x, y) \in \boldsymbol{E}^2 - G(f)$ をとる．このとき $y \neq f(x)$ だから，$\varepsilon = |f(x) - y|$ とおくと $\varepsilon > 0$ である．関数 f は連続だから正数 $\varepsilon/2$ に対して，ある $\delta > 0$ が存在して

$$(\forall x' \in \boldsymbol{E}^1)(|x - x'| < \delta \text{ ならば } |f(x) - f(x')| < \varepsilon/2) \tag{9.7}$$

が成り立つ．そこで $\varepsilon_1 = \min\{\varepsilon/2, \delta\}$ とおいて，次が成立することを示そう．

$$U(\boldsymbol{E}^2, p, \varepsilon_1) \cap G(f) = \varnothing. \tag{9.8}$$

もし，点 $q = (x', y') \in U(\boldsymbol{E}^2, p, \varepsilon_1) \cap G(f)$ が存在したと仮定する．このとき $|x - x'| \leq d_2(p, q) < \varepsilon_1 \leq \delta$ だから，(9.7) より $|f(x) - f(x')| < \varepsilon/2$ が成り立つ．また他方 $q \in G(f)$ だから $y' = f(x')$ である．したがって $|f(x') - y| = |y' - y| \leq d_2(p, q) < \varepsilon_1 \leq \varepsilon/2$ が成り立つ．これらを合わせると

$$\begin{aligned} |f(x) - y| &\leq |f(x) - f(x')| + |f(x') - y| \\ &< \frac{\varepsilon}{2} + \frac{\varepsilon}{2} = \varepsilon. \end{aligned}$$

これは $|f(x) - y| = \varepsilon$ であることに矛盾する．以上で (9.8) が証明された．ゆえに，補題 8.9 より $G(f)$ は $\boldsymbol{E}^2$ の閉集合である． □

注意 2　例題 9.6 の命題の逆は成立しない，すなわち，関数 f のグラフが閉集合であっても f は連続であるとは限らない．例えば，関数

$$f : \boldsymbol{E}^1 \longrightarrow \boldsymbol{E}^1;\ x \longmapsto \begin{cases} 1/x & (x > 0) \\ 0 & (x \leq 0) \end{cases}$$

のグラフ $G(f)$ は $\boldsymbol{E}^2$ の閉集合であるが，f は $x = 0$ で連続でない．

問 5　集合 $\Delta = \{(x, x) : x \in \boldsymbol{E}^1\}$ は $\boldsymbol{E}^2$ の閉集合であることを証明せよ．

関数 $f \in C(I)$ が条件

$$(\forall x_1 \forall x_2 \in I)(x_1 < x_2 \text{ ならば } f(x_1) \leq f(x_2))$$

をみたすとき，f は**単調増加**であるという．

例題 9.7　$C(I)$ に属する単調増加関数全体からなる集合を M とする．このとき，M は距離空間 $(C(I), d_1)$ の閉集合であることを証明せよ．

証明　補題 8.9 を使って証明しよう．任意の $f \in C(I) - M$ をとる．いま f は単調増加でないから，ある $x_1, x_2 \in I$ $(x_1 < x_2)$ において $f(x_1) > f(x_2)$ となる．そこで $m = (f(x_1) + f(x_2))/2$ とおくと，$f(x_1) > m$ かつ $f(x_2) < m$ である．このとき f の連続性から

$$(\forall x \in I)(a \leq x \leq b \text{ ならば } f(x) > m),$$

$$(\forall x \in I)(c \leq x \leq d \text{ ならば } f(x) < m)$$

を成り立たせる $a, b, c, d \in I$ $(a \leq x_1 < b < c < x_2 \leq d)$ が存在する．

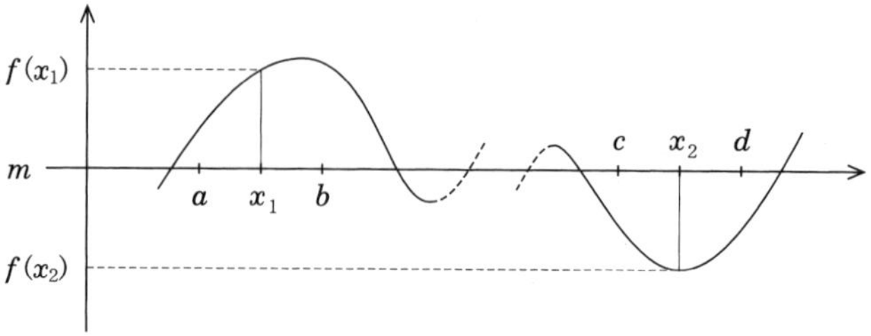

図 **9.3**

いま

$$\varepsilon = \min\left\{\int_a^b |\, f(x) - m \,|\, dx,\ \int_c^d |\, f(x) - m \,|\, dx\right\}$$

とおくと $\varepsilon > 0$ である．このとき，

$$U(C(I), d_1, f, \varepsilon) \cap M = \varnothing \tag{9.9}$$

が成り立つことを示そう．そのために任意の $h \in M$ をとる．もし任意の点 $x \in [a, b]$ において $h(x) \leq m$ ならば

$$d_1(f, h) = \int_0^1 |\, f(x) - h(x) \,|\, dx \geq \int_a^b |\, f(x) - h(x) \,|\, dx$$

$$\geq \int_a^b |\, f(x) - m \,|\, dx \geq \varepsilon.$$

逆に，もしある点 $x \in [a,b]$ において $h(x) > m$ ならば，h は単調増加だから，任意の $x \in [c,d]$ に対して $h(x) > m$ である．したがって

$$d_1(f,h) = \int_0^1 |\, f(x) - h(x) \,|\, dx \geq \int_c^d |\, f(x) - h(x) \,|\, dx$$

$$\geq \int_c^d |\, f(x) - m \,|\, dx \geq \varepsilon.$$

以上により，いずれの場合も $h \notin U(C(I), d_1, f, \varepsilon)$ だから (9.9) が証明された．ゆえに，補題 8.9 より M は $(C(I), d_1)$ の閉集合である．　□

問 6　例題 9.7 の証明について，次の (1), (2) に答えよ．

(1)　$a, b, c, d \in I$ が存在する理由を述べよ．

(2)　$\varepsilon > 0$ である理由を述べよ．

例題 9.8　例題 9.7 で定義した集合 M は距離空間 $(C(I), d_\infty)$ の閉集合であることを証明せよ．

証明　例 7.16 では，恒等写像 $\mathrm{id} : (C(I), d_\infty) \longrightarrow (C(I), d_1)$ が連続であることを示した．また，例題 9.7 から M は $(C(I), d_1)$ の閉集合である．ゆえに，定理 9.1 より $M = \mathrm{id}^{-1}(M)$ は $(C(I), d_\infty)$ の閉集合である．　□

次に，例 6.8 で定義した距離空間 $(M(2, \boldsymbol{R}), d)$ について考えよう．任意の i, j に対し $a_{ij} = a_{ji}$ をみたす正方行列 $A = (a_{ij})$ は**対称行列**とよばれる．

例題 9.9　$M(2, \boldsymbol{R})$ に属する対称行列全体からなる集合を S とする．このとき，S は 距離空間 $(M(2, \boldsymbol{R}), d)$ の閉集合であることを証明せよ．

証明　例題 7.18 で調べたように，行列 $A \in M(2, \boldsymbol{R})$ に A の (i,j) 成分を対応させる写像 pr_{ij} は $(M(2, \boldsymbol{R}), d)$ 上の実数値連続関数である．そこで，定義 5.9 で定めた関数の演算を使って $h = \mathrm{pr}_{12} - \mathrm{pr}_{21}$ とおくと，定理 5.10 より h は連続関数である．このとき，任意の $A = (a_{ij}) \in M(2, \boldsymbol{R})$ に対して

$$A \in S \Longleftrightarrow a_{12} = a_{21} \Longleftrightarrow h(A) = \mathrm{pr}_{12}(A) - \mathrm{pr}_{21}(A) = 0$$

が成り立つから，$S = h^{-1}(\{0\})$ である．集合 $\{0\}$ は $\boldsymbol{E}^1$ の閉集合だから，定理 9.1 より S は $(M(2, \boldsymbol{R}), d)$ の閉集合である．　□

例題 9.10　$M(2, \boldsymbol{R})$ に属する正則行列全体からなる集合 $GL(2, \boldsymbol{R})$ は距離空

間 $(M(2,\boldsymbol{R}),d)$ の開集合であることを証明せよ．

証明　例題 7.18 では，写像 $f:(M(2,\boldsymbol{R}),d)\longrightarrow \boldsymbol{E}^1$; $A\longmapsto |A|$ が連続であることを証明した．任意の $A\in M(2,\boldsymbol{R})$ に対して

$$A\in GL(2,\boldsymbol{R})\iff f(A)=|A|\neq 0$$

が成り立つから，$GL(2,\boldsymbol{R})=f^{-1}(\boldsymbol{E}^1-\{0\})$．補題 8.8 より $\boldsymbol{E}^1-\{0\}$ は $\boldsymbol{E}^1$ の開集合だから，定理 9.1 より $GL(2,\boldsymbol{R})$ は $(M(2,\boldsymbol{R}),d)$ の開集合である．□

最後に，点列を使った閉集合の特徴付けを与えよう．

定理 9.11　距離空間 (X,d) の任意の部分集合 A をとる．このとき，A が (X,d) の閉集合であるためには，(X,d) の任意の収束する点列 $\{x_n\}$ とその極限点 $x\in X$ に対して，もし $\{x_n:n\in\boldsymbol{N}\}\subseteq A$ ならば $x\in A$ が成り立つことが必要十分である．

証明　A が X の閉集合であるとする．いま X の任意の収束する点列 $\{x_n\}$ とその極限点 $x\in X$ をとり，$\{x_n:n\in\boldsymbol{N}\}\subseteq A$ であるとする．このとき，もし $x\notin A$ ならば，補題 8.9 より $U(x,\varepsilon)\cap A=\varnothing$ をみたす x の ε-近傍が存在する．ところが $x_n\longrightarrow x$ だから，十分大きな $n\in\boldsymbol{N}$ に対しては $x_n\in U(x,\varepsilon)$ でなければならない．これは $\{x_n:n\in\boldsymbol{N}\}\subseteq A$ であることに矛盾する．ゆえに $x\in A$ が成り立つ．

逆に，定理の後半の条件が成り立つとき A が閉集合でないと仮定する．このとき補題 8.9 より，ある点 $x\in X-A$ が存在して，任意の $\varepsilon>0$ に対して

$$U(x,\varepsilon)\cap A\neq\varnothing$$

が成り立つ．したがって，任意の自然数 n に対し点 $x_n\in U(x,1/n)\cap A$ が存在する．すべての $n\in\boldsymbol{N}$ について，このような点 x_n を選んで X の点列 $\{x_n\}$ を作る．このとき $d(x,x_n)<1/n\longrightarrow 0$ だから，補題 6.13 より $x_n\longrightarrow x$．このとき，$\{x_n:n\in\boldsymbol{N}\}\subseteq A$ であるが $x\notin A$ だから，定理の条件に矛盾する．□

問 7　定理 9.11 を使って，例題 9.6 を証明せよ．

問 8　距離空間 X における点 $x\in X$ の**近傍**とは，$x\in U$ をみたす X の開集合 U のことである．X の点列 $\{x_n\}$ が x に収束するためには，x の任意の近傍 U に対して，ある自然数 n_U が存在して

$$(\forall n \in \boldsymbol{N})(n > n_U \text{ ならば } x_n \in U)$$

が成り立つことが必要十分である．このことを証明せよ．

注意 3 最後の問 8 は，点列の収束を (距離関数を使わずに) 開集合だけを使って表現する方法を示している．

9.3 距離空間の開集合系

集合 X の部分集合全体からなる集合族を X の**べき集合**とよび $\mathscr{P}(X)$ で表す．例えば，$X = \{a, b, c\}$ のとき，

$$\mathscr{P}(X) = \{\varnothing, \{a\}, \{b\}, \{c\}, \{a, b\}, \{b, c\}, \{a, c\}, X\}$$

である．X が無限集合の場合は $\mathscr{P}(X)$ の要素を列記することはできないが，$\mathscr{P}(X)$ を想像することはできるだろう．さて，距離空間 (X, d) が与えられたとき，X のべき集合 $\mathscr{P}(X)$ を考え，その要素の中から (X, d) の開集合だけを全部選び出して集合族を作ってみよう．この集合族を次のように定義する．

定義 9.12 距離空間 (X, d) のすべての開集合からなる集合族を，(X, d) の**開集合系**とよび，$\mathscr{T}(X, d)$ または $\mathscr{T}(d)$ で表す．

開集合系を定義したことにより「A は (X, d) の開集合である」と書く代わりに $A \in \mathscr{T}(d)$ と書くことができる．この書き方を使えば，定理 9.3 の条件 (9.2) は，次のように表される．

$$A \in \mathscr{T}(d_X) \Longleftrightarrow f(A) \in \mathscr{T}(d_Y). \tag{9.10}$$

位相同型写像 $f : (X, d_X) \longrightarrow (Y, d_Y)$ は全単射だから，(9.10) は f によって開集合系 $\mathscr{T}(d_X)$ と $\mathscr{T}(d_Y)$ とが 1 対 1 に対応し，それらは同型 (この意味は 10.2 節の最後で説明する) であることを示している．

例 9.13 3 つの距離空間 $\boldsymbol{E}^n = (\boldsymbol{R}^n, d_2)$, $(\boldsymbol{R}^n, d_1)$, $(\boldsymbol{R}^n, d_\infty)$ の開集合系 $\mathscr{T}(d_2)$, $\mathscr{T}(d_1)$, $\mathscr{T}(d_\infty)$ について考えよう．例 7.15 で述べたように，これらの中のどの 2 つの距離空間に対しても，その間の恒等写像 id は位相同型写像である．任意の $A \subseteq \boldsymbol{R}^n$ に対して，$\mathrm{id}(A) = A$ だから上の (9.10) より，

$$A \in \mathscr{T}(d_2) \Longleftrightarrow A \in \mathscr{T}(d_1) \Longleftrightarrow A \in \mathscr{T}(d_\infty)$$

が成り立つ．これは $\mathscr{T}(d_2) = \mathscr{T}(d_1) = \mathscr{T}(d_\infty)$ であることを意味する．すなわち，これら 3 つの距離空間はまったく同じ開集合系を持っている．

注意 4　ここで，点列の収束や写像の連続性は (距離を使わずに) 開集合だけを使って表現できたことを思い出そう (注意 3 (123 ページ) と定理 9.1)．この事実と例 9.13 で調べた事実 (すなわち，$\boldsymbol{E}^n = (\boldsymbol{R}^n, d_2)$, $(\boldsymbol{R}^n, d_1)$, $(\boldsymbol{R}^n, d_\infty)$ はまったく同じ開集合を持つ) から，結果として，$\boldsymbol{R}^n$ における点列の収束や写像 $f : \boldsymbol{R}^m \longrightarrow \boldsymbol{R}^n$ の連続性は，距離関数 d_2, d_1, d_∞ の違いに影響を受けないことが分かる．したがって，それらを論じる際には d_2, d_1, d_∞ の中でもっとも計算しやすい距離関数を用いることができる．この現象の 1 つの場合を例題 6.16 で直接示した．

例 9.14　例 6.9, 6.10 の距離空間 $(C(I), d_1)$, $(C(I), d_\infty)$ について，例 7.16 では恒等写像 $\mathrm{id} : (C(I), d_1) \longrightarrow (C(I), d_\infty)$ が連続でないことを示した．したがって，定理 9.1 より $\mathrm{id}^{-1}(U)$ が $(C(I), d_1)$ の開集合でないような $(C(I), d_\infty)$ の開集合 U が存在する．このとき，$U \in \mathscr{T}(C(I), d_\infty)$ であるが

$$U = \mathrm{id}^{-1}(U) \notin \mathscr{T}(C(I), d_1)$$

だから，$\mathscr{T}(C(I), d_1) \neq \mathscr{T}(C(I), d_\infty)$ となる．すなわち，距離空間 $(C(I), d_1)$ と距離空間 $(C(I), d_\infty)$ は異なる開集合系を持っている．

問 9　集合 X 上の 2 つの距離関数 d, d' が位相的に同値であるためには，$\mathscr{T}(d) = \mathscr{T}(d')$ が成り立つことが必要十分であることを示せ．

定理 9.15　距離空間 (X, d_X) が距離空間 (Y, d_Y) の部分空間であるとする．このとき，X の開集合系 $\mathscr{T}(d_X)$ と Y の開集合系 $\mathscr{T}(d_Y)$ との間には関係

$$\mathscr{T}(d_X) = \{G \cap X : G \in \mathscr{T}(d_Y)\} \tag{9.11}$$

が成り立つ．

証明　(9.11) の右辺の集合族を $\mathscr{S}$ と書く．定理 8.15 より，任意の $U \in \mathscr{T}(d_X)$ に対して $U = G \cap X$ となる $G \in \mathscr{T}(d_Y)$ が存在する．したがって $\mathscr{T}(d_X) \subseteq \mathscr{S}$ が成り立つ．また，系 8.16 より $\mathscr{S} \subseteq \mathscr{T}(d_X)$ が成り立つ．ゆえに (9.11) が成立する．□

問 10　離散距離空間 (X, d_0) に対しては，$\mathscr{T}(d_0) = \mathscr{P}(X)$ が成り立つこと

を示せ.

演習問題 9

1. 演習問題 4 の問題 9 (58 ページ) の写像 $f : I^2 \longrightarrow \boldsymbol{E}^2$ に対し，$f^{-1}(U)$ が I^2 の開集合でないような $\boldsymbol{E}^2$ の開集合 U と，$f^{-1}(F)$ が I^2 の閉集合でないような $\boldsymbol{E}^2$ の閉集合 F を見つけよ.

2. 演習問題 4 の問題 10 (59 ページ) の写像 $f : I^2 \longrightarrow \boldsymbol{E}^2$ について，前問と同じ問いに答えよ.

3. 演習問題 4 の問題 11 (59 ページ) の関数 $f : \boldsymbol{E}^1 \longrightarrow \boldsymbol{E}^1$ に対し，$f^{-1}(U)$ が $\boldsymbol{E}^1$ の開集合でないような $\boldsymbol{E}^1$ の開集合 U と，$f^{-1}(F)$ が $\boldsymbol{E}^1$ の閉集合でないような $\boldsymbol{E}^1$ の閉集合 F を見つけよ.

4. 演習問題 4 の問題 12 (59 ページ) の関数 $f : \boldsymbol{E}^1 \longrightarrow \boldsymbol{E}^1$ について，前問と同じ問いに答えよ.

5. 連続関数 $f : \boldsymbol{E}^2 \longrightarrow \boldsymbol{E}^1$ のグラフ $G(f) = \{(x, y, f(x, y)) : (x, y) \in \boldsymbol{E}^2\}$ は $\boldsymbol{E}^3$ の閉集合であることを証明せよ.

6. 集合 $\Delta = \{(x, x, \cdots, x) : x \in \boldsymbol{E}^1\}$ は $\boldsymbol{E}^n$ の閉集合であることを証明せよ.

7. 距離空間 X 上の 2 つの実数値連続関数 f, g に対し，集合 $A = \{x \in X : f(x) > g(x)\}$ は X の開集合であることを証明せよ.

8. 距離空間 X から距離空間 Y への 2 つの連続写像 f, g が与えられたとき，集合 $A = \{x \in X : f(x) = g(x)\}$ は X の閉集合であることを証明せよ.

9. $C(I)$ に属する定値写像全体からなる集合を F とする．このとき，F は距離空間 $(C(I), d_1)$ の閉集合であることを証明せよ．また，F は距離空間 $(C(I), d_\infty)$ の閉集合であることを証明せよ (ヒント：例題 9.7, 9.8 参照).

10. 集合 $SL(2, \boldsymbol{R}) = \{A \in M(2, \boldsymbol{R}) : |\,A\,| = 1\}$ は距離空間 $(M(2, \boldsymbol{R}), d)$ の閉集合であることを証明せよ (ヒント：例題 9.10 参照).

11. $M(2, \boldsymbol{R})$ に属する**対角行列** (すなわち，$a_{12} = a_{21} = 0$ である行列 $A = (a_{ij})$) 全体からなる集合を D とする．このとき，D は距離空間 $(M(2, \boldsymbol{R}), d)$ の閉集合であることを証明せよ (ヒント：例題 9.9 参照).

10
位相空間

前章までに，距離関数を使って開集合を定義し，その結果として 9.1 節では開集合を使って位相同型写像を表現することができた．そこで，与えられた集合に，距離関数を定めなくても直接に開集合を定めてしまえば，位相同型の概念を定義できるだろうというのが位相空間のアイデアである．位相空間はトポロジーの議論を可能にするもっともシンプルな構造を持つ空間である．

なお，本書の目的は位相空間の理論を詳しく解説することではない．ここで位相空間を紹介する理由は，それを知ることによって，$\boldsymbol{E}^n$ や距離空間の位相をより見通しよく理解するためである．

10.1　位相空間

位相空間は，与えられた集合の部分集合の中で開集合になるものをあらかじめ人工的に指定することによって作られる．ただし，それは任意に指定できるのではなく，定理 8.13 で述べた開集合の基本 3 性質をみたすように指定しなければならない．

定義 10.1　集合 X の部分集合族 $\mathscr{T}$ (すなわち $\mathscr{T} \subseteq \mathscr{P}(X)$) が次の 3 条件をみたすとき，$\mathscr{T}$ を X の 1 つの**位相構造**または**位相**という．

(O1)　$X \in \mathscr{T}$, $\varnothing \in \mathscr{T}$.

(O2)　$\mathscr{T}$ に属する有限個の X の部分集合の共通部分はまた $\mathscr{T}$ に属する (すなわち，$U_1, U_2, \cdots, U_n \in \mathscr{T}$ ならば $U_1 \cap U_2 \cap \cdots \cap U_n \in \mathscr{T}$).

(O3)　$\mathscr{T}$ に属する任意個数の X の部分集合の和集合はまた $\mathscr{T}$ に属する (すなわち，$\{U_\lambda : \lambda \in \Lambda\} \subseteq \mathscr{T}$ ならば $\bigcup_{\lambda \in \Lambda} U_\lambda \in \mathscr{T}$).

定義 10.2　位相構造 $\mathscr{T}$ が 1 つ定められた集合 X を**位相空間**といい，$(X,\mathscr{T})$ または ($\mathscr{T}$ を明記する必要がない場合は) X で表す．このとき，X の要素をこの位相空間 $(X,\mathscr{T})$ の**点**とよび，$\mathscr{T}$ に属する X の部分集合を $(X,\mathscr{T})$ の**開集合**とよぶ．

上の定義から，集合 X に位相構造を定めることは X の開集合全体を定めることにほかならない．定義 10.1 の 3 条件 (O1), (O2), (O3) は，位相空間における**開集合の基本 3 性質**とよばれる．

定義 10.3　距離空間 (X,d) の開集合系 $\mathscr{T}(d)$ は，定理 8.13 より条件 (O1), (O2), (O3) をみたすので，X の 1 つの位相構造である．そこで，$\mathscr{T}(d)$ を距離空間 (X,d) の**位相構造**とよぶ．特に，$\boldsymbol{E}^n=(\boldsymbol{R}^n,d_2)$ の位相構造 $\mathscr{T}(d_2)$ は，$\boldsymbol{E}^n$ の**ユークリッドの位相**または**通常の位相**とよばれる．

約束　以後，距離空間 (X,d) はいつでも距離空間であると同時に位相空間 $(X,\mathscr{T}(d))$ であると考える．

例 10.4　例 9.13 で調べたように，3 つの距離空間 $\boldsymbol{E}^n=(\boldsymbol{R}^n,d_2)$, $(\boldsymbol{R}^n,d_1)$, $(\boldsymbol{R}^n,d_\infty)$ に対しては $\mathscr{T}(d_2)=\mathscr{T}(d_1)=\mathscr{T}(d_\infty)$ が成り立つ．すなわち，これらの距離空間は同じ位相構造を持つので，位相空間としてはまったく同じ空間である．

例 10.5　例 6.9, 6.10 で定めた距離空間 $(C(I),d_1)$ と $(C(I),d_\infty)$ については，$\mathscr{T}(d_1)\neq\mathscr{T}(d_\infty)$ である (例 9.14 を見よ)．したがって，$(C(I),d_1)$ と $(C(I),d_\infty)$ は異なる位相空間である．

例 10.6　集合 $S=\{a,b,c\}$ に位相構造を定めてみよう．いま S の部分集合族 $\mathscr{T}=\{\varnothing,\{a,b\},\{b,c\},S\}$ は位相構造ではない．なぜなら，$\mathscr{T}$ に属する S の部分集合 $\{a,b\}$ と $\{b,c\}$ の共通部分 $\{b\}$ が $\mathscr{T}$ に属さないので，定義 10.1 の条件 (O2) がみたされないからである．しかし，$\mathscr{T}$ に $\{b\}$ を加えて

$$\mathscr{T}_1=\{\varnothing,\{b\},\{a,b\},\{b,c\},S\}$$

とおくと，$\mathscr{T}_1$ は 3 条件 (O1), (O2), (O3) をみたす (このことを確かめよ)．したがって $\mathscr{T}_1$ は S の 1 つの位相構造である．S に位相構造 $\mathscr{T}_1$ を定めて作られる位相空間 $(S,\mathscr{T}_1)$ は，3 点 a, b, c と全部で 5 つの開集合 $\varnothing$, $\{b\}$, $\{a,b\}$, $\{b,c\}$,

S を持つ位相空間である．また，

$$\mathscr{T}_2 = \{\varnothing, \{a\}, \{b,c\}, S\}$$

とおくと，$\mathscr{T}_2$ もまた S の位相構造である．このとき，位相空間 $(S, \mathscr{T}_2)$ は全部で 4 つの開集合 $\varnothing$, $\{a\}$, $\{b,c\}$, S を持つ．位相空間 $(S, \mathscr{T}_1)$ と $(S, \mathscr{T}_2)$ は集合としては同じであるが，異なる位相構造を持つので異なる位相空間である．

例 10.7　X を任意の空でない集合とする．両極端な場合として，X の部分集合族 $\{\varnothing, X\}$ と X のべき集合 $\mathscr{P}(X)$ はともに X の位相構造である．集合 X に定められる位相構造の中で，前者は最小の位相構造，後者は最大の位相構造であると言える．特に $\mathscr{P}(X)$ は X の**離散位相**とよばれる．9.3 節，問 10 (124 ページ) で調べたように，離散距離空間 (X, d_0) の位相構造 $\mathscr{T}(d_0)$ は離散位相である．

問 1　集合 $S = \{a,b,c\}$ の部分集合族 $\mathscr{A}_1 = \{\{a\}, \{b\}, \{a,b\}, \{b,c\}, S\}$ と $\mathscr{A}_2 = \{\varnothing, \{a\}, \{b\}, \{b,c\}, S\}$ は，どちらも S の位相構造であるとは言えない．それぞれ，その理由を述べよ．

問 2　集合 $S = \{a,b,c\}$ には全部で 29 個の異なる位相構造が定められる．それらをすべて列記せよ．

定義 10.8　A を位相空間 $(X, \mathscr{T})$ の部分集合とする．$X - A$ が $(X, \mathscr{T})$ の開集合 (すなわち，$X - A \in \mathscr{T}$) であるとき，A を $(X, \mathscr{T})$ の**閉集合**とよぶ．

次の定理は閉集合が持つ基本的な性質を示している．

定理 10.9 (閉集合の基本 3 性質)　位相空間 X の閉集合は次の 3 性質を持つ．

(C1)　X 自身と空集合 $\varnothing$ は X の閉集合である．

(C2)　X の有限個の閉集合の和集合はまた X の閉集合である (すなわち，$F_1, F_2, \cdots, F_n$ が X の閉集合ならば，$F_1 \cup F_2 \cup \cdots \cup F_n$ もまた X の閉集合である)．

(C3)　X の任意個数の閉集合の共通部分はまた X の閉集合である (すなわち，X の閉集合からなる任意の集合族 $\{F_\lambda : \lambda \subset \Lambda\}$ に対し，$\displaystyle\bigcap_{\lambda \in \Lambda} F_\lambda$ はまた X の閉集合である)．

証明　$X-X=\varnothing$ と $X-\varnothing=X$ はともに X の開集合だから，閉集合の定義より X と $\varnothing$ は X の閉集合である．(C2), (C3) は 2.4 節の最後で述べたド・モルガンの法則を使えば，それぞれ，開集合の基本性質 (O2), (O3) から導かれる．ここでは (C3) だけを示して (C2) の証明は読者に残す．X の閉集合の族 $\{F_\lambda : \lambda \in \Lambda\}$ に対し $F=\bigcap_{\lambda\in\Lambda} F_\lambda$ とおくと，ド・モルガンの法則から

$$X-F=\bigcup_{\lambda\in\Lambda}(X-F_\lambda)$$

が成り立つ．閉集合の定義から各 $X-F_\lambda$ は X の開集合だから，開集合の基本性質 (O3) より $X-F$ はまた X の開集合である．ゆえに，再び閉集合の定義より F は X の閉集合である．□

問 3　位相空間 X の無限個の閉集合の族の和集合は必ずしも X の閉集合であるとは限らない．それを示す例を与えよ．

問 4　例 10.6 で定めた 2 つの位相空間 $(S,\mathscr{T}_1)$, $(S,\mathscr{T}_2)$ の閉集合を求めよ．

注意 1　例 10.6 で与えたような位相空間は簡単すぎてあまり実用的ではない．しかし，大型船も模型の船も同じ原理で水に浮くように，位相空間としての原理は同じである．簡単な具体例を通して定義や定理の意味を理解することは，位相空間を学ぶ際の 1 つのこつである．

第 8, 9 章では，距離空間の開集合と閉集合について考察した．距離空間 (X,d) の (8.2 節で定めた意味の) 開集合とは，位相空間 $(X,\mathscr{T}(d))$ の開集合のことである．また，補題 8.8 と定義 10.8 より，距離空間 (X,d) の (8.2 節で定めた意味の) 閉集合とは，位相空間 $(X,\mathscr{T}(d))$ の閉集合のことである．したがって，位相空間における開集合や閉集合に関する命題 (例えば，定理 10.9) は，距離空間の開集合や閉集合に対しても成立する．

例 10.10　例 2.11 で定義したカントル集合 K は $\boldsymbol{E}^1$ の閉集合である．これを確かめるために，$K=\bigcap_{n\in\boldsymbol{N}} K_n$，ただし K_n は 2^n 個の閉区間の和集合，として定義されたことを思い出そう．閉区間は $\boldsymbol{E}^1$ の閉集合だから，定理 10.9 の基本性質 (C2) より各 K_n は $\boldsymbol{E}^1$ の閉集合である．したがって，基本性質 (C3) より K は $\boldsymbol{E}^1$ の閉集合である．

10.2　位相空間と連続写像

2 つの位相空間 $(X, \mathscr{T}_X)$ と $(Y, \mathscr{T}_Y)$ が与えられたとする．このとき，集合 X から集合 Y への写像 f を，位相空間 $(X, \mathscr{T}_X)$ から位相空間 $(Y, \mathscr{T}_Y)$ への写像と考え，$f : (X, \mathscr{T}_X) \longrightarrow (Y, \mathscr{T}_Y)$ と書く．

定義 10.11　f を位相空間 $(X, \mathscr{T}_X)$ から位相空間 $(Y, \mathscr{T}_Y)$ への写像とする．Y の任意の開集合 U の逆像 $f^{-1}(U)$ が X の開集合であるとき，すなわち，

$$(\forall U)(U \in \mathscr{T}_Y \text{ ならば } f^{-1}(U) \in \mathscr{T}_X) \tag{10.1}$$

が成り立つとき，f は**連続**である，あるいは，f は**連続写像**であるという．

例 10.12　例 10.6 の位相空間 $(S, \mathscr{T}_1)$ と $(S, \mathscr{T}_2)$ に対し，図 10.1 のように写像 $f : (S, \mathscr{T}_2) \longrightarrow (S, \mathscr{T}_1)$ を定める．このとき，$(S, \mathscr{T}_1)$ の 5 つの開集合 $\varnothing$, $\{b\}$, $\{a, b\}$, $\{b, c\}$, S について，それらの f による逆像を調べると

$$f^{-1}(\varnothing) = \varnothing, \quad f^{-1}(\{b\}) = \{b, c\}, \quad f^{-1}(\{a, b\}) = S,$$
$$f^{-1}(\{b, c\}) = \{b, c\}, \quad f^{-1}(S) = S.$$

これらはすべて $(S, \mathscr{T}_2)$ の開集合だから，f は連続写像である．

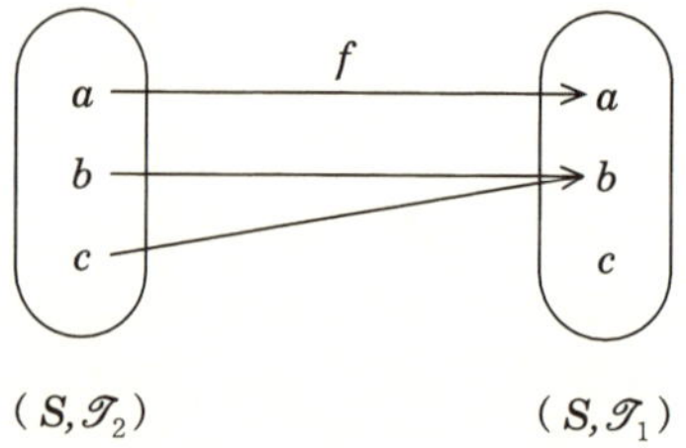

図 10.1　$f(a) = a$, $f(b) = f(c) = b$.

問 5　例 10.12 において，f の定義を $f(a) = f(b) = b$, $f(c) = c$ に変える．このとき，写像 $f : (S, \mathscr{T}_2) \longrightarrow (S, \mathscr{T}_1)$ は連続であるか．

問 6　位相空間 X から位相空間 Y への写像 f が連続であるためには，Y の任意の閉集合 F に対して $f^{-1}(F)$ が X の閉集合であることが必要十分である．このことを証明せよ．

補題 10.13 3 つの位相空間 X, Y, Z に対して，連続写像 $f: X \longrightarrow Y$ と連続写像 $g: Y \longrightarrow Z$ が与えられたとする．このとき，合成写像 $g \circ f: X \longrightarrow Z$ はまた連続写像である．

証明 Z の任意の開集合 U をとる．いま g は連続だから，$g^{-1}(U)$ は Y の開集合である．さらに f は連続だから，$f^{-1}(g^{-1}(U))$ は X の開集合である．合成写像の定義より $(g \circ f)^{-1}(U) = f^{-1}(g^{-1}(U))$ だから，$(g \circ f)^{-1}(U)$ が X の開集合であることが示された．ゆえに $g \circ f$ は連続写像である． □

第 7, 9 章では距離空間の間の写像の連続性について考察した．特に定理 9.1 より，距離空間 (X, d_X) から距離空間 (Y, d_Y) への写像 f が連続であるためには，

$$(\forall U)(U \in \mathscr{T}(d_Y) \text{ ならば } f^{-1}(U) \in \mathscr{T}(d_X))$$

が成り立つことが必要十分である．すなわち，それは位相空間 $(X, \mathscr{T}(d_X))$ から位相空間 $(Y, \mathscr{T}(d_Y))$ への写像として f が連続であることと同値である．したがって，位相空間の間の写像の連続性に関する命題 (例えば，定理 5.14 や補題 10.13 など) は距離空間の間の写像に対しても成立する．

距離空間に対する位相同型の定義もまた，位相空間に対してそのまま一般化される．

定義 10.14 位相空間 X から位相空間 Y への写像 f が全単射であって，f と f^{-1} がともに連続写像であるとき，f を**位相同型写像**または**同相写像**という．また，X から Y への位相同型写像が存在するとき，X, Y は**位相同型**である，あるいは，X, Y は**同相**であるといい，$X \approx Y$ で表す．

定理 5.6 では関係 $\approx$ が $\boldsymbol{E}^n$ の部分空間の間の同値関係であることを証明した．それは位相空間の間の関係に自然に拡張される．

定理 10.15 任意の位相空間 X, Y, Z に対して，次が成り立つ．

(1) $X \approx X$,

(2) $X \approx Y$ ならば $Y \approx X$,

(3) $X \approx Y$ かつ $Y \approx Z$ ならば $X \approx Z$.

証明 補題 5.5 の代わりに補題 10.13 を使えば，定理 5.6 と同様に証明できる．証明を完成させることは演習問題として読者に残そう． □

5.1 節で述べた $\boldsymbol{E}^n$ の部分空間に対する問題もまた，位相空間に対する問題としてより広い視点から考えることができる．

(1)　どんな位相空間とどんな位相空間が位相同型か．

(2)　位相同型な位相空間はどんな性質を共有するか．

問題 (2) の答えとなる性質は**位相的性質**とよばれる．2 つの位相空間 X, Y に対して，$X \approx Y$ であることを証明するためには，X と Y の間の位相同型写像が (少なくとも 1 つ) 存在することを示せばよい．逆に $X \not\approx Y$ を証明するためには，X と Y の間の位相同型写像が存在しないことを示す必要があるが，それは難しい場合が多い．そこでよく使われる方法は，X, Y の一方が 1 つの位相的性質を持ち，他方がその性質を持たないことを証明することである．第 11, 12 章でその具体例を与える．

定理 9.3 とまったく同じ理由で，写像 $f : (X, \mathscr{T}_X) \longrightarrow (Y, \mathscr{T}_Y)$ が位相同型写像であるためには，f が全単射であって，任意の $A \subseteq X$ に対して

$$A \in \mathscr{T}_X \Longleftrightarrow f(A) \in \mathscr{T}_Y \tag{10.2}$$

が成り立つことが必要十分である．最後に，条件 (10.2) が持つ意味を簡単な例を通してもう一度考えておこう．

例 10.16　集合 $X = \{a, b, c\}$ に位相構造

$$\mathscr{T}_X = \{\varnothing, \{a\}, \{b, c\}, X\} \tag{10.3}$$

を定め，集合 $Y = \{1, 2, 3\}$ に位相構造

$$\mathscr{T}_Y = \{\varnothing, \{1, 2\}, \{3\}, Y\} \tag{10.4}$$

を定めると，位相空間 $(X, \mathscr{T}_X)$ と $(Y, \mathscr{T}_Y)$ は位相同型である．実際，図 10.2 の写像 $f : (X, \mathscr{T}_X) \longrightarrow (Y, \mathscr{T}_Y)$ は全単射であって，上の条件 (10.2) をみたすので位相同型写像である．このとき，f によって a と 3, b と 1, c と 2 を入れかえれば，位相構造 $\mathscr{T}_X$ と位相構造 $\mathscr{T}_Y$ はまったく同じもの (= 同型) になる．

実際の研究の対象になる位相空間には，一般に無限に多くの開集合が存在する．例えば，$\boldsymbol{E}^n$ の有限集合でない部分空間や例 6.8, 6.9, 6.10 で紹介した距離空間などは無限に多くの開集合を持つ．したがって，それらの位相構造を上の (10.3) や (10.4) のように列記することはできない．しかし，そのような位相空間

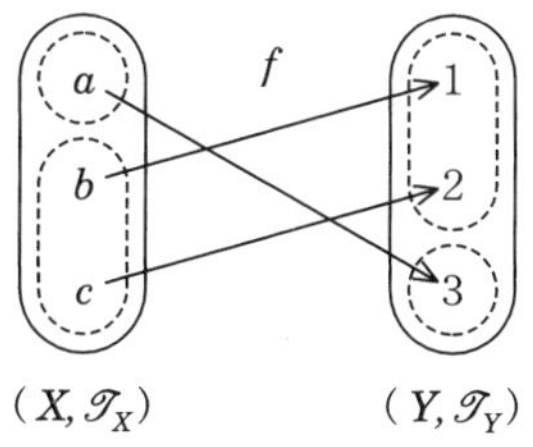

図 **10.2**

X, Y に対しても，もし $X \approx Y$ ならば，図 10.2 と同様の状況がもっと大規模に起こっていると考えられる．すなわち，X の位相構造と Y の位相構造は (位相同型写像によって入れかえることにより) 同型になる．本来 $X \approx Y$ であることは，直観的には X を切ったり貼り合わせたりすることなく自由に伸縮させて Y に変形できることであった．その際に X と Y の外見が大きく違っていても，X の位相構造と Y の位相構造とは位相同型写像によって同型に保たれている．それが「位相同型」という言葉の持つ意味である．

問 7 前節の問 2 (128 ページ) で求めた位相構造を使って 29 個の位相空間を作り，それらを互いに位相同型な空間に分類せよ．

10.3 部分空間と近傍

位相空間の部分空間と近傍を定義して，5.2 節で述べた補題 5.12 と定理 5.14 の証明を与えよう．

定義 10.17 位相空間 $(X, \mathscr{T}_X)$ が位相空間 $(Y, \mathscr{T}_Y)$ に含まれている (すなわち，$X \subseteq Y$) であると仮定する．このとき，もし

$$\mathscr{T}_X = \{G \cap X : G \in \mathscr{T}_Y\} \tag{10.5}$$

が成り立つならば，$(X, \mathscr{T}_X)$ は $(Y, \mathscr{T}_Y)$ の**部分空間**であるという．

逆に，位相空間 $(Y, \mathscr{T})$ とその部分集合 X が与えられたとしよう．このとき

$$\mathscr{T}|_X = \{G \cap X : G \in \mathscr{T}\} \tag{10.6}$$

と定めると，$\mathscr{T}|_X$ は X の 1 つの位相構造であり，明らかに $(X, \mathscr{T}|_X)$ は $(Y, \mathscr{T})$ の部分空間になる．

この事実から，位相空間の部分集合はいつでも部分空間であると考えられる．位相構造 $\mathscr{T}|_X$ は ($\mathscr{T}$ から誘導された) X の**部分空間の位相構造**とよばれる．

問 8　上の (10.6) で定めた X の部分集合族 $\mathscr{T}|_X$ が実際に X の位相構造であること，すなわち，定義 10.1 の 3 条件をみたすことを確かめよ．

問 9　集合 $Y = \{a, b, c, d\}$ に位相構造

$$\mathscr{T} = \{\varnothing, \{d\}, \{a, d\}, \{a, b, d\}, \{a, c, d\}, Y\}$$

を定めて位相空間 $(Y, \mathscr{T})$ を作る．このとき $X = \{a, b, c\} \subseteq Y$ に対して，$\mathscr{T}$ から誘導された X の部分空間の位相構造 $\mathscr{T}|_X$ を求めよ．

距離空間の部分空間に関して 8.3 節で証明した定理と系は，位相空間の部分空間に対しても成り立つことを確かめておこう．

定理 10.18　位相空間 X が位相空間 Y の部分空間であるとする．このとき，任意の集合 $A \subseteq X$ に対して，次の (1), (2) が成り立つ．

(1)　A が X の開集合であるためには，$A = G \cap X$ である Y の開集合 G が存在することが必要十分である．

(2)　A が X の閉集合であるためには，$A = H \cap X$ である Y の閉集合 H が存在することが必要十分である．

証明　部分空間の定義より，X の位相構造 $\mathscr{T}_X$ と Y の位相構造 $\mathscr{T}_Y$ との間には関係 $\mathscr{T}_X = \{G \cap X : G \in \mathscr{T}_Y\}$ が成立する．これは (1) が成り立つことを意味する．また (2) は (補題 8.8 の代わりに閉集合の定義 10.8 を使うことにより) 定理 8.15 (2) と同様に証明できる．　□

系 10.19　位相空間 X が位相空間 Y の部分空間であるとする．このとき，Y の任意の開集合 G に対して $G \cap X$ は X の開集合である．また，Y の任意の閉集合 H に対して $H \cap X$ は X の閉集合である．

証明　定理 10.18 から直ちに導かれる．　□

問 10　3 つの位相空間 X, Y, Z に対して $X \subseteq Y \subseteq Z$ が成り立ち，Y は Z の部分空間であるとする．このとき X が Y の部分空間であることと X が Z の部分空間であることは同値であることを証明せよ．

ここで 5.2 節で述べた補題 5.12 の証明を与える．

証明 (1) 制限写像 $f|_A : A \longrightarrow Y;\ x \longmapsto f(x)$ の連続性を示すために Y の任意の開集合 U をとる．このとき，f の連続性より $f^{-1}(U)$ は X の開集合である．また $f|_A$ の定義より

$$(f|_A)^{-1}(U) = f^{-1}(U) \cap A \tag{10.7}$$

が成り立つ．したがって，系 10.19 より $(f|_A)^{-1}(U)$ は A の開集合である．ゆえに $f|_A$ は連続写像である．

(2) 写像 $f' : X \longrightarrow Y';\ x \longmapsto f(x)$ の連続性を示すために，Y' の任意の開集合 U をとる．このとき，定理 10.18 より $U = G \cap Y'$ をみたす Y の開集合 G が存在する．いま $f(X) \subseteq Y'$ だから $U \cap f(X) = G \cap f(X)$．結果として，

$$\begin{aligned}(f')^{-1}(U) &= \{x \in X : f'(x) \in U\} \\ &= \{x \in X : f(x) \in G\} = f^{-1}(G).\end{aligned}$$

したがって，f の連続性より $f^{-1}(G)$ は X の開集合だから，$(f')^{-1}(U)$ も X の開集合である．ゆえに f' は連続写像である． □

問 11 上の証明の中の等式 (10.7) が成り立つことを示せ．

注意 2 距離空間 (X, d_X) が距離空間 (Y, d_Y) の部分空間であるとき，定理 9.15 より，それらの位相構造の間には次の関係が成り立つ．

$$\mathscr{T}(d_X) = \{G \cap X : G \in \mathscr{T}(d_Y)\}.$$

したがって，位相空間 $(X, \mathscr{T}(d_X))$ は位相空間 $(Y, \mathscr{T}(d_Y))$ の (定義 10.17 の意味の) 部分空間である．すなわち，距離空間 X が距離空間 Y の部分空間であるとき，それらを位相空間とみなしても，X はやはり Y の部分空間である．

次に近傍について説明しよう．位相空間には距離関数が定められていないので，ε-近傍を定義することはできない．近傍は，位相空間において距離空間における ε-近傍に代わるものである．

定義 10.20 位相空間 X の点 x に対し，$x \in U$ をみたす X の開集合 U を X における x の**近傍**とよぶ．

問 12 例 10.6 の位相空間 $(S, \mathscr{T}_1)$ における点 a, b, c の近傍をすべて求めよ．

補題 10.21　位相空間 X の部分集合 A に対して，次の (1), (2) が成立する．

(1)　A が X の開集合であるためには，任意の点 $x \in A$ に対して $U \subseteq A$ となる X における x の近傍 U が存在することが必要十分である．

(2)　A が X の閉集合であるためには，任意の点 $x \in X - A$ に対して $U \cap A = \varnothing$ となる X における x の近傍 U が存在することが必要十分である．

証明　(1) 任意の点 $x \in A$ に対して $U(x) \subseteq A$ となる X における x の近傍 $U(x)$ が存在したとする．すべての点 $x \in A$ に対してこのような近傍 $U(x)$ をとると，$A = \bigcup_{x \in A} U(x)$ が成り立つ．各 $U(x)$ は X の開集合だから，開集合の基本性質 (O3) より A は X の開集合である．逆に A が X の開集合であるとする．このとき，任意の点 $x \in A$ に対して，$U = A$ とおくと，U は x の近傍で $U \subseteq A$ をみたす．

(2) 2 つの式 $U \cap A = \varnothing$ と $U \subseteq X - A$ は同値だから，(1) より (2) の後半の条件は $X - A$ が X の開集合であることを意味する．したがって，それは A が X の閉集合であることと同値である．　□

近傍を用いると，写像 $f : X \longrightarrow Y$ が (定義域 X 全体でなく) 1 つの点 x において連続であることが定義できる．

定義 10.22　位相空間 X から位相空間 Y への写像 f が点 $x \in X$ において，次の条件をみたすとする．

(B*)　Y における $f(x)$ の任意の近傍 V に対して，X における x の近傍 U が存在して $f(U) \subseteq V$ が成り立つ．

このとき，f は点 x **において連続**であるという．

上の条件 (B*) は，7.1 節で述べた連続性の条件 (B) における ε-近傍を近傍に変えたものである．なお，一般の位相空間の間の写像に対しては，その連続性を点列の収束や ε–δ 論法によって表現することはできない．

定理 10.23　位相空間 X から位相空間 Y への写像 f が連続写像であるためには，f が X のすべての点において連続であることが必要十分である．

証明　写像 f が X のすべての点において連続であるとする．f の連続性を示すために Y の任意の開集合 V をとる．任意の点 $x \in f^{-1}(V)$ に対し，$f(x) \in$

V だから V は $f(x)$ の近傍である．いま f は点 x で連続だから，$f(U) \subseteq V$ をみたす x の近傍 U が存在する．このとき $U \subseteq f^{-1}(V)$ が成り立つから，補題 10.21 より $f^{-1}(V)$ は X の開集合である．ゆえに f は連続写像である．

逆に f が連続写像であるとして，任意の点 $x \in X$ と $f(x)$ の任意の近傍 V をとる．いま $U = f^{-1}(V)$ とおくと，f の連続性から U は X の開集合であって $x \in U$ が成り立つ．すなわち，U は X における x の近傍である．このとき，$f(U) = f(f^{-1}(V)) \subseteq V$ が成り立つから，f は点 x において連続である．□

10.1 節では，距離空間 (X, d) をいつでも位相空間 $(X, \mathscr{T}(d))$ と見なすことを約束した．したがって，位相空間 X から距離空間 (Y, d) への写像 f が (点 $x \in X$ において) **連続**であるとは，f が位相空間 X から位相空間 $(Y, \mathscr{T}(d))$ への写像として (点 $x \in X$ において) 連続であることを意味する．

補題 10.24　位相空間 X から距離空間 (Y, d) への写像 f が点 $x \in X$ において連続であるためには，任意の正数 ε に対して，x のある近傍 U が存在して

$$(\forall y)(y \in U \text{ ならば } d(f(x), f(y)) < \varepsilon) \tag{10.8}$$

が成り立つことが必要十分である．

証明　写像 f が点 x において連続であるとする．任意の $\varepsilon > 0$ をとる．例題 8.10 より，$U(Y, f(x), \varepsilon)$ は距離空間 (Y, d) の開集合だから位相空間 $(Y, \mathscr{T}(d))$ における $f(x)$ の近傍である．したがって点 x における f の連続性から，x のある近傍 U が存在して $f(U) \subseteq U(Y, f(x), \varepsilon)$ が成り立つ．このとき U は (10.8) をみたす．

逆に，後半の条件が成り立つとして，$(Y, \mathscr{T}(d))$ における $f(x)$ の任意の近傍 V をとる．このとき V は距離空間 (Y, d) の開集合だから，補題 8.9 より，ある $\varepsilon > 0$ が存在して $U(Y, f(x), \varepsilon) \subseteq V$ が成り立つ．この ε に対して (10.8) をみたす x の近傍 U をとれば，$f(U) \subseteq U(Y, f(x), \varepsilon) \subseteq V$ が成り立つ．ゆえに f は点 x において連続である．□

最後に 5.2 節で述べた定理 5.14 を証明しよう．

証明　定理 10.23 より，f が任意の点 $x \in X$ において連続であることを示せばよい．任意の $\varepsilon > 0$ をとる．仮定より各 i について $\mathrm{pr}_i \circ f : X \longrightarrow \boldsymbol{E}^1$ は連続である．したがって，補題 10.24 より x のある近傍 U_i が存在して

$$(\forall y)(y \in U_i \text{ ならば } |\,\mathrm{pr}_i(f(x)) - \mathrm{pr}_i(f(y))\,| < \varepsilon/\sqrt{n}\,) \tag{10.9}$$

が成り立つ．いま $U = U_1 \cap U_2 \cap \cdots \cap U_n$ とおくと，開集合の基本性質 (O2) より U は x の近傍である．このとき，任意の点 $y \in U$ に対し，(10.9) より

$$d(f(x), f(y)) = \sqrt{\sum_{i=1}^{n} (\mathrm{pr}_i(f(x)) - \mathrm{pr}_i(f(y)))^2} < \sqrt{\sum_{i=1}^{n} \frac{\varepsilon^2}{n}} = \varepsilon$$

が成り立つ．ゆえに，再び補題 10.24 より，f は x において連続である．　□

問 13　例 10.6 で定義した位相空間 $(S, \mathscr{T}_2)$ から $\boldsymbol{E}^1$ への関数 f を，$f(a) = 0$, $f(b) = f(c) = 1$ によって定める．このとき，f は連続であることを示せ．

10.4　距離化可能空間とハウスドルフ空間

任意の距離空間 (X, d) はいつでも位相空間 $(X, \mathscr{T}(d))$ と見なされる．それでは逆に，任意の位相空間を距離空間と見なすことは可能だろうか．この問いを正確に述べるために，次の用語を定める．

定義 10.25　位相空間 $(X, \mathscr{T})$ に対して，X 上の距離関数 d が存在して $\mathscr{T} = \mathscr{T}(d)$ が成立したとする．このとき，$(X, \mathscr{T})$ は**距離化可能**である，あるいは，$(X, \mathscr{T})$ は**距離化可能空間**であるという．

距離化可能空間とは，その定義より，距離空間を位相空間と見なしたときにできる位相空間のことである．したがって，はじめの問いは「任意の位相空間は距離化可能空間であるか」と言いかえられる．本節の目的は，この問題の答えが否定的であることを示して，簡単な解説を与えることである．図 10.3 はこれらの空間のクラスの間の関係を示している．

例 10.26　離散位相をもつ位相空間 $(X, \mathscr{P}(X))$ は距離化可能である．なぜなら X 上に離散距離関数 d_0 を定めると，9.3 節，問 10 (124 ページ) で調べたように $\mathscr{P}(X) = \mathscr{T}(d_0)$ が成り立つからである．

問 14　距離化可能であることは位相的性質であることを証明せよ．

さて，距離化可能でない位相空間の存在を示すために，次章でも使われるもう 1 つの位相空間のクラスを定義しよう．

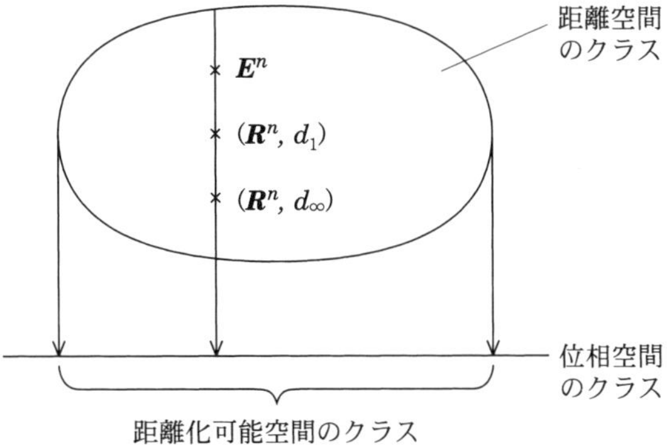

図 10.3 距離空間を位相空間とみなしたとき，$\boldsymbol{E}^n$, $(\boldsymbol{R}^n, d_1)$, $(\boldsymbol{R}^n, d_\infty)$ は同じ位相空間になる (例 10.4 を見よ).

定義 10.27 位相空間 X の任意の異なる 2 点 x, y に対して，x の近傍 U と y の近傍 V が存在して $U \cap V = \varnothing$ が成り立つとする．このとき，X を**ハウスドルフ空間**または **T_2-空間**とよぶ.

補題 10.28 任意の距離空間 (X, d) は (それを位相空間 $(X, \mathscr{T}(d))$ と考えたとき) ハウスドルフ空間である.

証明 任意の異なる 2 点 $x, y \in X$ をとる．このとき $d(x, y) > 0$ だから，$\varepsilon = d(x, y)/2$ とおくと

$$U(x, \varepsilon) \cap U(y, \varepsilon) = \varnothing \tag{10.10}$$

が成立する．ここで，$U(x, \varepsilon)$ は (X, d) の開集合だから $(X, \mathscr{T}(d))$ における x の近傍である．同様に $U(y, \varepsilon)$ も $(X, \mathscr{T}(d))$ における y の近傍である．ゆえに (X, d) はハウスドルフ空間である. □

問 15 上の等式 (10.10) が成立することを確かめよ.

距離化可能空間は距離空間の位相構造を持つ位相空間だから，補題 10.28 よりハウスドルフ空間である．いま，例 10.6 の位相空間 $(S, \mathscr{T}_1)$ について考えてみよう．位相構造 $\mathscr{T}_1$ の定め方より S の 2 点 a, b は互いに交わらない近傍を持たない．したがって，$(S, \mathscr{T}_1)$ はハウスドルフ空間でないから，それは距離化可能でない．ゆえに，距離化可能空間でない位相空間は存在する.

実際の研究の対象になる位相空間の中にも，距離化可能でない多くの位相空間が存在する．例えば，弱位相を持つ線型位相空間，チコノフの立方体とよばれる非可算無限個の閉区間の直積空間，ブール代数の双対空間，大きな順序数の順序位相空間などがその例であるが，それらはいずれも本書の範囲を超えている．また「どんな位相空間が距離化可能であるか」という問題も自然である．距離化可能空間を位相構造の言葉を使って特徴付ける問題は 20 世紀半ばに，次の定理によって解決された．

定理 10.29 (長田–Smirnov)　位相空間 X が距離化可能であるためには，X が σ-局所有限基底を持つ正則空間であることが必要十分である．

上の定理の証明や使われている用語の定義もまた本書の範囲を超えている．詳しい証明が書かれている参考書 [3], [19] を紹介しておこう．

演習問題 10

1. 定理 10.9 の証明を完成せよ．

2. 定理 10.15 の証明を完成せよ．

3. 10.3 節，問 9 (134 ページ) の位相空間 $(Y, \mathscr{T})$ について，次の問いに答えよ．

(1)　$(Y, \mathscr{T})$ の開集合と閉集合を求めよ．

(2)　$(Y, \mathscr{T})$ における 4 点 a, b, c, d の近傍を求めよ．

4. 例 2.12 で定義したシェルピンスキーのカーペットが $\boldsymbol{E}^2$ の閉集合であることを証明せよ．

5. 位相空間 X の任意の開集合 G と閉集合 F に対して，$G - F$ は X の開集合であり，$F - G$ は X の閉集合であることを証明せよ．

6. 無限集合 X の部分集合族 $\mathscr{T}$ を

$$\mathscr{T} = \{\varnothing, X\} \cup \{A \subseteq X : X - A \text{ は有限集合 }\}$$

によって定める．このとき $\mathscr{T}$ は X の 1 つの位相構造であることを証明せよ．また，$(X, \mathscr{T})$ はハウスドルフ空間であるか．

7. 位相空間 X の任意の点 x に対して $\{x\}$ は X の開集合であるとする．このとき，X の位相構造は離散位相 $\mathscr{P}(X)$ であることを示せ．

8. 数直線 $\boldsymbol{R}$ の次の部分集合族 $\mathscr{A}_1$, $\mathscr{A}_2$, $\mathscr{A}_3$, $\mathscr{A}_4$ は $\boldsymbol{R}$ の位相構造であるか.

(1) $\mathscr{A}_1 = \{(a,b) : a < b,\ a, b \in \boldsymbol{R}\} \cup \{\varnothing, \boldsymbol{R}\}$,

(2) $\mathscr{A}_2 = \{A : A$ は $\boldsymbol{R}$ の有限部分集合 $\} \cup \{\varnothing, \boldsymbol{R}\}$,

(3) $\mathscr{A}_3 = \{[a, +\infty) : a \in \boldsymbol{R}\} \cup \{\varnothing, \boldsymbol{R}\}$,

(4) $\mathscr{A}_4 = \{(a, +\infty) : a \in \boldsymbol{R}\} \cup \{\varnothing, \boldsymbol{R}\}$.

9. 集合 $X = \{1,2,3,4\}$ に位相構造 $\mathscr{T} = \{\varnothing, \{2\}, \{1,3\}, \{1,2,3\}, \{1,3,4\}, X\}$ を定める．この位相空間 $(X, \mathscr{T})$ と例 10.6 で定めた位相空間 $(S, \mathscr{T}_1)$ について，次の問いに答えよ．

(1) $(X, \mathscr{T})$ の開集合と閉集合とを求めよ．

(2) 写像 $f : (X, \mathscr{T}) \longrightarrow (S, \mathscr{T}_1)$ を $f(1) = f(3) = b$, $f(2) = a$, $f(4) = c$ によって定める．このとき，f は連続写像であるか.

(3) 写像 $g : (X, \mathscr{T}) \longrightarrow (S, \mathscr{T}_1)$ を $g(1) = g(3) = a$, $g(2) = b$, $g(4) = c$ によって定める．このとき，g は連続写像であるか.

10. 写像 $f : (X, \mathscr{T}_X) \longrightarrow (Y, \mathscr{T}_Y)$ が連続であるとき，X の位相構造 $\mathscr{T}_X$ を $\mathscr{T}_X \subseteq \mathscr{T}$ である別の位相構造 $\mathscr{T}$ に変える．このとき，$f : (X, \mathscr{T}) \longrightarrow (Y, \mathscr{T}_Y)$ は連続であることを証明せよ．

11. 写像 $f : (X, \mathscr{T}_X) \longrightarrow (Y, \mathscr{T}_Y)$ が連続であるとき，Y の位相構造 $\mathscr{T}_Y$ を $\mathscr{T} \subseteq \mathscr{T}_Y$ である別の位相構造 $\mathscr{T}$ に変える．このとき，$f : (X, \mathscr{T}_X) \longrightarrow (Y, \mathscr{T})$ は連続であることを証明せよ．

12. 上の問題 9 の位相空間 $(X, \mathscr{T})$ から集合 $S = \{a, b, c\}$ への写像 f を $f(1) = f(3) = c$, $f(2) = b$, $f(4) = a$ によって定める．このとき，f を連続にするような S の位相構造の中で最大の位相構造を求めよ．

13. 上の問題 9 の位相空間 $(X, \mathscr{T})$ に対し，集合 $S = \{a, b, c\}$ から $(X, \mathscr{T})$ への写像 f を $f(a) = 1$, $f(b) = 3$, $f(c) = 2$ によって定める．このとき，f を連続にするような S の位相構造の中で最小の位相構造を求めよ．

14. 離散位相を持つ位相空間 $(X, \mathscr{P}(X))$ から任意の位相空間 Y への任意の写像 f は，いつでも連続であることを示せ.

15. 位相空間 X から任意の位相空間 Y への任意の写像 f が連続であるとする．このとき，X の位相構造は離散位相であることを証明せよ．

16. 3 つの位相空間 X, Y, Z に対して $X \subseteq Y \subseteq Z$ が成り立ち，X は Y の部分空間であり Y は Z の部分空間であるとする．このとき，X は Z の部分空間であることを示せ．

17. 位相空間 X が位相空間 Y の部分空間であるとする．このとき，もし X が Y の開集合ならば，X の任意の開集合は Y の開集合でもあることを証明せよ．また，もし X が Y の閉集合ならば，X の任意の閉集合は Y の閉集合でもあることを証明せよ．

18. 上の問題 9 の位相空間 $(X, \mathscr{T})$ と $A = \{1, 2, 4\} \subseteq X$ について，次の問いに答えよ．

(1)　$(X, \mathscr{T})$ における 4 点 1, 2, 3, 4 の近傍を求めよ．

(2)　$\mathscr{T}$ から誘導された A の部分空間の位相構造を求めよ．

(3)　部分空間 $(A, \mathscr{T}|_A)$ の開集合と閉集合をすべて求めよ．

(4)　部分空間 $(A, \mathscr{T}|_A)$ における 3 点 1, 2, 4 の近傍を求めよ．

19. 10.2 節，問 7 (133 ページ) で作った 29 個の位相空間の中から，ハウスドルフ空間であるものを選べ．

20. ハウスドルフ空間 X の任意の点 x に対し，集合 $\{x\}$ は X の閉集合であることを証明せよ．

21. ハウスドルフ空間 X の任意の有限部分集合は X の閉集合であることを証明せよ．

22. ハウスドルフ空間 Y の任意の部分空間 X はまたハウスドルフ空間であることを証明せよ．

23. 位相空間 X からハウスドルフ空間 Y への 2 つの連続写像 f, g に対し，集合 $A = \{x \in X : f(x) = g(x)\}$ は X の閉集合であることを証明せよ．

24. 位相空間がハウスドルフ空間であることは位相的性質であることを示せ．

11
コンパクト性と最大値・最小値の定理

コンパクト性は，位相的性質の中でもっとも重要なものの 1 つであり，位相に関するほとんどすべての議論の中で使われる．コンパクト性について考察した後，第 1 章で述べた最大値・最小値の定理を一般化した形で証明しよう．

11.1 コンパクト空間とコンパクト集合

例 5.4 では，開区間 $J = (-1, 1)$ と $\boldsymbol{E}^1$ が位相同型であることを示した．実際，図 11.1 に示すグラフを持つ写像

$$f : J \longrightarrow \boldsymbol{E}^1;\ x \longmapsto \frac{x}{1-|x|} \tag{11.1}$$

は位相同型写像である．この例は J を長さが 2 のゴムひもと考えると，それが無限に長いゴムひも $\boldsymbol{E}^1$ に伸びることを示している．つまり，数学の世界のゴムひもには無限に伸びるものが存在する．位相空間がコンパクトであるとは，簡単に言えば，この奇妙な性質を持たないこと，すなわち，無限に大きな空間とは位相同型にならないということである．

コンパクト性を数学的に述べるために，無限に長い空間 $\boldsymbol{E}^1$ の特徴を調べてみよう．特に，その特徴を位相の基本概念である開集合を使って表現したい．そのために，$\boldsymbol{E}^1$ の有限な長さを持つすべての開区間からなる集合族を $\mathscr{U}$ とする．このとき，$\mathscr{U}$ は次の 2 条件 (1), (2) をみたす．

(1) $\boldsymbol{E}^1 = \bigcup\{U : U \in \mathscr{U}\}$,

(2) 任意の有限個の $U_1, U_2, \cdots, U_n \in \mathscr{U}$ に対し，$\boldsymbol{E}^1 \neq U_1 \cup U_2 \cup \cdots \cup U_n$.

なぜなら，$\mathscr{U}$ は $\boldsymbol{E}^1$ 全体を覆うから (1) が成り立つ．また，$\mathscr{U}$ に属する区間の

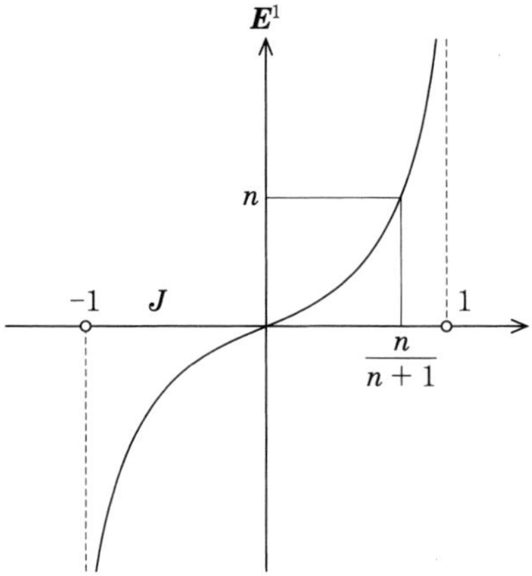

図 **11.1**

長さは有限だから，有限個のそれらの区間では無限に長い $\boldsymbol{E}^1$ 全体を覆えない．したがって (2) が成り立つ．

一般に (1) をみたす開集合族 $\mathscr{U}$ を $\boldsymbol{E}^1$ の開被覆とよぶ．また，それが (2) をみたすとき，$\mathscr{U}$ は有限部分被覆を含まないという．すなわち，無限に長い空間 $\boldsymbol{E}^1$ には有限部分被覆を含まない開被覆 $\mathscr{U}$ が存在する．

位相空間の場合には，距離が定義されていないので「無限に大きい」という言葉自体が無意味である．しかし，それでも「有限部分被覆を含まない開被覆が存在する」という条件は，その空間が果てしなく大きいことを表現しているように感じられる．そこで，この条件を否定することによってコンパクト性の定義が得られる．以上のアイデアを整理しながら正確に述べよう．

定義 11.1　位相空間 X の部分集合族 $\mathscr{U}$ に対し，$X = \bigcup\{U : U \in \mathscr{U}\}$ が成り立つとき，$\mathscr{U}$ を X の**被覆**とよぶ．特に，開集合からなる被覆を**開被覆**とよぶ．また，有限個の集合からなる被覆を**有限被覆**とよぶ．

定義 11.2　位相空間 X の開被覆 $\mathscr{U}$ が与えられたとき，$\mathscr{U}$ に属する有限個の開集合 $U_1, U_2, \cdots, U_n$ を選んで，X の有限被覆 $\{U_1, U_2, \cdots, U_n\}$ ができたとする．このとき $\{U_1, U_2, \cdots, U_n\}$ を $\mathscr{U}$ の**有限部分被覆**とよぶ．また，開被覆 $\mathscr{U}$ の有限部分被覆が存在するとき，$\mathscr{U}$ は有限部分被覆を含む，あるいは，$\mathscr{U}$ は X の有限被覆を含むという．

例 11.3 次の $\mathscr{U}, \mathscr{V}, \mathscr{W}$ は $\boldsymbol{E}^1$ の開被覆の例である.

(1) $\mathscr{U} = \{(n, n+2) : n \in \boldsymbol{Z}\}$,

(2) $\mathscr{V} = \{(-n, n) : n \in \boldsymbol{N}\}$,

(3) $\mathscr{W} = \{(a, +\infty) : a \in \boldsymbol{R}\} \cup \{(-\infty, b) : b \in \boldsymbol{R}\}$.

開被覆 $\mathscr{U}$ と $\mathscr{V}$ は有限部分被覆を含まない. 一方, 開被覆 $\mathscr{W}$ から 2 つの開集合 $W_1 = (0, +\infty)$, $W_2 = (-\infty, 1)$ を選ぶと, $\boldsymbol{E}^1 = W_1 \cup W_2$ が成り立つ. したがって, $\mathscr{W}$ は有限部分被覆 $\{W_1, W_2\}$ を含む.

例 11.4 有限部分被覆を含まない開被覆は, 無限に長い空間 $\boldsymbol{E}^1$ だけでなく, $\boldsymbol{E}^1$ に位相同型な開区間 $J = (-1, 1)$ にも存在する. 例えば,

$$U_n = \left(-\frac{n}{n+1}, \frac{n}{n+1}\right) \quad (n \in \boldsymbol{N})$$

とおくと, $\mathscr{U} = \{U_n : n \in \boldsymbol{N}\}$ は J の開被覆であるが有限部分被覆を含まない.

定義 11.5 位相空間 X の任意の開被覆が有限部分被覆を含むとき, X は**コンパクト**である, あるいは, X は**コンパクト空間**であるという.

上の定義から, X がコンパクトであるためには, X のどんな開被覆に対してもその有限部分被覆が存在しなければならない. X の 1 つの開被覆に対して有限部分被覆が存在しただけでは, X はコンパクトであるとは言えないことに特に注意しよう. 逆に, X がコンパクトでないためには, 有限部分被覆を含まない X の開被覆が 1 つでも存在すればよい. したがって, 例 11.3, 11.4 より, それぞれ, $\boldsymbol{E}^1$ や $\boldsymbol{E}^1$ の部分空間 $J = (-1, 1)$ はコンパクトでない. 一般に, $\boldsymbol{E}^n$ や $\boldsymbol{E}^n$ の開球体はコンパクトではない (定理 11.23 を見よ).

例 11.6 有限個の点からなる位相空間 $X = \{x_1, x_2, \cdots, x_n\}$ はコンパクトである. これを示すために X の任意の開被覆 $\mathscr{U}$ をとる. 各点 x_i に対し, x_i を含む $\mathscr{U}$ の要素 U_i を, それぞれ, 1 つずつ選ぶ. このとき $\{U_1, U_2, \cdots, U_n\}$ は $\mathscr{U}$ の有限部分被覆である (もし $U_1, U_2, \cdots, U_n$ の中に同じ集合があれば, それらは 1 つの集合と見なすことにする). 開被覆 $\mathscr{U}$ のとり方は任意だから, X はコンパクトである.

問 1 $\boldsymbol{E}^1$ の部分空間 $H_1 = (0, 1]$, $H_2 = [-1, 1] - \{0\}$, $\boldsymbol{Z}$ はコンパクトでないことを示せ.

コンパクト空間 X がさらに大きな位相空間 Y の部分空間であるとき，X は Y の**コンパクト集合**である，あるいは，Y の部分集合 X は**コンパクト**であるという．逆に言えば，X が Y のコンパクト集合であるとは，X が Y の部分空間としてコンパクト空間であることである．

ここで，X が Y のコンパクト集合であることを Y の開集合を使って表現する方法を述べておこう．位相空間 Y の開集合族 $\mathscr{U}$ が

$$X \subseteq \bigcup\{U : U \in \mathscr{U}\}$$

をみたすとき，$\mathscr{U}$ は **Y における X の開被覆**であるという．さらに，$\mathscr{U}$ に属する有限個の Y の開集合 $U_1, U_2, \cdots, U_n$ が存在して

$$X \subseteq U_1 \cup U_2 \cup \cdots \cup U_n$$

が成り立つとき，$\mathscr{U}$ は X の有限被覆 $\{U_1, U_2, \cdots, U_n\}$ を含むという．

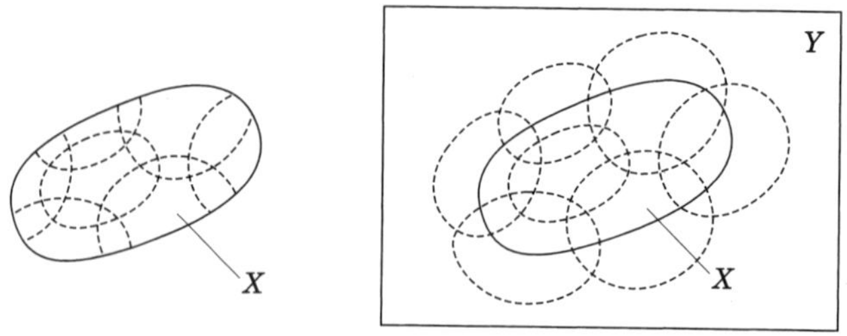

図 **11.2**　X の開被覆 (左) と Y における X の開被覆 (右).

補題 11.7　位相空間 Y の部分集合 X がコンパクトであるためには，Y における X の任意の開被覆が X の有限被覆を含むことが必要十分である．

証明　定義より，Y の部分集合 X がコンパクトであるとは，X が Y の部分空間としてコンパクト空間であることである．言いかえれば (X における) X の開被覆，すなわち，図 11.2 の左の形の開被覆が有限部分被覆を含むことである．一方，Y における X の開被覆が X の有限被覆を含むとは，図 11.2 の右の形の開被覆が X の有限被覆を含むことである．定理 10.18 より左の形の開被覆は右の形の開被覆に広げることができる．また逆に，系 10.19 より右の形の開被覆は，X との共通部分をとることにより左の形の開被覆になる．これらの事実か

ら補題の 2 条件は同値である．証明を厳密に述べることは問いとしよう． □

問 2　補題 11.7 の証明を完成させよ．

定理 11.8　コンパクト空間 X から位相空間 Y への連続写像 f が存在したとする．このとき，$f(X)$ は Y のコンパクト集合である．

証明　Y における $f(X)$ の任意の開被覆 $\mathscr{U}$ をとる．補題 11.7 より $\mathscr{U}$ が $f(X)$ の有限被覆を含むことを示せばよい．任意の $U \in \mathscr{U}$ に対して，f の連続性より，$f^{-1}(U)$ は X の開集合である．また

$$X \subseteq f^{-1}(f(X)) \subseteq f^{-1}\left(\bigcup\{U : U \in \mathscr{U}\}\right)$$
$$= \bigcup\{f^{-1}(U) : U \in \mathscr{U}\} \subseteq X \qquad (11.2)$$

が成り立つから，$X = \bigcup\{f^{-1}(U) : U \in \mathscr{U}\}$ が導かれる．したがって，$\mathscr{V} = \{f^{-1}(U) : U \in \mathscr{U}\}$ とおくと，$\mathscr{V}$ は X の開被覆である．いま X はコンパクトだから $\mathscr{V}$ は有限部分被覆を含む，すなわち，有限個の $U_1, U_2, \cdots, U_n \in \mathscr{U}$ が存在して $X = f^{-1}(U_1) \cup f^{-1}(U_2) \cup \cdots \cup f^{-1}(U_n)$ が成り立つ．このとき，

$$f(X) = f(f^{-1}(U_1) \cup f^{-1}(U_2) \cup \cdots \cup f^{-1}(U_n))$$
$$= f(f^{-1}(U_1)) \cup f(f^{-1}(U_2)) \cup \cdots \cup f(f^{-1}(U_n))$$
$$\subseteq U_1 \cup U_2 \cup \cdots \cup U_n \qquad (11.3)$$

だから，$\mathscr{U}$ は $f(X)$ の有限被覆 $\{U_1, U_2, \cdots, U_n\}$ を含む．ゆえに $f(X)$ は Y のコンパクト集合である． □

問 3　定理 11.8 の証明の中で (11.2) と (11.3) が成立することを示せ．

系 11.9　X, Y を位相空間とし $f : X \longrightarrow Y$ を連続写像とする．このとき，もし A が X のコンパクト集合ならば，$f(A)$ は Y のコンパクト集合である．

証明　補題 5.12 より制限写像 $f|_A : A \longrightarrow Y$ は連続である．したがって，定理 11.8 より $(f|_A)(A) = f(A)$ はコンパクトである． □

系 11.10　位相空間 X, Y に対して $X \approx Y$ が成り立つとする．このとき，もし X がコンパクトならば，Y もコンパクトである．

証明　位相同型写像 $f : X \longrightarrow Y$ に定理 11.8 を適用せよ． □

系 11.10 よりコンパクト性は位相的性質である．

定理 11.11　コンパクト空間 X の任意の閉集合 A はコンパクトである．

証明　X における A の任意の開被覆 $\mathscr{U}$ をとる．$\mathscr{U}$ に $X-A$ を要素として付け加えた集合族 $\mathscr{V}=\mathscr{U}\cup\{X-A\}$ は X の開被覆である．いま X はコンパクトだから，$\mathscr{V}$ は有限部分被覆 $\mathscr{V}'$ を含む．ここで $\mathscr{V}'$ に属する開集合の中で $X-A$ 以外のものを $U_1, U_2, \cdots, U_n$ とする．このとき，$\{U_1, U_2, \cdots, U_n\}\subseteq\mathscr{U}$ であって $A\subseteq U_1\cup U_2\cup\cdots\cup U_n$ が成り立つ．すなわち，$\mathscr{U}$ は A の有限被覆を含む．ゆえに，補題 11.7 より A はコンパクトである．□

コンパクト性が特に威力を発揮するのは，10.4 節で定義したハウスドルフ空間においてである．

定理 11.12　ハウスドルフ空間 X の任意のコンパクト集合 A は X の閉集合である．

証明　任意の点 $x\in X-A$ を選んで固定する．補題 10.21 より A と交わらない x の近傍が存在することを示せばよい．任意の点 $y\in A$ に対して，$x\neq y$ で X はハウスドルフ空間だから，X における x の近傍 $U(y)$ と X における y の近傍 $V(y)$ が存在して $U(y)\cap V(y)=\varnothing$ が成り立つ．すべての点 $y\in A$ に対して $U(y)$ と $V(y)$ をとると，$\mathscr{V}=\{V(y) : y\in A\}$ は X における A の開被覆である．いま A はコンパクトだから，補題 11.7 より $\mathscr{V}$ は A の有限被覆を含む．すなわち，有限個の点 $y_1, y_2, \cdots, y_n\in A$ が存在して

$$A\subseteq V(y_1)\cup V(y_2)\cup\cdots\cup V(y_n) \tag{11.4}$$

が成り立つ．このとき $U=U(y_1)\cap U(y_2)\cap\cdots\cap U(y_n)$ とおくと，開集合の基本性質 (O2) より，U は X における x の近傍である．いま $U\cap A=\varnothing$ であることを示そう．もし $U\cap A\neq\varnothing$ ならば，(11.4) より，ある i に対して $U\cap V(y_i)\neq\varnothing$ が成り立つ．ところが U の定義より $U\subseteq U(y_i)$ だから，$U(y_i)\cap V(y_i)\neq\varnothing$．これは $U(y_i)$ と $V(y_i)$ の選び方に矛盾する．以上により $U\cap A=\varnothing$ であることが示された．ゆえに，補題 10.21 より A は X の閉集合である．□

補題 10.28 より距離空間はハウスドルフ空間だから，距離空間 X の任意のコンパクト集合は X の閉集合でなければならない．$\boldsymbol{E}^1$ の開区間や半開区間がコンパクトでないことは，この事実からも導かれる．

定理 11.13 コンパクト空間 X からハウスドルフ空間 Y への任意の全単射，連続写像 f は位相同型写像である．

証明 位相同型写像の定義より，逆写像 $f^{-1}: Y \longrightarrow X$ の連続性を証明すればよい．そのためには 10.2 節，問 6 (130 ページ) で確かめたように，X の任意の閉集合 F の f^{-1} による逆像 $(f^{-1})^{-1}(F) = f(F)$ が Y の閉集合であることを示せばよい．いま F を X の任意の閉集合とする．このとき，X はコンパクトだから，定理 11.11 より F はコンパクトである．したがって，系 11.9 より $f(F)$ は Y のコンパクト集合である．Y はハウスドルフ空間だから，定理 11.12 より $f(F)$ は Y の閉集合である．以上により f^{-1} の連続性が示された．ゆえに，f は位相同型写像である． □

問 4 位相空間 X の 2 つのコンパクト集合 A, B が与えられたとき，和集合 $A \cup B$ はまた X のコンパクト集合であることを証明せよ．

11.2 実数の連続性

$\boldsymbol{E}^n$ の部分空間のコンパクト性を調べるために，実数の集合 $\boldsymbol{R}$ の性質について述べておこう．

定義 11.14 A を $\boldsymbol{R}$ の空でない部分集合とし $s \in \boldsymbol{R}$ とする．もし $s \in A$ であって任意の $x \in A$ に対し $x \leq s$ が成り立つならば，s は A の**最大元**であるといい，$s = \max A$ と書く．また，もし $s \in A$ であって任意の $x \in A$ に対し $s \leq x$ が成り立つならば，s は A の**最小元**であるといい，$s = \min A$ と書く．

定義 11.15 A を $\boldsymbol{R}$ の空でない部分集合とし $s \in \boldsymbol{R}$ とする．任意の $x \in A$ に対して $x \leq s$ が成り立つとき，s は A の**上界**であるという．A のすべての上界からなる集合を A^* で表す．A の上界が存在するとき (すなわち，$A^* \neq \varnothing$ であるとき) A は**上に有界**であるという．また s が A の上界の集合 A^* の最小元であるとき (すなわち，$s = \min A^*$ であるとき) s は A の**最小上界**または**上限**であるといい，$s = \sup A$ と書く．

逆の不等号を用いることにより「**下界**，**下に有界**，**下限**」が同様に定義される．集合 A の下限は $\inf A$ で表される．

例 11.16　上に有界な集合の例とそれらの上限について考えてみよう．

$$I = [0,1] \text{ のとき } I^* = [1, +\infty),$$
$$J = (-\infty, 1) \text{ のとき } J^* = [1, +\infty),$$
$$K = \{n/(n+1) : n \in \boldsymbol{N}\} \text{ のとき } K^* = [1, +\infty).$$

このとき，$\sup I = \sup J = \sup K = 1$ である．

問 5　下界，下に有界，下限の定義を正確に述べよ．

問 6　次の $\boldsymbol{R}$ の部分集合 A, B, C の上限と下限とを求めよ．

(1)　$A = \{x \in \boldsymbol{Q} : x^2 \leq 2\}$,

(2)　$B = \{x \in \boldsymbol{R} - \boldsymbol{Q} : x^2 \leq 2\}$,

(3)　$C = \{1 - x^2 : -1 \leq x < 2\}$.

もし A が上に有界でなければ，$A^* = \varnothing$ だから A の上限は存在しない．それでは，もし A が上に有界ならば A の上限はいつでも存在するだろうか．例 11.16 と問 6 では，いずれの場合も上界の集合は $[x, +\infty)$ の形になるので，その最小元 x が存在する．ところが，もしそれが $(x, +\infty)$ の形になれば，最小元は存在しない．数直線 $\boldsymbol{R}$ にはすき間がないので，上界の集合が $(x, +\infty)$ の形になることはないように思われる．しかし，そのことを保証するためには，そもそも $\boldsymbol{R}$ とは何かという問題まで戻って考えなければならない．

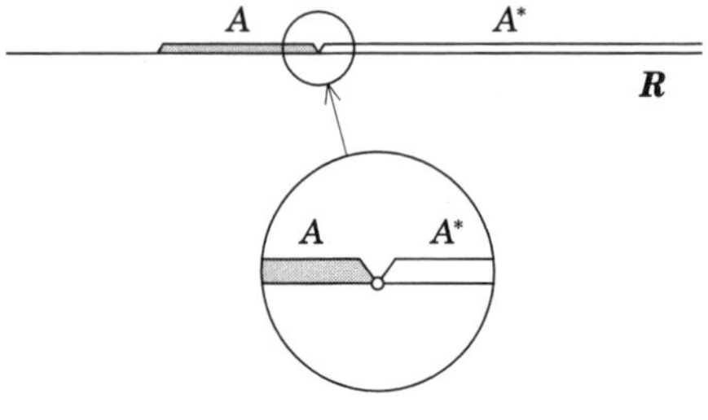

図 11.3　$\boldsymbol{R}$ にすき間があると，A^* に最小元が存在しない．

本書の 2.1 節では，$\boldsymbol{R}$ とは数直線のことであると定めた．数直線は中学校や高等学校の数学の教科書に載っている．ところが，それは数直線の図であって，実は誰も数直線の実物を見たことがない．我々の頭の中にそのイメージがあるだけである．イメージだけを頼りに数学を進めて大丈夫なのだろうか．その不安を解消する 1 つの方法は，公理を使って $\boldsymbol{R}$ を定義することである．公理による定義の方法を 1 つの比喩を使って説明しよう．

実数に対する我々の状況は，少し変な喩えだが，河童 (カッパ) に対する状況によく似ている．実際に河童を見た人は (たぶん) いないと思うが，我々は頭の中に河童についての一定のイメージを持っている．もし河童を正確に定義しようと思うなら，そのイメージを列挙すればよい．

(1) 川に住んでいる．
(2) 体は緑色で背中に甲羅がある．
(3) キューリが好物．

これだけでは，このような亀がどこかにいそうである．そこで，さらにイメージを付け加えよう．

(4) 頭に皿を持ち，その中には水が入っている．
(5) くちばしがあって，2 本足で歩く．

これくらいで，河童を十分に表現しているのではないだろうか．そこで，条件 (1)〜(5) をみたす生物を河童と定めれば，河童の定義が得られたことになる．上の 5 条件を河童の公理とよぶ．

図 11.4 うーん，数直線とはいったい何だろう？

同様に，我々が $\boldsymbol{R}$ について持っているイメージを列挙してみよう．

(1)　加減乗除の演算が自由にできる．

(2)　大小関係の順序が定まっている．

(3)　$(\forall x \in \boldsymbol{R})(\exists n \in \boldsymbol{N})(x < n)$.

実際には (1) と (2) はもっと厳密な数式と言葉で記述される (詳しくは，参考書 [9], [10] を見よ)．(3) は自然数の集合 $\boldsymbol{N}$ が上に有界でないことを主張していて，**アルキメデスの公理**とよばれる．

(1), (2), (3) をみたす集合は**アルキメデス的順序体**とよばれる．$\boldsymbol{R}$ がアルキメデス的順序体であることには誰も異論はないだろう．しかし，アルキメデス的順序体であるだけでは，まだ $\boldsymbol{R}$ を十分に表現しているとは言えない．有理数の集合 $\boldsymbol{Q}$ もアルキメデス的順序体だからである．我々のイメージの中の $\boldsymbol{R}$ が $\boldsymbol{Q}$ と違っている点は，$\boldsymbol{R}$ にはすき間がないが，$\boldsymbol{Q}$ には無理数の所に穴が開いているところである．そこで数直線 $\boldsymbol{R}$ がすき間なくつながっているイメージを，次の条件によって表現する．

(4)　任意の上に有界な空でない部分集合には上限が存在する．

条件 (4) をみたすアルキメデス的順序体は**完備順序体**とよばれる．任意の 2 つの完備順序体は同型であることが証明できる．すなわち，完備順序体は本質的に 1 つしか存在しない．そこで，完備順序体を $\boldsymbol{R}$ と定めれば，$\boldsymbol{R}$ の定義が得られたことになる．条件 (4) は**実数の連続性**または**実数の完備性**とよばれる．

問 7　実数の連続性は「下に有界な任意の空でない部分集合には下限が存在する」ことと同値である．このことを証明せよ．

以後，$\boldsymbol{R}$ は完備順序体のことであると考えよう．ここで，上限に関してよく使われる補題を準備しておく．

補題 11.17　$\boldsymbol{R}$ の上に有界な部分集合 $A \neq \varnothing$ と $s \in \boldsymbol{R}$ に対し，$s = \sup A$ であるためには，次の条件 (1), (2) が成り立つことが必要十分である．

(1)　$(\forall x \in A)(x \leq s)$ (すなわち，s は A の上界である),

(2)　$(\forall r < s)(A \cap (r, s] \neq \varnothing)$.

証明 2条件 (1), (2) が成り立つとする．(1) より $s \in A^*$ である．もし s が A^* の最小元でなければ，$r < s$ をみたす $r \in A^*$ が存在する．このとき，(2) より $x \in A \cap (r, s]$ が存在する．いま $r < x$ だから，これは $r \in A^*$ であることに矛盾する．ゆえに s は A^* の最小元，すなわち，$s = \sup A$ である．

逆に $s = \sup A$ であるとする．このとき $s \in A^*$ だから (1) が成り立つ．また，この事実から $A \cap (s, +\infty) = \varnothing$ が成り立つ．さらに，もし (2) が成立しないと仮定すると，$A \cap (r', s] = \varnothing$ であるような $r' < s$ が存在する．以上を合わせて $A \cap (r', +\infty) = \varnothing$ が成り立つ，すなわち，$r' \in A^*$ である．これは s が A^* の最小元であることに矛盾する．ゆえに (2) も成立する． □

次の 2 つの補題は，後の節で用いられる．

補題 11.18 $\boldsymbol{E}^1$ の空でない閉集合 A に対し，次の (1), (2) が成り立つ．

(1) A が上に有界のとき，A の上限は A の最大元である．

(2) A が下に有界のとき，A の下限は A の最小元である．

証明 (1) いま $s = \sup A$ とし，$s \notin A$ であると仮定する．このとき，A は $\boldsymbol{E}^1$ の閉集合だから，補題 8.9 より，ある $\varepsilon > 0$ が存在して $(s - \varepsilon, s + \varepsilon) \cap A = \varnothing$ が成り立つ．これは，補題 11.17 の条件 (2)，すなわち，$A \cap (s - \varepsilon, s] \neq \varnothing$ でなければならないことに矛盾する．ゆえに，$s \in A$ だから s は A の最大元である．(2) の証明は演習問題としよう． □

補題 11.19 $\boldsymbol{E}^1$ の閉区間からなる集合族 $\{I_n : n \in \boldsymbol{N}\}$ が与えられ

$$I_1 \supseteq I_2 \supseteq \cdots \supseteq I_n \supseteq \cdots \tag{11.5}$$

が成り立つとする．このとき，$\bigcap_{n \in N} I_n \neq \varnothing$ が成立する．

証明 各 $n \in \boldsymbol{N}$ に対して $I_n = [a_n, b_n]$ とおくと，(11.5) より

$$a_1 \leq a_2 \leq \cdots a_n \leq \cdots \leq b_n \leq \cdots \leq b_2 \leq b_1 \tag{11.6}$$

が成り立つ．集合 $A = \{a_n : n \in \boldsymbol{N}\}$ は上に有界だから，実数の連続性より $x = \sup A$ が存在する．任意の $n \in \boldsymbol{N}$ に対して，$x \in I_n$ であることを示そう．いま x は A の上界だから，$a_n \leq x$ が成り立つ．次に，もし $b_n < x$ であると仮定すると，補題 11.17 より，ある $a_m \in A \cap (b_n, x]$ が存在する．このとき $b_n < a_m$ だ

から，これは (11.6) に矛盾する．ゆえに $x \leq b_n$ である．以上により $x \in I_n$ である．任意の n に対してこれが成り立つから，$x \in \bigcap_{n \in N} I_n$ である．□

注意 1　補題 11.19 で証明した命題を**カントルの共通部分定理**という．上の証明では，実数の連続性からそれを導いたが，逆にカントルの共通部分定理から実数の連続性を導くこともできる．すなわち，アルキメデス的順序体において，実数の連続性とカントルの共通部分定理は同値な命題である．実数の連続性と同値な命題には，このほかにもデデキンドの切断定理など，いろいろな変形が存在する．それらについては，参考書 [9], [10], [11] を参照せよ．

注意 2　本節の完備順序体の説明の箇所では，完備順序体は本質的に 1 つしか存在しないと述べた．ところが，これは 2 つ以上の (本質的に) 異なる完備順序体が存在しないということであって，完備順序体が少なくとも 1 つ存在することを保証してはいない．その存在を保証するためには，実際に完備順序体を作る必要がある．そこで有理数体 $\boldsymbol{Q}$ から完備順序体 $\boldsymbol{R}$ を構成するいろいろな方法が知られている．そして，有理数体 $\boldsymbol{Q}$ は自然数の集合 $\boldsymbol{N}$ から一定の手続き (簡単に言えば，$\boldsymbol{N}$ に 0 と負の数を付け加えてそれらの分数を作ること) によって構成することができる．

しかし問題はこれで解決したわけではない．ここで，我々は自然数の集合 $\boldsymbol{N}$ について，$\boldsymbol{R}$ に対して直面した問題とまったく同じ問題に直面する．いったい自然数とは何だろう．$1, 2, 3, \cdots$ とずっと続く数のことであるというのでは答えにはならない．なぜなら $\cdots$ の所があいまいだからである．自然数の集合 $\boldsymbol{N}$ を厳密に定めるためには，やはり公理が用いられる．$\boldsymbol{N}$ を定める公理は**ペアノの公理**とよばれる．ペアノの公理によれば，自然数の集合は本質的に 1 つしか存在しない．そして，自然数の集合 $\boldsymbol{N}$ は通常の集合の公理系 (= 集合とは何かを定める公理) から構成することができる．すなわち「実数とは何か」という問題をさかのぼって考えて行くと，最後に「集合とは何か」という問題に帰結する．集合の公理系を研究する分野は公理的集合論とよばれ，トポロジーと同様に 20 世紀に飛躍的に発展した数学の分野の 1 つである．

ペアノの公理を出発点として実数を構成する方法については [9] に詳しい解説がある．また，公理的集合論については [12] を参照せよ．

11.3 $\boldsymbol{E}^n$ のコンパクト集合とコンパクト距離空間

$\boldsymbol{E}^n$ では，どんな部分集合がコンパクトになるだろうか．本節の主な目標はこの問いに答えることである．同じ長さの n 個の閉区間 I_i $(i = 1, 2, \cdots, n)$ が与えられたとき，$\boldsymbol{E}^n$ の部分集合

$$\begin{aligned} I^n &= I_1 \times I_2 \times \cdots \times I_n \\ &= \{(x_1, x_2, \cdots, x_n) : x_i \in I_i,\ i = 1, 2, \cdots, n\} \end{aligned}$$

を n **次元立方体**とよぶ．

定理 11.20　n 次元立方体 I^n は $\boldsymbol{E}^n$ のコンパクト集合である．

証明　$\mathscr{U}$ を $\boldsymbol{E}^n$ における I^n の任意の開被覆とする．いま，$\mathscr{U}$ が I^n の有限被覆を含まないと仮定しよう．ここで I^n の 1 辺の長さを a とする．

I^n の各辺を 2 等分することにより，図 11.5 のように，I^n は 1 辺の長さが $a/2$ の 2^n 個の n 次元立方体の和集合として表される．このとき，もしこれらの 2^n 個の n 次元立方体が，それぞれ，$\mathscr{U}$ に属する有限個の開集合で覆われれば，全体として I^n も $\mathscr{U}$ に属する有限個の開集合で覆われることになる．したがって，それらの n 次元立方体の中の少なくとも 1 つは $\mathscr{U}$ に属する有限個の開集合では覆われない．それを K_1 とおく．

次に K_1 の各辺をまた 2 等分することにより，K_1 は 1 辺の長さが $a/2^2$ の 2^n 個の n 次元立方体の和集合として表される．このとき，再び上と同じ理由により，それらの 2^n 個の n 次元立方体の中の少なくとも 1 つは $\mathscr{U}$ に属する有限個の開集合では覆われない．それを K_2 とおく．

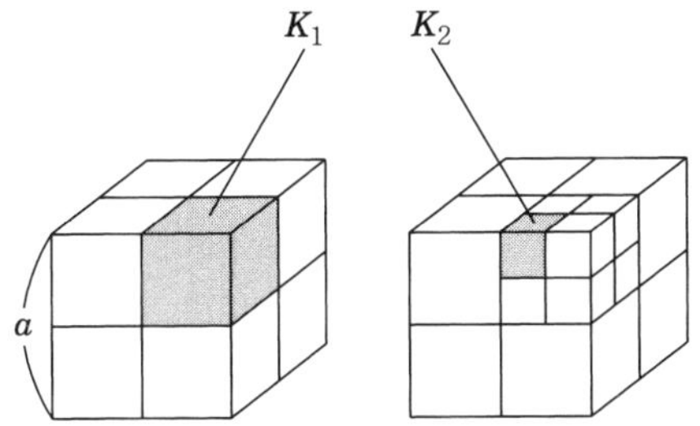

図 **11.5**　3 次元立方体 I^3.

以上の操作を繰り返すことによって，1 辺の長さが $a/2^i$ の n 次元立方体 K_i $(i \in \boldsymbol{N})$ で，次の 2 条件をみたすものが得られる．

$$I^n \supseteq K_1 \supseteq K_2 \supseteq \cdots \supseteq K_i \supseteq \cdots, \tag{11.7}$$

$$K_i \text{ は } \mathscr{U} \text{ に属する有限個の開集合では覆われない．} \tag{11.8}$$

このとき，各 K_i は長さ $a/2^i$ の n 個の閉区間 I_{ij} $(j = 1, 2, \cdots, n)$ の直積として，次のように表される．

$$\begin{cases} K_1 = I_{11} \times I_{12} \times \cdots \times I_{1n} \\ K_2 = I_{21} \times I_{22} \times \cdots \times I_{2n} \\ \qquad \cdots \\ K_i = I_{i1} \times I_{i2} \times \cdots \times I_{in} \\ \qquad \cdots \end{cases} \tag{11.9}$$

各 $j = 1, 2, \cdots, n$ について，(11.9) における閉区間の縦の列に着目すると，(11.7) より

$$I_{1j} \supseteq I_{2j} \supseteq \cdots \supseteq I_{ij} \supseteq \cdots$$

が成り立つ．したがって，補題 11.19 より点 $x_j \in \bigcap_{i \in N} I_{ij}$ が存在する．すべての j に対してこのような x_j を選び $p = (x_1, x_2, \cdots, x_n)$ とおくと，$p \in \bigcap_{i \in N} K_i$ が成り立つ．

いま $p \in I^n$ だから，$p \in U$ である $U \in \mathscr{U}$ が存在する．U は $\boldsymbol{E}^n$ の開集合だから，補題 8.9 より，ある $\varepsilon > 0$ が存在して $U(\boldsymbol{E}^n, p, \varepsilon) \subseteq U$ が成り立つ．そこで $\sqrt{n}a/2^i < \varepsilon$ をみたす $i \in \boldsymbol{N}$ をとると，

$$K_i \subseteq U(\boldsymbol{E}^n, p, \varepsilon)$$

が成立する．なぜなら，任意の点 $q = (y_1, y_2, \cdots, y_n) \in K_i$ に対して，$p, q \in K_i$ であることと K_i の 1 辺の長さが $a/2^i$ であることから，

$$d_2(p, q) = \sqrt{\sum_{j=1}^{n} (x_j - y_j)^2} \leq \frac{\sqrt{n}a}{2^i} < \varepsilon$$

が成り立つからである．以上により $K_i \subseteq U$ が成立する．ところが，これは (11.8) に矛盾する．したがって，$\mathscr{U}$ は I^n の有限被覆を含む．ゆえに，補題 11.7

より I^n はコンパクトである．　□

系 11.21　$\boldsymbol{E}^1$ の閉区間と開区間とは位相同型でない．また，$\boldsymbol{E}^1$ の閉区間と半開区間とは位相同型でない．

証明　定理 11.20 の $n = 1$ の場合より，閉区間はコンパクトである．他方，11.1 節で調べたように開区間や半開区間はコンパクトではない．ゆえに，系 11.10 より，閉区間は開区間や半開区間とは位相同型ではない．　□

定義 11.22　$\boldsymbol{E}^n$ の部分集合 A が原点 p_0 のある ε-近傍に含まれるとする．このとき，A は $\boldsymbol{E}^n$ において**有界**である，あるいは，$\boldsymbol{E}^n$ の**有界集合**であるという．ただし，ε はどんなに大きくても構わない．

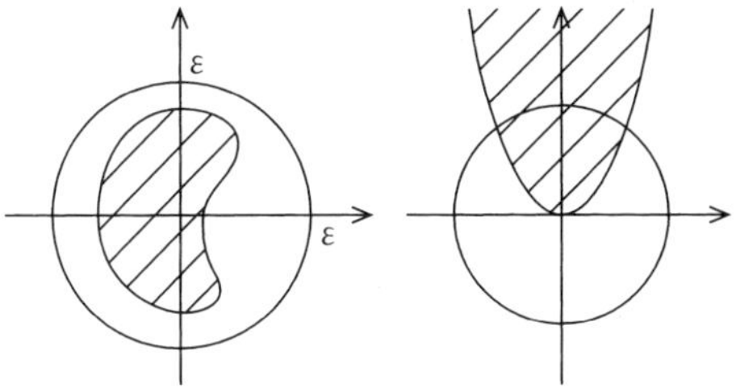

図 11.6

$\boldsymbol{E}^n$ のコンパクト集合は，次のように特徴付けられる．

定理 11.23　$\boldsymbol{E}^n$ の部分集合 A がコンパクトであるためには，A が $\boldsymbol{E}^n$ の有界な閉集合であることが必要十分である．

証明　まず A がコンパクトであるとする．このとき，定理 11.12 より A は $\boldsymbol{E}^n$ の閉集合である．次に，原点 p_0 と任意の $k \in \boldsymbol{N}$ に対して $U_k = U(\boldsymbol{E}^n, p_0, k)$ とおくと，$\boldsymbol{E}^n = \bigcup_{k \in \boldsymbol{N}} U_k$ が成り立つ．したがって，$\mathscr{U} = \{U_k : k \in \boldsymbol{N}\}$ は $\boldsymbol{E}^n$ における A の開被覆である．いま A はコンパクトだから，$\mathscr{U}$ は A の有限被覆を含む．すなわち，有限個の自然数 $k(1) < k(2) < \cdots < k(m)$ が存在して

$$A \subseteq U_{k(1)} \cup U_{k(2)} \cup \cdots \cup U_{k(m)} = U_{k(m)}$$

が成り立つ．ゆえに A は有界である．

逆に，A が $\boldsymbol{E}^n$ の有界な閉集合ならば，原点 p_0 とある $\varepsilon > 0$ に対して $A \subseteq U(\boldsymbol{E}^n, p_0, \varepsilon)$ が成り立つ．このとき，閉区間 $I = [-\varepsilon, \varepsilon]$ から作られる n 次元立方体 I^n は $U(\boldsymbol{E}^n, p_0, \varepsilon)$ を含むから，$A \subseteq I^n$ が成り立つ．いま A は $\boldsymbol{E}^n$ の閉集合であるが，$A = A \cap I^n$ が成り立つから，系 10.19 より A は I^n の閉集合でもある．定理 11.20 より I^n はコンパクトだから，定理 11.11 より A はコンパクトである．□

例 11.24　定理 11.23 より，n 次元閉球体 B^n や $n-1$ 次元球面 S^{n-1} は $\boldsymbol{E}^n$ のコンパクト集合である．また，境界を含む三角形や境界を含む長方形などの平面図形は $\boldsymbol{E}^2$ の有界閉集合である．したがって，それらは $\boldsymbol{E}^2$ のコンパクト集合である．さらに，コンパクト空間の連続写像による像はコンパクトだから，それらの図形を工作して作られるメビウスの帯やトーラスのような図形もコンパクトである．

例 11.25　カントル集合 K は $\boldsymbol{E}^1$ の有界集合である．また例 10.10 で示したように，それは $\boldsymbol{E}^1$ の閉集合である．ゆえに，定理 11.23 より K は $\boldsymbol{E}^1$ のコンパクト集合である．

問 8　$\boldsymbol{E}^n$ の点列 $\{p_n\}$ が点 $p_0 \in \boldsymbol{E}^n$ に収束したとする．このとき，集合 $A = \{p_0\} \cup \{p_n : n \in \boldsymbol{N}\}$ は $\boldsymbol{E}^n$ のコンパクト集合であることを証明せよ．

注意 3　$\boldsymbol{E}^n$ の部分空間が「$\boldsymbol{E}^n$ の有界集合であること」や「$\boldsymbol{E}^n$ の閉集合であること」は位相的性質ではない．例えば，$\boldsymbol{E}^2$ の 2 つの部分空間

$$X = \{(x, 0) : x \in \boldsymbol{R}\}, \quad Y = \{(x, 0) : |x| < 1\}$$

について考えてみよう．このとき $X \approx \boldsymbol{E}^1 \approx (-1, 1) \approx Y$ だから，X と Y とは位相同型である．ところが，次の (1), (2) が成り立つ．

(1)　X は $\boldsymbol{E}^2$ の有界集合ではないが Y は $\boldsymbol{E}^2$ の有界集合である．

(2)　X は $\boldsymbol{E}^2$ の閉集合であるが Y は $\boldsymbol{E}^2$ の閉集合ではない．

9.1 節では，$X \approx Y$ のとき X の開集合 (閉集合) と Y の開集合 (閉集合) とは 1 対 1 に対応すると説明した．上の事実 (2) はこの説明と矛盾しないことに注意しよう．なぜなら 9.1 節の説明は X や Y 自身がそれらを含む空間の中の開

集合 (閉集合) であるかどうかについては，何も述べていないからである．

一方，系 11.10 より，コンパクト性は位相的性質である．したがって，コンパクト空間はどの空間の中でもコンパクトである．特に，定理 11.12 より，それはハウスドルフ空間の中ではいつでも閉集合である．

最後に $\boldsymbol{E}^n$ から範囲を広げて，コンパクト距離空間の特別な性質について簡単に説明しておこう．距離空間 X の点列 $\{x_n\}$ と，条件

$$(\forall i \forall j)(i < j \text{ ならば } k(i) < k(j)) \tag{11.10}$$

をみたす写像 $k : \boldsymbol{N} \longrightarrow \boldsymbol{N}$ が与えられたとする．このとき，X の点列 $\{x_{k(i)}\}$ を $\{x_n\}$ の (k によって定められる) **部分列**とよぶ．

例 11.26 $\boldsymbol{E}^1$ の点列 $\{x_n\}$ を $x_n = (-1)^n + 1/n$ $(n \in \boldsymbol{N})$ によって定める．このとき，写像 $k : \boldsymbol{N} \longrightarrow \boldsymbol{N};\ i \longmapsto 2i$ によって定められる $\{x_n\}$ の部分列 $\{x_{k(i)}\}$ は $\{x_n\}$ から偶数番目の項を選んでできる点列，すなわち，

$$x_{k(1)} = 1 + \frac{1}{2},\ x_{k(2)} = 1 + \frac{1}{4},\ x_{k(3)} = 1 + \frac{1}{6}, \cdots$$

である．点列 $\{x_n\}$ 自身は $\boldsymbol{E}^1$ のどの点にも収束しないが，部分列 $\{x_{k(i)}\}$ は 1 に収束することに注意しよう．

コンパクト性は開被覆を用いて定義されたが，距離空間に対してはそれを点列を使って特徴付けることができる．

定理 11.27 距離空間 X がコンパクトであるためには，X の任意の点列が (X のどこかの点に) 収束する部分列を含むことが必要十分である．

定理 11.27 の証明は本書の範囲を越えている．参考書 [1], [2], [3], [4] に詳しい証明が与えられている．コンパクト距離空間に関して，興味ある定理をもう 1 つ紹介しておこう．

定理 11.28 任意のコンパクト距離空間は，カントル集合の連続写像による像として表される．すなわち，任意のコンパクト距離空間 X に対し，カントル集合 K からの全射，連続写像 $f : K \longrightarrow X$ が存在する．

定理 11.28 は，どんなコンパクト距離空間 (例えば，n 次元立方体) もカントル集合から作られることを主張している．その証明もまた本書の範囲外である．

興味を持つ読者は，参考書 [17] を参照せよ．

11.4　最大値・最小値の定理

高等学校の数学 III の教科書の中の最大値・最小値の定理 (1.2 節，5 ページ) について考えよう．この定理を成り立たせているものは，定義域である閉区間のコンパクト性と f の連続性である．実際，f の定義域が閉区間である必要はなく，任意のコンパクト空間で定義された任意の実数値連続関数 f に対して，次の定理が成立する．

定理 11.29 (**最大値・最小値の定理**)　コンパクト空間 X で定義された連続関数 $f : X \longrightarrow \boldsymbol{E}^1$ は，X 内で最大値および最小値をとる．すなわち，2 点 $a, b \in X$ が存在して，任意の $x \in X$ に対して，$f(a) \leq f(x) \leq f(b)$ が成り立つ．

証明　定理 11.8 より $f(X)$ は $\boldsymbol{E}^1$ のコンパクト集合である．したがって，定理 11.23 より $f(X)$ は $\boldsymbol{E}^1$ の有界閉集合である．このとき，実数の連続性から $m = \inf f(X)$ と $M = \sup f(X)$ が存在する．$f(X)$ は $\boldsymbol{E}^1$ の閉集合だから，補題 11.18 より m は $f(X)$ の最小元で M は $f(X)$ の最大元である．したがって，$m, M \in f(X)$ だから，$m = f(a)$ である点 $a \in X$ と $M = f(b)$ である点 $b \in X$ が存在する．ゆえに，f は a で最小値 m をとり，b で最大値 M をとる．　□

例 11.30　地球上の各点 p に p 地点における気温を対応させる関数を f とする．地球の表面を 2 次元球面 S^2 と見なすと，f は S^2 で定義された実数値連続関数であると考えられる．S^2 はコンパクトだから，f に定理 11.29 を適用すると，地球上には最低気温をとる地点と最高気温をとる地点がいつでもどこかに存在することが分かる．

注意 4　地球上の気温はある程度以上には高くはなく，またある程度以下には低くはない．したがって，例 11.30 の関数 $f : S^2 \longrightarrow \boldsymbol{E}^1$ の値域 $f(S^2)$ は $\boldsymbol{E}^1$ の有界集合である．このとき f が最大値と最小値を持つことは明らかなことのように思われるかも知れない．しかし，一般に実数値連続関数 $f : X \longrightarrow \boldsymbol{E}^1$ の値域 $f(X)$ が $\boldsymbol{E}^1$ の有界集合であっても，f の最大値や最小値が存在するとは限らない．例えば，連続関数

$$f : \boldsymbol{E}^1 \longrightarrow \boldsymbol{E}^1 ;\ x \longmapsto \arctan x$$

の値域は $f(\boldsymbol{E}^1) = (-\pi/2, \pi/2)$ であるが，最大値や最小値をとる点は定義域の $\boldsymbol{E}^1$ 内には存在しない．定理 11.29 は，定義域がコンパクト空間である場合にはこのような状況が決して起こらないことを主張している．

微分積分学では，最大値・最小値の定理から平均値の定理が導かれ，平均値の定理を使って，テイラー展開の存在やロピタルの定理などが証明される．コンパクト性は解析学の豊かな理論を生み出す源の 1 つである．

問 9 次の連続関数 f の最大値と最小値を求めよ．

(1) $f : [-1, 1] \longrightarrow \boldsymbol{E}^1 ;\ x \longmapsto x + \sqrt{1 - x^2}$,

(2) $f : [0, \pi] \longrightarrow \boldsymbol{E}^1 ;\ x \longmapsto \sin x + \cos x$.

例題 11.31 距離空間 (X, d) の空でないコンパクト集合 A と点 $x_0 \in X - A$ が与えられたとする．このとき，x_0 からもっとも近い A の点 a と x_0 からもっとも遠い A の点 b が存在することを証明せよ．

証明 例題 7.10 より，関数

$$f : (X, d) \longrightarrow \boldsymbol{E}^1 ;\ x \longmapsto d(x_0, x)$$

は連続である．この関数 f の A への制限写像 $f|_A : A \longrightarrow \boldsymbol{E}^1$ に定理 11.29 を適用すると，$f|_A$ が最小値をとる点 $a \in A$ と $f|_A$ が最大値をとる点 $b \in A$ が存在する．このとき，a, b が求める点である． □

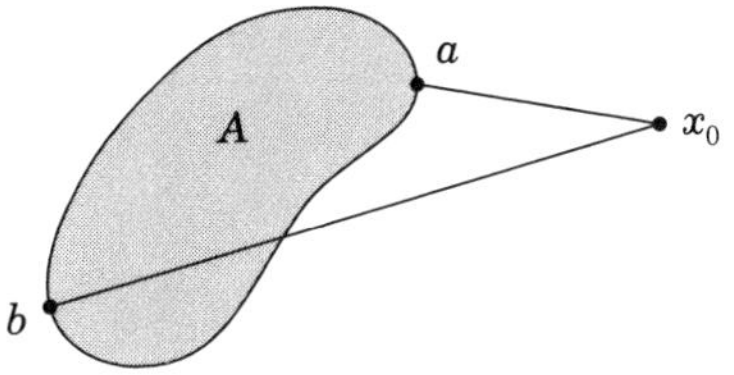

図 11.7 x_0 からもっとも近い A の点 a ともっとも遠い A の点 b.

注意 5 例題 11.31 は，A が X のコンパクト集合でなく単に X の閉集合である場合には成立しない．例えば，8.3 節，問 6 (112 ページ) で確かめたように，$\boldsymbol{E}^1$ の部分空間 $\boldsymbol{Q}$ において集合 $A = \{x \in \boldsymbol{Q} : x^2 < 2\}$ は閉集合である．このとき，点 $x_0 = 2$ からもっとも近い A の点ともっとも遠い A の点は存在しない．

演習問題 11

1. 位相空間 X の有限個のコンパクト集合 $A_1, A_2, \cdots, A_n$ が与えられたとき，和集合 $A_1 \cup A_2 \cup \cdots \cup A_n$ はまたコンパクトであることを証明せよ．

2. $\boldsymbol{E}^2$ のコンパクト集合 $B^2 = \{(x,y) : x^2 + y^2 \leq 1\}$ に対し，$\mathscr{U} = \{U(p,1) : p \in B^2\}$ は B^2 の開被覆である．$\mathscr{U}$ の有限部分被覆の中でもっとも少ない要素からなるものを求めよ．

3. $\boldsymbol{E}^2$ のコンパクト集合 $I^2 = [0,1] \times [0,1]$ に対し，$\mathscr{U} = \{U(p,1/2) : p \in I^2\}$ は I^2 の開被覆である．$\mathscr{U}$ の有限部分被覆の中でもっとも少ない要素からなるものを求めよ．

4. 演習問題 10 の問題 6 (140 ページ) で定めた位相空間 $(X, \mathscr{T})$ はコンパクトであることを示せ．

5. $\boldsymbol{E}^2$ の次の部分集合はコンパクトでない．それぞれの集合について，有限部分被覆を含まないような開被覆の例を与えよ．

(1)　開円板 $U^2 = \{(x,y) : x^2 + y^2 < 1\}$,

(2)　$A = \{(x,y) : 0 < x^2 + y^2 \leq 1\}$,

(3)　$B = \{(x,y) : y \geq x\}$,

(4)　$X = \{(x,0) : x \in \boldsymbol{R}\}$.

6. シェルピンスキーの集合がコンパクトであることを示せ．

7. ハウスドルフ空間 X の 2 つのコンパクト集合 A, B が与えられたとき，共通部分 $A \cap B$ はまたコンパクトであることを証明せよ．

8. 次の $\boldsymbol{R}$ の部分集合 A, B, C, D の上限と下限とを求めよ．

(1)　$A = (0,1] \cup \{2\}$,

(2)　$B = \{2^{-n} : n \in \boldsymbol{N}\}$,

(3)　$C = \{\sin x : 0 < x < 4\pi/3\}$,

(4)　$D = (0,1] \cap \boldsymbol{Q}$.

9. 下限について補題 11.17 に対応する命題を作り，それを証明せよ．

10. 補題 11.18 (2) を証明せよ．

11. $\boldsymbol{E}^1$ の部分集合 A に対し，$a = \inf A$ と $b = \sup A$ が存在したとする．このとき，a, b はともに $\boldsymbol{E}^1$ における A の境界点であることを証明せよ．

12. 上の問題 8 の集合 A, B, C, D はコンパクトでない．それぞれの集合について，有限部分被覆を含まないような開被覆の例を与えよ．

13. $\boldsymbol{E}^1$ の部分空間 $H = [0, 1)$ 上の実数値連続関数の中で，最大値も最小値も持たない関数の例を与えよ．

14. $\boldsymbol{E}^n$ の有界集合に関する次の命題 (1)～(3) は正しいか．理由と共に答えよ．

(1) A, B が $\boldsymbol{E}^n$ の有界集合ならば $A \cup B$ も $\boldsymbol{E}^n$ の有界集合である．

(2) $\boldsymbol{E}^n$ の有界集合 A の部分集合はまた $\boldsymbol{E}^n$ の有界集合である．

(3) 連続写像 $f : \boldsymbol{E}^n \longrightarrow \boldsymbol{E}^n$ に対し，もし A が $\boldsymbol{E}^n$ の有界集合ならば $f(A)$ も $\boldsymbol{E}^n$ の有界集合である．

15. コンパクト空間 X からハウスドルフ空間 Y への全射連続写像 f と Y から位相空間 Z への全射 g とが与えられたとする．このとき，もし $g \circ f$ が連続写像ならば，g も連続であることを証明せよ (ヒント：10.2 節，問 6 (130 ページ)，系 11.9，定理 11.12 を用いよ)．

16. 次の連続関数 f の最大値と最小値とを求めよ．

(1) $f : [-2, 4] \longrightarrow \boldsymbol{E}^1 ;\ x \longmapsto 2x^3 - 3x^2 - 12x + 1,$

(2) $f : [0, 2\pi] \longrightarrow \boldsymbol{E}^1 ;\ x \longmapsto x \sin x + \cos x,$

(3) $f : [1, 3] \longrightarrow \boldsymbol{E}^1 ;\ x \longmapsto \dfrac{6x}{x^2 + 3x + 2}.$

17. 微分積分学のテキストから平均値の定理を調べ，その証明を与えよ．

12
連結性と中間値の定理

連結性はコンパクト性と並んでもっとも基本的な位相的性質である．連結性について考察した後，第 1 章で述べた中間値の定理を一般的な形で証明する．

12.1　連結空間と連結集合

位相空間が連結であるとは簡単に言えば，その空間が 2 つ以上の部分に分かれていないことである．

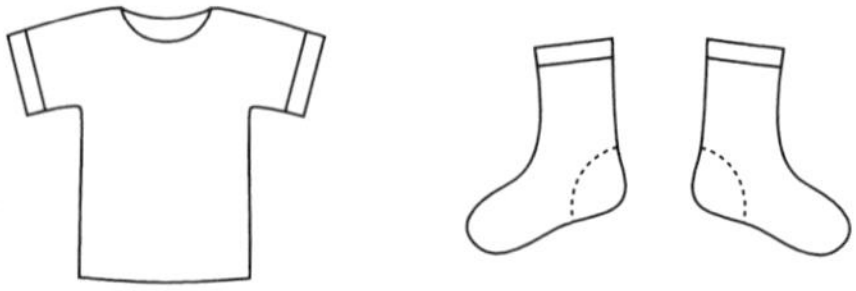

図 12.1

しかし連結性の定義としては「2 つ以上の部分に分かれていない」という表現は十分ではない．なぜなら，数直線 $\boldsymbol{E}^1$ は連結であると考えられるが，交わらない 2 つの部分 $J=(-\infty,0)$ と $K=[0,+\infty)$ に分けることができるからである．一方，$\boldsymbol{E}^1$ の部分空間 $X=[0,1]\cup[2,3]$ は連結でないと考えるのが自然である．連結性の正確な定義を与えるために，$\boldsymbol{E}^1$ とこの部分空間 X との違いを観察してみよう．

$\boldsymbol{E}^1$ を 2 つの部分 $J=(-\infty,0)$ と $K=[0,+\infty)$ に分けると，J は $\boldsymbol{E}^1$ の開集合であるが K は $\boldsymbol{E}^1$ の開集合ではない．$\boldsymbol{E}^1$ のように，つながっている空間を

無理矢理に 2 つに分割したときには，2 つの部分がともに開集合になることはなさそうである (このことを次節で証明する)．他方，X はもともと 2 つの部分 $U=[0,1]$, $V=[2,3]$ に分かれている．このとき

$$U=(-\infty,3/2)\cap X,\quad V=(3/2,+\infty)\cap X$$

と表されるから，系 10.19 より U, V はともに X の開集合である．すなわち，初めから 2 つに分かれている部分は両方ともその空間の開集合である．以上の観察から，連結であるとは 2 つの空でない開集合に分割されないことであると考えられる．このアイデアを採用して，次の定義が得られる．

定義 12.1　位相空間 X に対し，条件

$$X=U\cup V,\quad U\cap V=\varnothing,\quad U\neq\varnothing,\quad V\neq\varnothing \tag{12.1}$$

をみたす X の開集合 U, V が存在しないとき，X は**連結**である，あるいは，X は**連結空間**であるという．逆に，条件 (12.1) をみたす X の開集合 U, V が存在するとき，X は**連結**でないという．

条件 (12.1) をみたす X の開集合 U, V が存在したとき，関係 $U=X-V$, $V=X-U$ が成り立つから，U, V はともに X の閉集合でもある．この事実より，次の補題が導かれる．証明は問として読者に残そう．

補題 12.2　位相空間 X に対して，次の 3 条件 (1), (2), (3) は同値である．

(1)　X は連結空間である．

(2)　条件 (12.1) をみたす X の閉集合 U, V は存在しない．

(3)　X の開集合であると同時に閉集合でもある集合 W で $\varnothing\neq W\neq X$ をみたすものは存在しない．

問 1　補題 12.2 を証明せよ．

例 12.3　例 10.6 の位相空間 $(S,\mathscr{T}_1)$ には条件 (12.1) をみたす開集合 U, V が存在しない．したがって $(S,\mathscr{T}_1)$ は連結空間である．一方，同じ例 10.6 の位相空間 $(S,\mathscr{T}_2)$ では，2 つの開集合 $U=\{a\}$, $V=\{b,c\}$ が条件 (12.1) をみたしている．ゆえに $(S,\mathscr{T}_2)$ は連結でない．

例 12.4　例題 8.17 で与えた $\boldsymbol{E}^2$ の部分空間 $X=A\cup B$ は連結空間でない．なぜなら，$U=A$, $V=B$ とおくと，それらは X の開集合で条件 (12.1) をみ

たすからである．また $\boldsymbol{E}^1$ の部分空間 $\boldsymbol{Q}$ は連結でない．なぜなら，8.3 節，問 6 (112 ページ) で確かめたように，$W = \{x \in \boldsymbol{Q} : x^2 < 2\}$ は $\boldsymbol{Q}$ の開集合であると同時に閉集合で $\varnothing \neq W \neq X$ をみたすからである．

連結空間 X がさらに大きな位相空間 Y の部分空間であるとき，X は Y の**連結集合**である，あるいは，Y の部分集合 X は**連結**であるという．すなわち，X が Y の連結集合であるとは，条件 (12.1) をみたす $\underline{X\text{ の}}$開集合 U, V が存在しないことである．このことを $\underline{Y\text{ の}}$開集合を用いて表現すると，次の補題のようになる．

補題 12.5　位相空間 Y の部分集合 X が連結であるためには，条件

$$X \subseteq G \cup H, \quad G \cap H \cap X = \varnothing, \quad G \cap X \neq \varnothing, \quad H \cap X \neq \varnothing \tag{12.2}$$

をみたす Y の開集合 G, H が存在しないことが必要十分である．

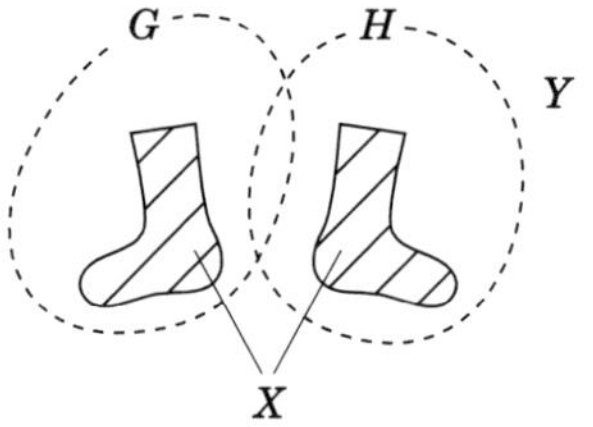

図 **12.2**　X 上では G と H は交わらない．

証明　条件 (12.1) をみたす X の開集合 U, V が存在することと，条件 (12.2) をみたす Y の開集合 G, H が存在することが同値であることを示せばよい．もし (12.1) をみたす X の開集合 U, V が存在したならば，定理 10.18 より $U = G \cap X$, $V = H \cap X$ である Y の開集合 G, H が存在する．このとき，G, H は (12.2) をみたす．逆に (12.2) をみたす Y の開集合 G, H が存在したとする．このとき $U = G \cap X$, $V = H \cap X$ とおくと，系 10.19 より U, V は X の開集合で (12.1) をみたす．□

補題 12.5 より，逆に位相空間 Y の部分集合 X が連結でないためには，条件 (12.2) をみたす Y の開集合 G, H が少なくとも 1 組存在することが必要十分である．例えば，$\boldsymbol{E}^1$ の非連結集合 $X = [0,1] \cup [2.3]$ に対しては，$G = (-\infty, 3/2)$,

$H = (3/2, +\infty)$ が条件 (12.2) をみたす $\boldsymbol{E}^1$ の開集合 G, H の例である．

問 2　例題 8.17 で定めた $\boldsymbol{E}^2$ の部分空間 $X = A \cup B$ に対して，条件 (12.2) をみたす $\boldsymbol{E}^2$ の開集合 G, H の例を与えよ．

問 3　$\boldsymbol{E}^1$ の 4 つの部分集合 $\boldsymbol{E}^1 - \{0\}$, $\boldsymbol{Z}$, $\boldsymbol{Q}$, カントル集合 K (例 2.11 参照) の 1 つを X とする．このとき，条件 (12.2) をみたす $\boldsymbol{E}^1$ の開集合 G, H の例をそれぞれ与えよ．

定理 12.6　連結空間 X から位相空間 Y への連続写像 f が存在したとする．このとき，$f(X)$ は Y の連結集合である．

証明　もし $f(X)$ が連結でないとすると，補題 12.5 より

$$f(X) \subseteq G \cup H, \quad G \cap H \cap f(X) = \varnothing, \tag{12.3}$$

$$G \cap f(X) \neq \varnothing, \quad H \cap f(X) \neq \varnothing \tag{12.4}$$

をみたす Y の開集合 G, H が存在する．このとき f の連続性より，$f^{-1}(G)$ と $f^{-1}(H)$ は X の開集合である．また (12.4) より，これらの集合はともに空でない．さらに (12.3) より

$$f^{-1}(G) \cup f^{-1}(H) = X, \quad f^{-1}(G) \cap f^{-1}(H) = \varnothing \tag{12.5}$$

が成り立つ．したがって，$U = f^{-1}(G)$, $V = f^{-1}(H)$ とおくと，U, V は定義 12.1 の条件 (12.1) をみたす．これは X の連結性に矛盾する．ゆえに $f(X)$ は Y の連結集合である．　□

問 4　定理 12.6 の証明の中で (12.5) の 2 つの等式が成立することを示せ．

系 12.7　X, Y を位相空間とし $f : X \longrightarrow Y$ を連続写像とする．このとき，もし A が X の連結集合ならば $f(A)$ は Y の連結集合である．

証明　補題 5.12 より制限写像 $f|_A : A \longrightarrow Y$ は連続である．したがって，定理 12.6 より $(f|_A)(A) = f(A)$ は連結である．　□

連続写像とは「破らない変形」をモデルにして定義された概念であった．したがって，連続写像が連結集合を連結集合にうつすことは自然なことであろう．次の系は，連結性が位相的性質であることを示している．

系 12.8　位相空間 X, Y に対して $X \approx Y$ が成り立つとする．このとき，も

し X が連結空間ならば Y も連結空間である.

証明　位相同型写像 $f: X \longrightarrow Y$ に定理 12.6 を適用せよ. □

問 5　集合 $S = \{a, b, c\}$ から作られた 29 個の位相空間 (10.2 節, 問 7 (133 ページ) 参照) を連結空間と連結でない空間とに分類せよ.

次節の準備として連結性に関する 2 つの定理を証明しておこう.

定理 12.9　位相空間 Y の 2 つの連結集合 A, B が与えられ $A \cap B \neq \varnothing$ であるとする. このとき, $A \cup B$ はまた Y の連結集合である.

証明　もし $A \cup B$ が連結でないと仮定すると, 補題 12.5 より

$$A \cup B \subseteq G \cup H, \quad G \cap H \cap (A \cup B) = \varnothing, \tag{12.6}$$

$$G \cap (A \cup B) \neq \varnothing, \quad H \cap (A \cup B) \neq \varnothing \tag{12.7}$$

をみたす Y の開集合 G, H が存在する. もし $G \cap A \neq \varnothing$ かつ $H \cap A \neq \varnothing$ であるならば, (12.6) より $A \subseteq G \cup H$ かつ $G \cap H \cap A = \varnothing$ だから, A の連結性に矛盾が生じる. したがって G, H の少なくとも一方は A とは交わらない. 同様に, G, H の少なくとも一方はまた B と交わらない. したがって, $A \cap H = \varnothing$ かつ $B \cap G = \varnothing$ であると仮定しても一般性を失わない. このとき (12.6) の第 1 式より, $A \subseteq G$ かつ $B \subseteq H$. ゆえに,

$$\varnothing \neq A \cap B = (G \cap H) \cap (A \cap B) \subseteq G \cap H \cap (A \cup B)$$

が成り立つ. これは (12.6) の第 2 式に矛盾する. ゆえに, $A \cup B$ は Y の連結集合である. □

定義 12.10　X を位相空間 Y の部分集合とする. Y の任意の空でない開集合 U に対して $U \cap X \neq \varnothing$ が成り立つとき, X は Y で**稠密** (ちゅうみつ) であるという.

例えば, $\boldsymbol{E}^1$ の空でない開集合 U は開区間を含むから, それはつねに有理数を含む. したがって $\boldsymbol{Q}$ は $\boldsymbol{E}^1$ で稠密である. 同様に, 無理数の集合 $\boldsymbol{E}^1 - \boldsymbol{Q}$ もまた $\boldsymbol{E}^1$ で稠密である.

定理 12.11　位相空間 Y の稠密な連結集合が存在するならば, Y は連結空間である.

証明　X を Y の稠密な連結集合とする．もし Y が連結でなければ，連結性の定義より $Y = G \cup H, G \cap H = \varnothing$ をみたす Y の空でない開集合 G, H が存在する．このとき，$X \subseteq G \cup H$ かつ $G \cap H \cap X = \varnothing$．さらに X は Y で稠密だから，$G \cap X \neq \varnothing$ と $H \cap X \neq \varnothing$ が成り立つ．補題 12.5 より，これらは X の連結性に矛盾する．ゆえに Y は連結である．□

問 6　直積集合 $\boldsymbol{Q} \times \boldsymbol{Q}$ は $\boldsymbol{E}^2$ で稠密であることを示せ．

12.2　$\boldsymbol{E}^n$ の連結集合

$\boldsymbol{E}^n$ の部分集合の中では，どのような集合が連結であるだろうか．本節では，連結性の定義に基づいてこの問題を考えよう．最初の定理は感覚的には明らかだが，証明をするためには 11.2 節で述べた実数の連続性が鍵になる．

定理 12.12　任意の $a, b \in \boldsymbol{E}^1$ $(a < b)$ に対して，閉区間 $I = [a, b]$ は $\boldsymbol{E}^1$ の連結集合である．

証明　閉区間 I が連結でないと仮定する．このとき，補題 12.5 から

$$I \subseteq G \cup H, \quad G \cap H \cap I = \varnothing, \quad G \cap I \neq \varnothing, \quad H \cap I \neq \varnothing \tag{12.8}$$

をみたす $\boldsymbol{E}^1$ の開集合 G, H が存在する．I の端点 a は G または H の一方に属するから，いま $a \in G$ であると仮定して，

$$A = \{x : x > a,\ [a, x] \subseteq G\}$$

とおく (図 12.3 を見よ)．

任意の点 $b' \in H \cap I$ をとると，b' は A の 1 つの上界だから A は上に有界である．また $a \in G$ で G は $\boldsymbol{E}^1$ の開集合だから，補題 8.9 より $(a - \varepsilon, a + \varepsilon) \subseteq G$ となる $\varepsilon > 0$ が存在する．このとき，$a + \varepsilon/2 \in A$ だから $A \neq \varnothing$．したがって，実数の連続性より $c = \sup A$ が存在して $a < c \leq b'$ が成り立つ．ここで

$$[a, c) \subseteq G \tag{12.9}$$

であることを確かめておこう．そのために，任意の点 $y \in [a, c)$ をとると，補題 11.17 より点 $x \in A \cap (y, c]$ が存在する．このとき，A の定義より $y \in [a, x] \subseteq G$ だから (12.9) が成り立つ．

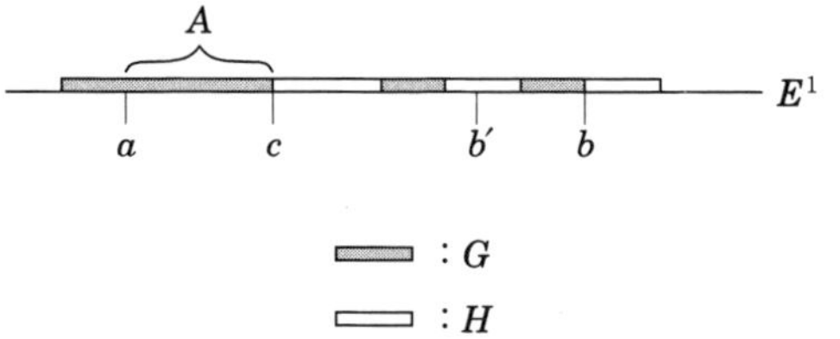

図 **12.3**　条件 (12.8) は，G の部分を赤で塗り H の部分を青で塗ると，I 全体が赤と青の 2 色でもれなく覆われ，しかも I 上では 2 色が重ならないことを意味している．このとき，集合 A は点 a から正方向へ進むとき，赤の部分だけを通って到達できる点の集合である．

次に，$c \in I$ だから，(12.8) より c は G または H の一方に属する．どちらの場合にも矛盾が生じることを示そう．もし $c \in G$ ならば，補題 8.9 より

$$(c-\delta, c+\delta) \subseteq G$$

となる $\delta > 0$ が存在する．このとき，(12.9) と合わせて $[a, c+\delta/2] \subseteq G$ だから，$c+\delta/2 \in A$ である．これは $c = \sup A$ であることに矛盾する．他方，もし $c \in H$ ならば，再び補題 8.9 より

$$(c-\gamma, c+\gamma) \subseteq H \tag{12.10}$$

となる $\gamma > 0$ が存在する．このとき，$\max\{a, c-\gamma\} < z < c$ である z をとると，(12.9) と (12.10) より $z \in G \cap H \cap I$ となり (12.8) の第 2 式に矛盾する．以上により，I の連結性が証明された．□

補題 12.13　位相空間 X の任意の 2 点 x, y に対して，X のある連結集合 A が存在して $x, y \in A$ が成り立つとする．このとき，X は連結空間である．

証明　もし X が連結でないと仮定すると，$X = G \cup H$, $G \cap H = \varnothing$ をみたす X の空でない開集合 G, H が存在する．点 $x \in G$ と点 $y \in H$ をとると，定理の条件より，$x, y \in A$ である X の連結集合 A が存在する．このとき，

$$A \subseteq G \cup H, \quad G \cap H \cap A = \varnothing, \quad x \in G \cap A, \quad y \in H \cap A$$

が成り立つから，補題 12.5 より A の連結性に矛盾が生じる．ゆえに X は連結空間である．□

以後，必要に応じて点 $p \in \boldsymbol{E}^n$ を位置ベクトル $\overrightarrow{p}$ で表すことにする．

定義 12.14 2 点 $p, q \in \boldsymbol{E}^n$ に対して，$\boldsymbol{E}^n$ の部分集合

$$[p, q] = \{(1-t)\overrightarrow{p} + t\overrightarrow{q} : 0 \leq t \leq 1\}$$

を p, q を結ぶ**線分**とよぶ．いま $X \subseteq \boldsymbol{E}^n$ とする．任意の 2 点 $p, q \in X$ に対して $[p, q] \subseteq X$ が成り立つとき，X を**凸集合**とよぶ．簡単に言えば，凸集合とはくぼみのない図形のことである．

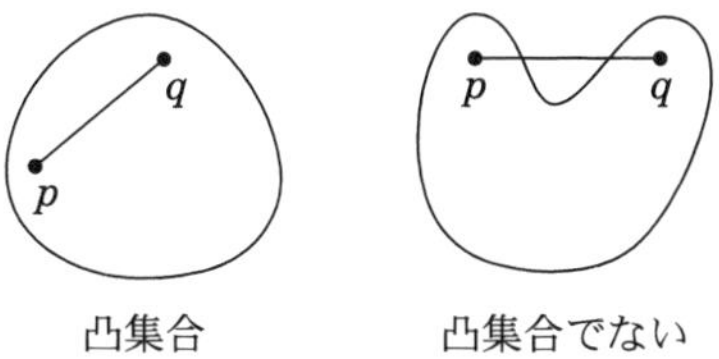

図 12.4

補題 12.15 任意の 2 点 $p, q \in \boldsymbol{E}^n$ に対し，線分 $[p, q]$ は $\boldsymbol{E}^n$ の連結集合である．

証明 いま $p = (x_1, x_2, \cdots, x_n)$, $q = (y_1, y_2, \cdots, y_n)$ とし，閉区間 $[0, 1]$ を $\boldsymbol{E}^1$ の部分空間と考える．このとき，写像

$$f : [0, 1] \longrightarrow \boldsymbol{E}^n \,;\; t \longmapsto (1-t)\overrightarrow{p} + t\overrightarrow{q} \tag{12.11}$$

が連続であることを示せば，定理 12.6 と定理 12.12 より $f([0, 1]) = [p, q]$ の連結性が導かれる．そのために f と $\boldsymbol{E}^n$ の射影 pr_i $(i = 1, 2, \cdots, n)$ との合成写像 $\mathrm{pr}_i \circ f : [0, 1] \longrightarrow \boldsymbol{E}^1$ を考えると，任意の $t \in [0, 1]$ に対し

$$(\mathrm{pr}_i \circ f)(t) = (1-t)x_i + ty_i = (y_i - x_i)t + x_i$$

である．すなわち，$\mathrm{pr}_i \circ f$ は $[0, 1]$ 上で定義された 1 次関数だから連続である．ゆえに，定理 5.14 より f は連続写像である． □

連結性はコンパクト性と同様に位相的性質だから，連結空間はどの空間においても連結である．特に，$[p, q] \subseteq X \subseteq \boldsymbol{E}^n$ であるとき，線分 $[p, q]$ は $\boldsymbol{E}^n$ の連結集合であると同時に X の連結集合でもあることに注意しよう (10.3 節，問 10 (134 ページ) を参照せよ)．

定理 12.16　$\boldsymbol{E}^n$ の任意の凸集合 X は連結である．

証明　X の任意の 2 点 p, q に対して，X は凸集合だから $[p,q] \subseteq X$ が成り立つ．補題 12.15 より線分 $[p,q]$ は p, q を含む $\boldsymbol{E}^n$ の連結集合である．このとき，上の注意より $[p,q]$ は X の連結集合でもある．ゆえに，補題 12.13 より X は連結である．□

系 12.17　$\boldsymbol{E}^n$ は連結空間である．

$\boldsymbol{E}^n$ は $\boldsymbol{E}^n$ の凸集合だから，系 12.17 は定理 12.16 から導かれる．$\boldsymbol{E}^1$ に対しては定理 12.16 の逆も成立することを示そう．

定理 12.18　$\boldsymbol{E}^1$ の部分集合 X が連結であるためには，X が $\boldsymbol{E}^1$ の凸集合であることが必要十分である．

証明　定理 12.16 より，X が $\boldsymbol{E}^1$ の凸集合ならば X は連結である．逆を示すために，X は連結であるとする．このとき，もし X が凸集合でなければ，ある 2 点 $x, y \in X$ $(x < y)$ が存在して $[x,y] \not\subseteq X$ が成り立つ．そこで点 $c \in [x,y] - X$ をとり $G = (-\infty, c)$, $H = (c, +\infty)$ とおくと，

$$X \subseteq G \cup H, \quad G \cap H \cap X = \varnothing, \quad x \in G \cap X, \quad y \in H \cap X$$

が成り立つ．補題 12.5 より，これは X の連結性に矛盾する．□

$\boldsymbol{E}^1$ の空でない凸集合は，$\boldsymbol{E}^1$ 自身，または区間 (例 2.4 参照)，または 1 点だけからなる集合である．したがって，定理 12.18 より次の系が得られる．

系 12.19　$\boldsymbol{E}^1$ の空でない部分集合 X が連結であるためには，X が $\boldsymbol{E}^1$ 自身，または区間，または 1 点だけからなる集合であることが必要十分である．

例 12.20　$\boldsymbol{E}^n$ の閉球体や開球体は，定理 12.16 より $\boldsymbol{E}^n$ の連結集合である．また，平面 $\boldsymbol{E}^2$ 内の三角形や長方形などの図形も凸集合だから連結である．さらに，連結空間の連続写像による像は連結だから，それらの図形を工作してできるトーラスやメビウスの帯のような図形も連結である．最後の例から分かるように，$n \geq 2$ のときは定理 12.16 の逆は成立しない．系 12.19 では $\boldsymbol{E}^1$ の連結集合を決定したが，2 次元以上の $\boldsymbol{E}^n$ 内にはいろいろな連結集合があり，それらを決定するような定理は現在のところ存在しない．

注意 1　閉区間 $[0,1]$ を $\boldsymbol{E}^1$ の部分空間とする．位相空間 X の 2 点 x, y に対して，$f(0)=x$, $f(1)=y$ である連続写像

$$f:[0,1] \longrightarrow X$$

が存在するとき，f を x, y を結ぶ X の**弧** (または**道**) とよぶ．例えば，補題 12.15 の証明の中の写像 $f:[0,1] \longrightarrow \boldsymbol{E}^n$ は p, q を結ぶ $\boldsymbol{E}^n$ の弧である．位相空間 X の任意の 2 点 x, y に対して x, y を結ぶ X の弧が存在するとき，X は**弧状連結**であるという．定理 12.6 より，x, y を結ぶ X の弧 f の値域 $f([0,1])$ は x, y を含む X の連結集合である．この事実と補題 12.13 より，任意の弧状連結空間は連結空間である (定理 12.16 では $\boldsymbol{E}^n$ の凸集合が弧状連結であることを証明した)．しかし，その逆は一般には成立しない．図 12.5 に示す $\boldsymbol{E}^2$ の部分空間 X は連結であるが弧状連結でないことが知られている (厳密な証明については，参考書 [2], [5] を見よ)．

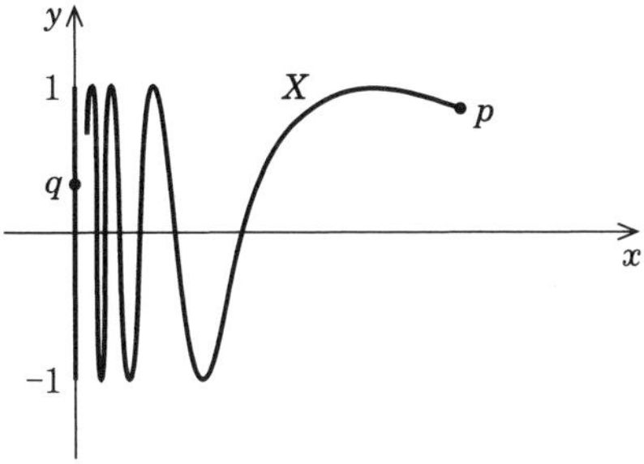

$$X=\left\{\left(x, \sin\frac{1}{x}\right) : 0 < x \leqq 1\right\} \cup \{(0, y) : -1 \leqq y \leqq 1\}$$

図 12.5　X の曲線部分は X の稠密な連結集合である．したがって定理 12.11 より X は連結である．しかし，点 p から点 q までは (道のりが無限に長いので) 歩いていくことができない．すなわち p, q を結ぶ X の道 (= 弧) が存在しないので X は弧状連結ではない．

問 7　1 次元球面 S^1 は $\boldsymbol{E}^2$ の連結集合であることを証明せよ．

問 8　連続関数 $f:\boldsymbol{E}^1 \longrightarrow \boldsymbol{E}^1$ のグラフ $G(f)=\{(x, f(x)) : x \in \boldsymbol{E}^1\}$ は $\boldsymbol{E}^2$ の連結集合であることを証明せよ．

問 9　無理数全体の集合を $\boldsymbol{P}$ で表すと，$\boldsymbol{E}^2$ は 2 つの部分集合

$$X = (\boldsymbol{Q} \times \boldsymbol{Q}) \cup (\boldsymbol{P} \times \boldsymbol{P}), \quad Y = (\boldsymbol{Q} \times \boldsymbol{P}) \cup (\boldsymbol{P} \times \boldsymbol{Q})$$

に分割される．また，任意の $r \in \boldsymbol{Q}$ に対して，$\boldsymbol{E}^2$ の部分集合

$$C(r) = \{(x, x + r) : x \in \boldsymbol{E}^1\} \cup \{(x, -x + r) : x \in \boldsymbol{E}^1\}$$

を定めて $C = \bigcup_{r \in \boldsymbol{Q}} C(r)$ とおく．このとき，次の (1)〜(5) に答えよ．

(1)　任意の $r \in \boldsymbol{Q}$ に対して，$C(r)$ は $\boldsymbol{E}^2$ の連結集合であることを示せ．

(2)　$\boldsymbol{Q} \times \boldsymbol{Q} \subseteq C \subseteq X$ が成り立つことを示せ．

(3)　C は X の稠密な連結集合であることを示せ．

(4)　X は $\boldsymbol{E}^2$ の連結集合であることを示せ．

(5)　Y は $\boldsymbol{E}^2$ の連結集合でないことを示せ．

連結性が位相的性質であることを応用して，2 つの空間が位相同型でないことを証明してみよう．例えば，$\boldsymbol{E}^1$ の無理数全体からなる部分空間 $\boldsymbol{P}$ は連結ではないが $\boldsymbol{E}^1$ は連結だから，$\boldsymbol{E}^1 \not\approx \boldsymbol{P}$ である．もう少し自明でない例を例題として与えよう．

例題 12.21　1 次元球面 S^1 と閉区間 $I = [-1, 1]$ について，$S^1 \not\approx I$ であることを証明せよ．ただし，S^1 は $\boldsymbol{E}^2$ の部分空間，I は $\boldsymbol{E}^1$ の部分空間と考える．

証明　もし $S^1 \approx I$ ならば，位相同型写像 $f : S^1 \longrightarrow I$ が存在する．いま $f(p) = 0$ となる点 $p \in S^1$ をとると，

$$f(S^1 - \{p\}) = [-1, 0) \cup (0, 1]$$

が成り立つ．このとき，$S^1 - \{p\}$ は連結であるが $[-1, 0) \cup (0, 1]$ は連結でない．これは系 12.7 で示した事実に矛盾する．ゆえに $S^1 \not\approx I$ である．□

例題 12.22　$\boldsymbol{E}^1 \not\approx \boldsymbol{E}^2$ であることを証明せよ．

証明　もし $\boldsymbol{E}^1 \approx \boldsymbol{E}^2$ ならば，位相同型写像 $f : \boldsymbol{E}^2 \longrightarrow \boldsymbol{E}^1$ が存在する．いま $f(p) = 0$ となる点 $p \in \boldsymbol{E}^2$ をとると，

$$f(\boldsymbol{E}^2 - \{p\}) = \boldsymbol{E}^1 - \{0\}$$

が成り立つ．このとき，$\boldsymbol{E}^2 - \{p\}$ は連結であるが $\boldsymbol{E}^1 - \{0\}$ は連結でない．これは系 12.7 で示した事実に矛盾する．ゆえに $\boldsymbol{E}^1 \not\approx \boldsymbol{E}^2$ である．□

注意 2　一般に，$m \neq n$ ならば $\boldsymbol{E}^m \not\approx \boldsymbol{E}^n$ が成り立つが，その証明は本書の範囲をこえている．参考書 [19] に位相次元を用いた証明がある．

問 10　$\boldsymbol{E}^1$ の開区間と半開区間は位相同型でないことを証明せよ．

最後に，自明でない連結空間に関する例題を与えて本節を終えよう．

例題 12.23　例 6.9, 6.10 で定義した距離空間 $(C(I), d_1)$ と $(C(I), d_\infty)$ について，それらが連結空間であることを証明せよ．

証明　例 7.16 で示したように，恒等写像 $\mathrm{id} : (C(I), d_\infty) \longrightarrow (C(I), d_1)$ は連続である．したがって，もし $(C(I), d_\infty)$ の連結性を示せば，定理 12.6 より $(C(I), d_1)$ の連結性も導かれる．そこで，$(C(I), d_\infty)$ が連結空間であることを示そう．補題 12.13 を利用するために，任意の 2 点 $f_0, f_1 \in C(I)$ をとる．任意の実数 $0 < t < 1$ に対して $f_t = (1-t)f_0 + tf_1$ と定めると，定理 5.10 より f_t は $I = [0, 1]$ 上の実数値連続関数，すなわち，$f_t \in C(I)$ である．いま，写像

$$h : [0, 1] \longrightarrow (C(I), d_\infty);\ t \longmapsto f_t$$

がリプシッツ写像であることを示す．関数 f_0 と f_1 に最大値･最小値の定理 11.29 を適用することにより，ある正数 M が存在して，任意の $x \in I$ に対し

$$|f_0(x)| \leq M, \quad |f_1(x)| \leq M$$

が成り立つことが分かる．任意の $s, t \in [0, 1]$ をとる．任意の $x \in I$ に対し

$$\begin{aligned} |f_s(x) - f_t(x)| &= |((1-s)f_0(x) + sf_1(x)) - ((1-t)f_0(x) + tf_1(x))| \\ &= |(t-s)f_0(x) + (s-t)f_1(x)| \\ &\leq |s-t|(|f_0(x)| + |f_1(x)|) \leq 2M \cdot |s-t| \end{aligned}$$

が成り立つから，

$$d_\infty(h(s), h(t)) = d_\infty(f_s, f_t) \leq 2M \cdot |s-t|.$$

したがって，h は (リプシッツ定数が $2M$ の) リプシッツ写像である．補題 7.6 より h は連続写像だから，定理 12.6 より $h([0, 1])$ は f_0, f_1 を含む $(C(I), d_\infty)$ の連結集合である．以上により，$(C(I), d_\infty)$ の任意の 2 点はある連結集合に含まれることが示された．ゆえに，補題 12.13 より $(C(I), d_\infty)$ は連結空間である．

□

12.3　中間値の定理とその応用

高等学校の数学 III の教科書の中の中間値の定理 (1.2 節，5 ページ) について考えよう．この定理を成り立たせているものは，閉区間 $[a,b]$ の連結性と f の連続性である．実際，f の定義域が閉区間である必要はなく，任意の連結空間で定義された任意の実数値連続関数 f に対して，次の定理が成立する．

定理 12.24 (**中間値の定理**)　連結空間 X で定義された連続関数 $f : X \longrightarrow \boldsymbol{E}^1$ が 2 点 $a, b \in X$ において $f(a) \neq f(b)$ であるとする．このとき，$f(a)$ と $f(b)$ の間の任意の実数 k に対して $f(x) = k$ となる点 $x \in X$ が少なくとも 1 つ存在する．

証明　はじめに $f(a) < f(b)$ であると仮定してよい (逆の場合も同様に証明できる)．X は連結で f は連続だから，定理 12.6 より $f(X)$ は $\boldsymbol{E}^1$ の連結集合である．したがって，定理 12.18より $f(X)$ は $\boldsymbol{E}^1$ の凸集合である．いま $f(a), f(b) \in f(X)$ だから，

$$[f(a), f(b)] \subseteq f(X)$$

が成り立つ．すなわち，$f(a)$ と $f(b)$ の間の任意の実数 k は $f(X)$ に属する．ゆえに，$k = f(x)$ となる点 $x \in X$ が存在する．　□

例 12.25　連結でない位相空間上で定義された実数値連続関数に対しては，中間値の定理は成立するとは限らない．例えば，$f : \boldsymbol{Q} \longrightarrow \boldsymbol{E}^1$ を例題 7.11 で定義した連続関数とする．このとき，$f(0) = 1$, $f(2) = 0$ であるが $f(x) = 1/2$ である点 $x \in \boldsymbol{Q}$ は存在しない．このような現象が生じるのは $\boldsymbol{Q}$ が連結でないからである．

例 12.26　日本の本州の各地点 p に p における気温を対応させる関数を f とする．本州を X で表わし，それを地球の表面 S^2 の部分空間と見なすと，f は連結空間 X で定義された実数値連続関数であると考えられる．いま，本州内に気温が 0°C の地点と気温が 10°C の地点があったとしよう．このとき，定理 12.24 は $0 < k < 10$ である任意の実数 k に対して，気温がちょうど k°C である地点が本州のどこかに存在することを主張している．特に，気温が円周率 π に完全に一致する地点やちょうど $\sqrt{2}$°C の地点が存在する！

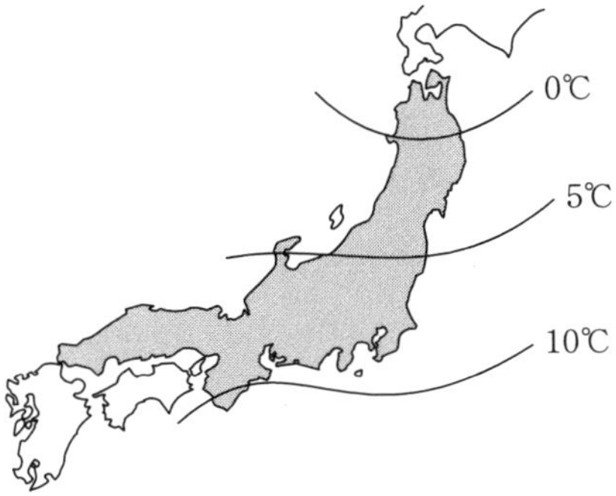

図 **12.6** ある日の等温線．この日，気温がちょうど π°C の地点が本州のどこかに存在する．

問 11 方程式 $x\sin x - \cos x = 0$ は，区間 $[0, \pi]$ 内に少なくとも 1 つの実数解を持つことを証明せよ．

微分積分学では，中間値の定理は陰関数の定理の証明などに使われる．中間値の定理の主張は一見したところでは自明な事実のように思われるが，そこからは自明でない多くの定理が導かれることが知られている．そのような定理の中から 2 つの例を紹介しよう．写像 $f : X \longrightarrow X$ に対し，$f(x) = x$ をみたす点 $x \in X$ を f の**不動点**とよぶ．

定理 12.27 (1 次元の不動点定理) 閉区間 $I = [-1, 1]$ を $\boldsymbol{E}^1$ の部分空間と考える．このとき，任意の連続関数 $f : I \longrightarrow I$ は不動点を持つ．

証明 $f : I \longrightarrow I$ を連続関数とする．もし $f(1) = 1$ ならば $x = 1$ が f の不動点である．また，もし $f(-1) = -1$ ならば $x = -1$ が f の不動点である．したがって，$f(1) \neq 1$ かつ $f(-1) \neq -1$ である場合だけを考えれば十分である．このとき，f の終域は I だから，

$$f(1) < 1, \quad f(-1) > -1 \tag{12.12}$$

が成り立つ．定理 5.10 より，関数 $g = f - \mathrm{id}_I$ (すなわち，$g(x) = f(x) - x$ で定義される関数) は I 上の実数値連続関数である．不等式 (12.12) より $g(1) < 0 < g(-1)$ だから，中間値の定理 12.24 より $g(c) = 0$ となる点 $c \in I$ が存在する．このとき，g の定義より $f(c) - c = 0$ だから，c は f の不動点である． □

問 12　$I = [-1, 1]$ とするとき，関数 $f : I \longrightarrow I$; $x \longmapsto (x^2 - 2x - 1)/2$ の不動点を求めよ．

1 次元球面 $S^1 = \{(x, y) : x^2 + y^2 = 1\}$ の点 $p = (x, y) \in S^1$ に対して，点 $-p = (-x, -y)$ を p の**直径対点**とよぶ．$-(-p) = p$ であることに注意しよう．

定理 12.28 (直径対点の定理)　S^1 を $\boldsymbol{E}^2$ の部分空間と考える．このとき，任意の実数値連続関数 $f : S^1 \longrightarrow \boldsymbol{E}^1$ に対して，$f(p) = f(-p)$ をみたす点 $p \in S^1$ が存在する．

証明　$f : S^1 \longrightarrow \boldsymbol{E}^1$ を連続関数とする．S^1 の上半円を $Y = \{(x, y) \in S^1 : y \geq 0\}$ で表し，$p_0 = (1, 0)$ とおく (図 12.7 を見よ)．このとき，関数

$$g : Y \longrightarrow \boldsymbol{E}^1;\ p \longmapsto f(p) - f(-p)$$

は連続である．なぜなら，g は等距離写像 $h : S^1 \longrightarrow S^1$; $p \longmapsto -p$ を使って $g = (f - (f \circ h))|_Y$ と表されるからである (定理 5.10 と補題 5.12, 10.13 を適用せよ)．いま，もし $g(p_0) = 0$ ならば，$f(p_0) = f(-p_0)$ だから p_0 が求める点である．したがって，$g(p_0) \neq 0$ である場合を考えればよい．このとき，

$$g(-p_0) = f(-p_0) - f(-(-p_0)) = f(-p_0) - f(p_0) = -g(p_0)$$

だから，$g(p_0)$ と $g(-p_0)$ の符号は反対である．Y は連結だから，この事実と中間値の定理 12.24 より，$g(p) = 0$ をみたす点 $p \in Y$ が存在する．このとき $f(p) = f(-p)$ だから，p が求める点である．□

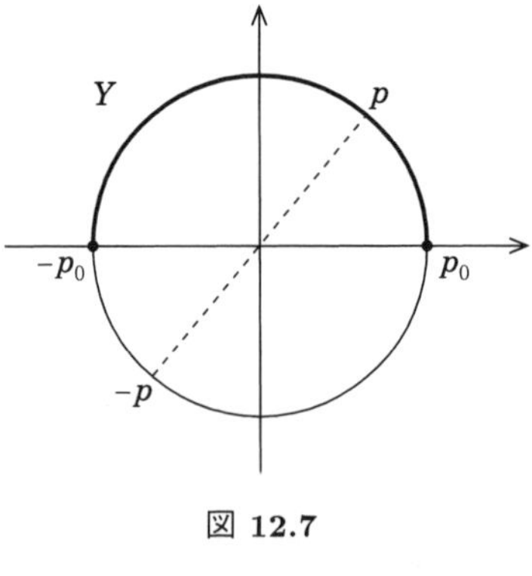

図 12.7

例 12.29 地球の表面を 2 次元球面 S^2 と見なすと，各点 $p \in S^2$ に p 地点の気温を対応させる関数 f は S^2 上の実数値連続関数であると考えられる．いま S^2 上の大円 (例 6.4 参照) の 1 つを S^1 と考え，制限写像 $f|_{S^1} : S^1 \longrightarrow \boldsymbol{E}^1$ に直径対点の定理 12.28 を適用してみよう．このとき，$f(p) = f(-p)$ をみたす点 $p \in S^1$ が存在する．すなわち，地球のちょうど反対側と気温が等しい地点が存在する．

注意 3 本節の 3 つの定理は，高次元の空間への連続写像に関する定理に拡張できることが知られている．特に，不動点定理と直径対点の定理は，それぞれ，次のように拡張される．いま n 次元閉球体 B^n を $\boldsymbol{E}^n$ の部分空間と考え，n 次元球面 S^n を $\boldsymbol{E}^{n+1}$ の部分空間と考える．

(1) (Brouwer の不動点定理) 任意の連続写像 $f : B^n \longrightarrow B^n$ は不動点を持つ．

(2) 任意の連続写像 $f : S^n \longrightarrow \boldsymbol{E}^n$ に対して，$f(p) = f(-p)$ をみたす点 $p \in S^n$ が存在する．

$n = 2$ の場合の直径対点の定理 (2) を使うと，地球上には地球のちょうど反対側と気温と気圧が同時に等しい地点が存在することが分かる．(高次元の) 中間値の定理とその応用については，参考書 [7], [18] を見よ．

12.4 写像の連続性・再考

本書の第 4 章では，図形を破る変形を観察し，そのときに起こる現象を否定することによって写像の連続性の定義を導いた．そして，大ざっぱに言えば

$$\text{連続} \Longleftrightarrow \text{図形を破らない} \tag{12.13}$$

と考えられるということを述べた．いま，(12.13) の右辺を数学的に表現するために，点の対応が写像 $f : X \longrightarrow Y$ で表される変形について考えよう．この変形によって X が破れないということは，X のどの部分も破れないということである．したがって，(12.13) の右辺は次のように表現されるだろう．

(∗) X の任意の空でない連結集合の f による像は Y の連結集合である．

そこで本節では，(12.13) が正しいかどうか，すなわち，任意の写像 $f : X \longrightarrow Y$ に対して，f の連続性は条件 (∗) と同値であるかどうかを検証しよう．系 12.7

より，写像 $f: X \longrightarrow Y$ が連続ならば $(*)$ が成り立つ．ところが，次の例が示すように，その逆は成り立たない．

例 12.30　関数 $f: \boldsymbol{E}^1 \longrightarrow \boldsymbol{E}^1$ を

$$x \longmapsto \begin{cases} \sin(1/x) & (x > 0) \\ 0 & (x \leq 0) \end{cases}$$

によって定める．系 12.19 を使えば，f が $(*)$ をみたすことが分かる．他方，$\boldsymbol{E}^1$ の点列 $\{x_n\}$ を $x_n = 2/n\pi$ $(n \in \boldsymbol{N})$ によって定めると，$x_n \longrightarrow 0$ であるが $\{f(x_n)\}$ は $f(0) = 0$ には収束しない．ゆえに f は $x = 0$ で連続ではない．

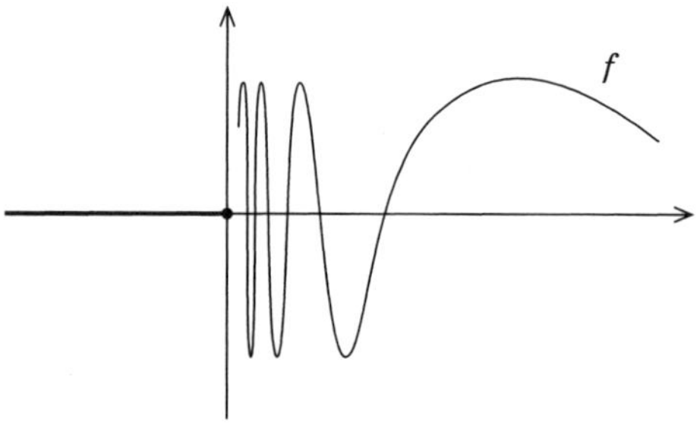

図 12.8

問 13　例 12.30 で定めた関数 f が条件 $(*)$ をみたすことを確かめよ．

以上により「連続 $\Longrightarrow$ 図形を破らない」は正しいが，その逆は正しいとは言えないことが分かった．したがって，連続性は「図形を破らない」ことよりも，実際には少し強い概念であると考えられる．この事実に関連して，あまり知られていない次の定理を紹介して本書を終えよう．

定理 12.31 (Velleman)　写像 $f: \boldsymbol{E}^n \longrightarrow \boldsymbol{E}^n$ が連続であるためには，任意の連結集合の像が連結で任意のコンパクト集合の像がコンパクトであることが必要十分である．

この定理は，本書の範囲内で証明できる．興味を持つ読者のために，巻末に付録として定理 12.31 の証明を与えよう．

演習問題 12

1. $\boldsymbol{E}^1$ の部分集合 $X = \{0\} \cup [1, 2)$ は連結でないことを示せ．

2. 平面 $\boldsymbol{E}^2$ の異なる 2 本の平行線 L_1, L_2 をとる．このとき，$\boldsymbol{E}^2$ の部分集合 $X = L_1 \cup L_2$ は連結でないことを示せ．

3. 演習問題 10，問題 9 (141 ページ) で定めた位相空間 $(X, \mathscr{T})$ は連結であるか．また $(X, \mathscr{T})$ の部分集合をすべて列記し，それらを連結集合と連結でない集合とに分類せよ．

4. 演習問題 10，問題 6 (140 ページ) で定めた位相空間 $(X, \mathscr{T})$ は連結空間であることを示せ．

5. $\boldsymbol{E}^2$ の次の部分集合 X に対して，補題 12.5 の条件 (12.2) をみたす $\boldsymbol{E}^2$ の開集合 G, H の例をそれぞれ与えよ．

(1) $X = \{(x, y) : x^2 - y^2 \geq 4\}$,

(2) $X = \{(x, y) : |\,xy\,| \geq 1\}$.

6. 位相空間 X の連結集合の族 $\{A_\lambda : \lambda \in \Lambda\}$ が与えられ，$\bigcap_{\lambda \in \Lambda} A_\lambda \neq \varnothing$ が成り立つとする．このとき，$\bigcup_{\lambda \in \Lambda} A_\lambda$ は X の連結集合であることを証明せよ．

7. 位相空間 X の連結集合の族 $\{A_n : n \in \boldsymbol{N}\}$ が与えられ，任意の $n \in \boldsymbol{N}$ に対し $A_n \cap A_{n+1} \neq \varnothing$ が成り立つとする．このとき，$\bigcup_{n \in \boldsymbol{N}} A_n$ は X の連結集合であることを証明せよ．

8. 連結性について，次の (1)〜(3) は正しいかどうか調べよ．

(1) 連結空間の部分空間はまた連結である．

(2) 位相空間の互いに交わる 2 つの連結集合の共通部分はまた連結である．

(3) 位相空間 X から連結空間 Y への全射，連続写像が存在するならば，X は連結空間である．

9. 位相空間 X の 2 つの閉集合 A, B が与えられ，$A \cup B$ と $A \cap B$ がともに X の連結集合であるとする．このとき，A と B とはともに X の連結集合であることを証明せよ．

10. 距離空間 (X, d) の 2 点以上を含む任意の有限部分集合は連結でないことを証明せよ．

11. $n=3$ の場合に，$n-1$ 次元球面 S^{n-1} は $\boldsymbol{E}^n$ の連結集合であることを証明せよ．また $n>3$ の場合の証明を試みよ．

12. $\boldsymbol{E}^1$ の部分空間について，次の (1)〜(3) が成り立つことを証明せよ．

(1)　$[0,1] \not\approx [0,1] \cup \{2\}$,

(2)　$\boldsymbol{E}^1 - \{0\} \not\approx \boldsymbol{E}^1 - \{0,1\}$,

(3)　$\boldsymbol{E}^1 \not\approx [0,1)$.

13. 位相空間 X に対して，もし $f(X)=\{0,1\}$ である連続関数 $f: X \longrightarrow \boldsymbol{E}^1$ が存在するならば X は連結でないことを証明せよ．

14. 位相空間 X が連結でなければ，$f(X)=\{0,1\}$ である連続関数 $f: X \longrightarrow \boldsymbol{E}^1$ が存在することを証明せよ．

15. 連結な距離空間 (X,d) の異なる 2 点 x_1, x_2 に対し，$d(x_1,y)=d(x_2,y)$ をみたす点 $y \in X$ が少なくとも 1 つ存在することを証明せよ．

16. 方程式 $2^x - x^2 - 3x + 1 = 0$ は，区間 $[0,1]$ 内に，少なくとも 1 つ実数解を持つことを証明せよ．

17. 方程式 $x - 2\sin x = 3$ は，区間 $[0,\pi]$ 内に，少なくとも 1 つ実数解を持つことを証明せよ．

18. 実数を係数とする奇数次数の方程式，すなわち，

$$a_0x^n + a_1x^{n-1} + \cdots + a_{n-1}x + a_n = 0$$

$(a_0, a_1, \cdots, a_n \in \boldsymbol{R}$, $a_0 \neq 0$, n は奇数) は，少なくとも 1 つ実数解を持つことを証明せよ．

19. 閉区間 $I=[0,1]$ に対し，次の連続関数 f の不動点をすべて求めよ．

(1)　$f: I \longrightarrow I;\ x \longmapsto \sqrt{1-x^2}$,

(2)　$f: I \longrightarrow I;\ x \longmapsto 4(x-x^2)$.

20. 半開区間 $H=[0,1)$ を $\boldsymbol{E}^1$ の部分空間であると考える．このとき，不動点を持たない連続関数 $f: H \longrightarrow H$ が存在することを示せ．

21. アニュラス $A=\{(x,y) : 1 \leq x^2+y^2 \leq 4\}$ を $\boldsymbol{E}^2$ の部分空間であると考える．このとき，不動点を持たない連続関数 $f: A \longrightarrow A$ が存在することを示せ．

A
問の解答例

A.1　第 1 章の問の解答例

問 1 (2 ページ)　点 $(1, 1)$ を原点にうつす平行移動は写像 $f : \boldsymbol{R}^2 \longrightarrow \boldsymbol{R}^2$; $(x, y) \longmapsto (x-1, y-1)$ であり，その逆写像は $f^{-1} : \boldsymbol{R}^2 \longrightarrow \boldsymbol{R}^2$; $(x, y) \longmapsto (x+1, y+1)$ である．また，中心が原点で回転角が θ である回転による点の対応は

$$(x, y) \longmapsto (x \cos\theta - y \sin\theta, x \sin\theta + y \cos\theta)$$

によって与えられる (なぜか：点 (x, y) を複素数 $z = x + iy$ と考えよ．z を原点のまわりに θ だけ回転させるためには，z に複素数 $z_1 = \cos\theta + i \sin\theta$ をかければよい)．したがって，中心が原点で回転角が $30°$ である回転を g とすると，g は写像

$$g : \boldsymbol{R}^2 \longrightarrow \boldsymbol{R}^2 ; \ (x, y) \longmapsto \left(\frac{\sqrt{3}}{2}x - \frac{1}{2}y, \frac{1}{2}x + \frac{\sqrt{3}}{2}y \right)$$

である．いま，中心が点 $(1, 1)$ で回転角が $30°$ である回転を h とすると，h はまず f によって中心を原点にうつし，次に g によって原点のまわりに $30°$ 回転させ，最後に f^{-1} によって中心を $(1, 1)$ に戻す合成写像

$$\boldsymbol{R}^2 \xrightarrow{\ f\ } \boldsymbol{R}^2 \xrightarrow{\ g\ } \boldsymbol{R}^2 \xrightarrow{\ f^{-1}\ } \boldsymbol{R}^2$$

として表される．すなわち，$h = f^{-1} \circ g \circ f$ である．ゆえに，点 $\mathrm{P} = (x, y)$ が h によってうつされる点は，

$$\begin{aligned} h(\mathrm{P}) &= f^{-1}(g(f(\mathrm{P}))) = f^{-1}(g((x-1, y-1))) \\ &= f^{-1}\left(\left(\frac{\sqrt{3}(x-1) - (y-1)}{2}, \frac{(x-1) + \sqrt{3}(y-1)}{2} \right) \right) \\ &= \left(\frac{\sqrt{3}x - y + 3 - \sqrt{3}}{2}, \frac{x + \sqrt{3}y + 1 - \sqrt{3}}{2} \right). \end{aligned}$$

問 2 (2 ページ)　直線 $2x - y + 1 = 0$ を対称軸とする鏡映を $f : \boldsymbol{R}^2 \longrightarrow \boldsymbol{R}^2$ とする．点 $\mathrm{P} = (x, y)$ が f によってうつされる点 $f(\mathrm{P})$ を求めるために $f(\mathrm{P}) = (x', y')$ とおく．2 点 P, $f(\mathrm{P})$ の中点 $\left(\dfrac{x + x'}{2}, \dfrac{y + y'}{2}\right)$ は直線 $2x - y + 1 = 0$ 上にあるから，

$$2\left(\frac{x + x'}{2}\right) - \left(\frac{y + y'}{2}\right) + 1 = 0$$

が成り立つ．ゆえに，

$$2x' - y' + (2x - y + 2) = 0. \tag{A.1}$$

他方，ベクトル $\overrightarrow{\mathrm{P}f(\mathrm{P})} = (x' - x, y' - y)$ は直線 $2x - y + 1 = 0$ の方向ベクトル $\overrightarrow{v} = (1, 2)$ と直交する．したがって，内積をとると $\overrightarrow{\mathrm{P}f(\mathrm{P})} \cdot \overrightarrow{v} = (x' - x) + 2(y' - y) = 0$ である．ゆえに，

$$x' + 2y' - (x + 2y) = 0. \tag{A.2}$$

(A.1) と (A.2) から x', y' を求めると $f(\mathrm{P}) = \left(\dfrac{-3x + 4y - 4}{5}, \dfrac{4x + 3y + 2}{5}\right)$ が得られる．

問 3 (3 ページ)　方程式 $x^2 + y^2 - 2x - 4y + 1 = 0$ から $(x - 1)^2 + (y - 2)^2 = 4$ が導かれる．ゆえに S は中心が $(1, 2)$ で半径が 2 の円である．次に，$X = 2x, Y = 2y$ とおいて $x = X/2, y = Y/2$ を S の方程式に代入すると，$(X^2/4) + (Y^2/4) - X - 2Y + 1 = 0$．これを整理して $(X - 2)^2 + (Y - 4)^2 = 16$ を得る．ゆえに S は f によって中心が $(2, 4)$ で半径が 4 の円にうつされる．

問 4 (6 ページ)　これは (活字の形によって答が変る) かなりあやしい問題だが，位相同型な図形どうしを組にすると以下の 9 組に分類される．

$$\mathsf{C} \approx \mathsf{G} \approx \mathsf{I} \approx \mathsf{J} \approx \mathsf{L} \approx \mathsf{M} \approx \mathsf{N} \approx \mathsf{S} \approx \mathsf{U} \approx \mathsf{V} \approx \mathsf{W} \approx \mathsf{Z},$$

$$\mathsf{E} \approx \mathsf{F} \approx \mathsf{T} \approx \mathsf{Y}, \quad \mathsf{X}, \quad \mathsf{H} \approx \mathsf{K}, \quad \mathsf{D} \approx \mathsf{O}, \quad \mathsf{P}, \quad \mathsf{A} \approx \mathsf{R}, \quad \mathsf{Q}, \quad \mathsf{B}.$$

ここで $\mathsf{I} \not\approx \mathsf{Y}$ であることに注意しよう．ゴムひも I を Y 字形に変形しようとすると，途中までを半分に切り裂くか，あるいはどこかを切って適当につなぐ必要がある．したがって I と Y は位相同型ではない．

問 5 (9 ページ)　補題 1.2 を利用する．与えられた回転を $f : \boldsymbol{R}^2 \longrightarrow \boldsymbol{R}^2$ として，その中心を O とする．まず O を 1 つの頂点とする任意の $\triangle\mathrm{OAB}$ を 1 つ考え，それを f によって $\triangle\mathrm{O}f(\mathrm{A})f(\mathrm{B})$ にうつす (解答図 A.1)．このとき，$\triangle\mathrm{OAB}$ と $\triangle\mathrm{O}f(\mathrm{A})f(\mathrm{B})$ の向きは同じである．

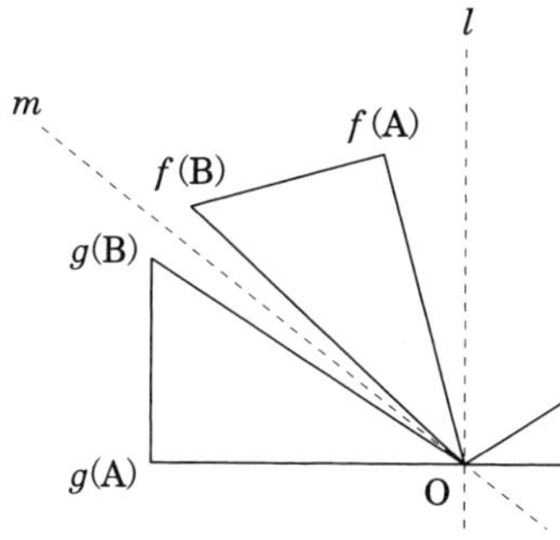

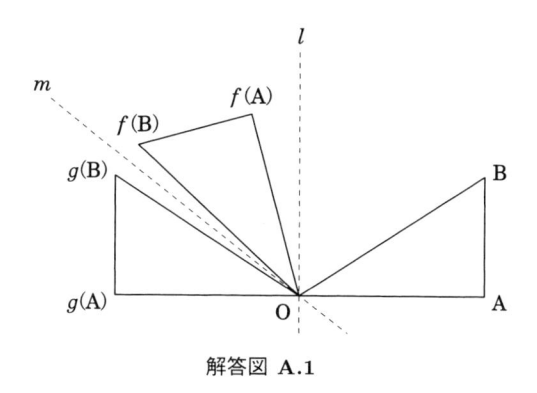

解答図 **A.1**

次に O を通る任意の直線 l をとり，l を対称軸とする鏡映 g によって $\triangle$OAB を $\triangle$Og(A)g(B) にうつす (解答図 A.1 では l を線分 OA に垂直にとった).

このとき，$\triangle$Of(A)f(B) と $\triangle$Og(A)g(B) の向きは反対だから，

$$f(\mathrm{A}) \neq g(\mathrm{A}) \quad \text{または} \quad f(\mathrm{B}) \neq g(\mathrm{B})$$

の少なくとも一方が成り立つ．いま $f(\mathrm{A}) \neq g(\mathrm{A})$ であると仮定して，線分 $f(\mathrm{A})g(\mathrm{A})$ の垂直二等分線 m を対称軸とする鏡映を h とする．このとき，h によって $g(\mathrm{A})$ は $f(\mathrm{A})$ にうつり，同時に $g(\mathrm{B})$ も $f(\mathrm{B})$ にうつる．すなわち，

$$f(\mathrm{A}) = h(g(\mathrm{A})) \quad と \quad f(\mathrm{B}) = h(g(\mathrm{B}))$$

が成り立つ．また明らかに $f(\mathrm{O}) = \mathrm{O} = h(g(\mathrm{O}))$ だから，補題 1.2 より $f = h \circ g$ である．ゆえに，f は 2 つの鏡映 g と h の合成として表される．

注意 1　上の証明では最初の鏡映 g の対称軸 l は点 O を通る任意の直線であった．したがって，回転を 2 つの鏡映の合成として表すとき，その表し方は一意的ではない．

問 6 (9 ページ)　定理 1.3 の証明の中で，平行移動 g の代わりに A を $f(\mathrm{A})$ にうつす鏡映を g とする (線分 Af(A) の垂直二等分線を対称軸とする鏡映を g とすればよい). 以下，定理 1.3 の証明とまったく同様に証明を進める．このとき，$f = h_1 \circ g$ (ただし，h_1 は回転) と表される場合は，問 5 より h_1 は 2 つの鏡映の合成として表されるから，結果として f は 3 つの鏡映の合成である．また，$f = h_2 \circ g$ (ただし，h_2 は鏡映) と表される場合は，f は 2 つの鏡映の合成である．

問 7 (9 ページ)　一般に 2 つの鏡映 f, g に対し，$g \circ f = f \circ g$ が成り立つとは限らない．これを示すためには，反例を 1 つ与えればよい (反例はできるだけ具体的で簡単な例がよい). f を直線 $y = 0$ を対称軸とする鏡映，g を直線 $x - y = 0$ を対称軸とする鏡

映として，$\mathrm{P}=(1,0)$ とおく．このとき，$(g\circ f)(\mathrm{P})=g((1,0))=(0,1)$ であるが，一方 $(f\circ g)(\mathrm{P})=f((0,1))=(0,-1)$．ゆえに $g\circ f\neq f\circ g$．

A.2　第 2 章の問の解答例

問 1 (12 ページ)

$$A\times B=\{(1,a),(1,b),(2,a),(2,b),(3,a),(3,b)\},$$
$$B\times A=\{(a,1),(a,2),(a,3),(b,1),(b,2),(b,3)\},$$
$$A^2=\{(1,1),(1,2),(1,3),(2,1),(2,2),(2,3),(3,1),(3,2),(3,3)\},$$
$$B^3=\{(a,a,a),(a,a,b),(a,b,a),(a,b,b),(b,a,a),(b,a,b),(b,b,a),(b,b,b)\}.$$

問 2 (13 ページ)

$$\begin{aligned} d(p,q) &= \sqrt{(1-3)^2+(0-(-4))^2+(-4-0)^2+(2-2)^2+(-3-(-1))^2} \\ &= 2\sqrt{10}. \end{aligned}$$

問 3 (16 ページ)　点 $(x_1,x_2,x_3,x_4)\in B^4$ は $x_1^2+x_2^2+x_3^2+x_4^2\leq 1$ をみたす点だから，この不等式に $x_4=\alpha$ を代入すると

$$x_1^2+x_2^2+x_3^2\leq 1-\alpha^2. \tag{A.3}$$

したがって，$|\alpha|=1$ のときは，$x_1=x_2=x_3=0$．$|\alpha|<1$ のときは，$\boldsymbol{E}^4$ 内の半径 $\sqrt{1-\alpha^2}$ の 3 次元閉球体である．ゆえに，B^4 と $x_4=\alpha$ とが交わってできる図形は：

$\alpha=1$ のとき，1 点だけからなる図形 $\{(0,0,0,1)\}$,

$\alpha=1/2$ のとき，半径 $\sqrt{3}/2$ の 3 次元閉球体,

$\alpha=0$ のとき，半径 1 の 3 次元閉球体,

$\alpha=-1/2$ のとき，半径 $\sqrt{3}/2$ の 3 次元閉球体,

$\alpha=-1$ のとき，1 点だけからなる図形 $\{(0,0,0,-1)\}$.

すなわち，α が 1 から -1 まで動くとき，最初は 1 点だけだった図形がどんどんふくらんで半径 1 の 3 次元閉球体になり，その後は縮んで再び 1 点だけからなる図形に戻る．なお，この結果から 4 次元閉球体 B^4 の形が想像できなくても心配はいらない (じつは著者にもよく分からない)．本書を読み進めるためには，3 次元までの図形に対する直観が働けば十分である．

問 4 (17 ページ)　解答図 A.2.

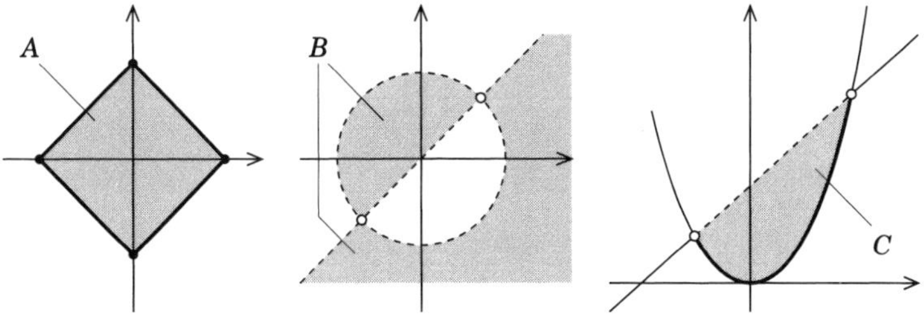

解答図 A.2　境界の中で，太線と黒丸は含まれる部分を，点線と白丸は含まれない部分を示す．

注意 2　境界のどの部分が含まれてどの部分が含まれないかを明示する必要がある．解答では図を用いて示したが，それを文章で表現することは意外に難しい．例えば，図形 C に対して「放物線 $x^2 - y = 0$ 上の点は含まれるが，直線 $x - y + 2 = 0$ 上の点は含まれない」と書いたのでは不合格．なぜなら放物線と直線の交点は，この説明の前半からは含まれることになるが，後半からは含まれないことになり，この文章自体が矛盾を含んでいるからである．この場合は「境界の中で，交点以外の放物線 $x^2 - y = 0$ 上の点は含まれるが，直線 $x - y + 3 = 0$ 上の点は含まれない」または「境界の中で含まれるのは，放物線 $x^2 - y = 0$ の $-1 < x < 2$ の部分の点だけである」と書けばよいだろう．

数学について書く際には，どんなに (程度はあるが) 意地悪く読んでも誤解の余地がないように，しかも無駄を省いて書く必要がある．なお，図形の境界に注目することは，位相を学ぶ際には特に重要である．

高等学校の教科書では，上の集合 B のような領域を「境界を含まない」と表現するが，論理的にはこれもおかしい．なぜなら，いま仮に B の境界を B' で表すと「境界を含む」の意味は $B' \subseteq B$ だから「境界を含まない」の意味は $B' \not\subseteq B$ である．したがって，集合 C のように境界の一部分だけを含まないような場合も後者の意味に含まれてしまうからである．集合 B のような状態は，正確にはどのように表現すればよいだろうか．

問 5 (18 ページ)　解答図 A.3.

問 6 (18 ページ)　解答図 A.4.

問 7 (19 ページ)　左のグラフは一筆書き可能だが，右のグラフは一筆書き可能ではない．

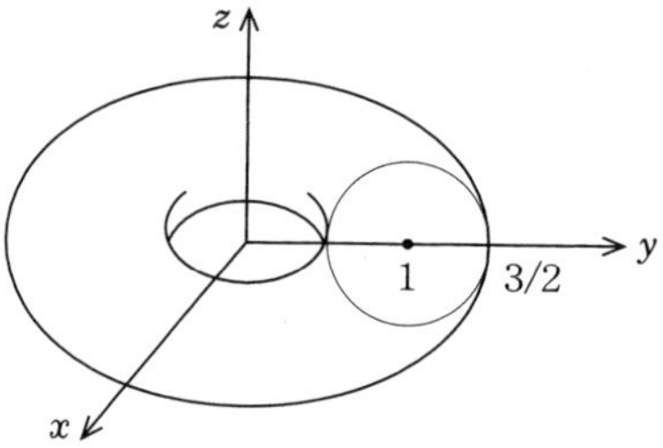

解答図 A.3　トーラス．

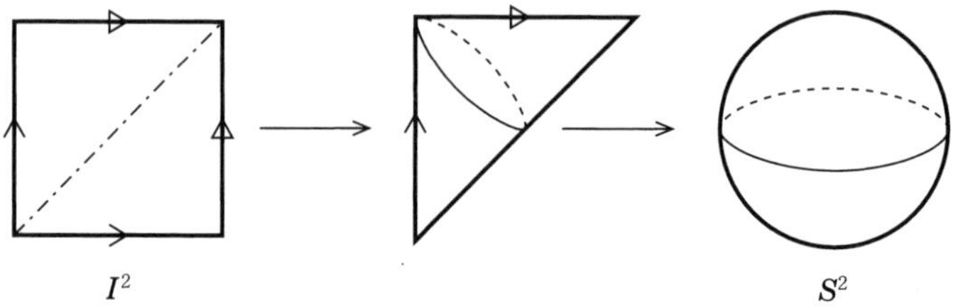

解答図 A.4　おなじ矢印どうしをギョウザを包むように貼り合わせて，ふくらませると出来上がり．

注意 3　与えられたグラフが一筆書き可能かどうかを判定するための定理がある．グラフの頂点の中で，偶数本の辺が出ている頂点を**偶点**，奇数本の頂点が出ている頂点を**奇点**という．次の定理の証明については，参考書 [15] を見よ．

定理 A.1　連結なグラフ G が一筆書き可能であるためには，G の頂点の中で奇点の数が 0 個または 2 個であることが必要十分である．

問 8 (20 ページ)　以下，3 進法で表された数 x を $(x)_3$ と書く．例えば $4 = (11)_3$ である．いま 1/4 を 3 進法の小数で表してみよう．そのためには $(1)_3 \div (11)_3$ の筆算を実際に 3 進法で行ってみればよい．

```
      0. 0 2 0 2
    ___________
11 ) 1 0 0
       2 2
     -------
       1 0 0
         2 2
       -----
           1
```

上の計算から $1/4 = (0.0202020\cdots)_3$ であることが分かる．ゆえに，問題の中で述べた事実から $1/4 \in K$ である．その事実を補題として証明しておこう．

補題 A.2　実数 x がカントル集合 K に属するためには，x が 3 進法の小数として，

$$x = (0.a_1a_2a_3\cdots a_n\cdots)_3 \quad (\text{ただし，} a_n \text{ は } 0 \text{ または } 2) \tag{A.4}$$

と表されることが必要十分である．

証明　無限等比数列の和の公式から

$$(0.222\cdots)_3 = \frac{2}{3} + \frac{2}{3^2} + \frac{2}{3^3} + \cdots = \frac{2/3}{1-1/3} = 1 = (1)_3$$

だから $(0.222\cdots)_3 = (1)_3$ である．同様に $(0.0222\cdots)_3 = (0.1)_3$ であるが，このように 2 通りの表し方がある場合は左辺の表現を採用することにする．

初めに，$0 = (0.000\cdots)_3$, $1 = (0.222\cdots)_3$ だから，任意の実数 x に対し

$$\begin{aligned} x \in [0,1] &\iff (0.000\cdots)_3 \leq x \leq (0.222\cdots)_3 \\ &\iff x \text{ は整数部分が 0 である 3 進法小数として表される} \end{aligned}$$

が成り立つ．次に，$1/3 = (0.0222\cdots)_3$, $2/3 = (0.2000\cdots)_3$ だから，任意の $x \in [0,1]$ に対し，次が成り立つ．

$$\begin{aligned} x \in [0,1/3] &\iff (0.000\cdots)_3 \leq x \leq (0.0222\cdots)_3 \\ &\iff x \text{ は小数第 1 位が 0 である 3 進法小数として表される．} \\ x \in [2/3,1] &\iff (0.2000\cdots)_3 \leq x \leq (0.222\cdots)_3 \\ &\iff x \text{ は小数第 1 位が 2 である 3 進法小数として表される．} \end{aligned}$$

したがって，$x \in [0,1]$ が K_1 に属するためには，x を 3 進法小数として表したとき小数第 1 位が 0 または 2 であることが必要十分である．同様に，$x \in K_1$ が K_2 に属するためには，x を 3 進法小数として表したとき小数第 2 位が 0 または 2 であることが必要十分である．以下この論法を繰り返して，$x \in K_n$ が K_{n+1} に属するためには，小数第 $n+1$ 位が 0 または 2 である 3 進法小数として表されることが必要十分であることが分かる．K はすべての K_n に属する点の集合だから，$x \in K$ であるためには x が (A.4) のように表されることが必要十分である．　□

注意 4　補題 A.2 より，カントル集合 K は

$$K = \{(0.a_1a_2a_3\cdots a_n\cdots)_3 : a_n = 0,\, 2\ (n \in \boldsymbol{N})\}$$

と表される．いま K の要素 $(0.a_1a_2a_3\cdots a_n\cdots)_3$ の小数部分の 2 を機械的に 1 で置き

換える (すなわち，各 a_n を $b_n = a_n/2$ で置き換える) ことにより，集合

$$K' = \{(0.b_1 b_2 b_3 \cdots b_n \cdots)_2 : b_n = 0,\ 1\ (n \in \boldsymbol{N})\}$$

が得られる．K' は $0 \leq x \leq 1$ であるすべての実数 x の 2 進法表示の集合に等しいから，$K' = [0,1]$ であると考えられる．結果として，カントル集合 K の点全体は閉区間 $[0,1]$ の点全体の上にもれなく対応する．この対応を写像 f とみなすと，f は K から $[0,1]$ へ全射である．ただし，K の異なる 2 点 $x = (0.0222\cdots)$, $y = (0.2000\cdots)$ に対して $f(x) = (0.0111\cdots) = (0.1000\cdots) = f(y)$ だから，f は単射ではない (写像については，3.2 節を参照)．しかし，全射 $f : K \longrightarrow [0,1]$ の存在と $K \subseteq [0,1]$ である事実を合わせると，K から $[0,1]$ への全単射を作ることができる (Bernstein の定理，参考書 [1] 第 2 章の定理 2′ を参照)．すなわち，K の点全体は $[0,1]$ の点全体と 1 対 1 に対応する．このことは，K を作る過程で $[0,1]$ のほとんどの部分を取り除いたにもかかわらず，K にはまだ $[0,1]$ と同じだけの個数の点が残っていることを示している．集合論の用語で言えば，カントル集合 K の濃度は連続体の濃度 ($= [0,1]$ の濃度) に等しいということである．

問 9 (24 ページ)　解答図 A.5.

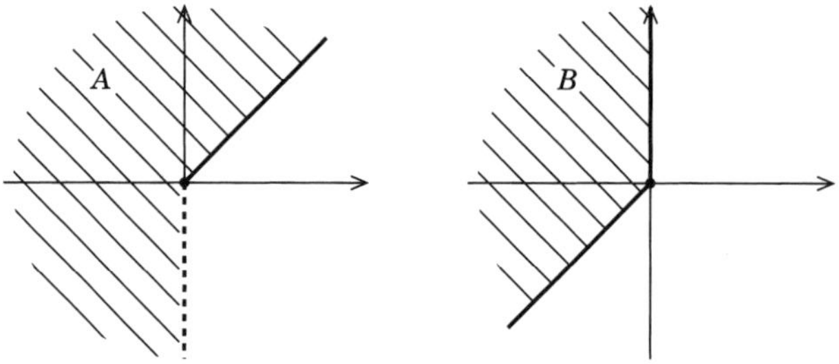

解答図 A.5　境界に注意を払おう.

問 10 (26 ページ)　命題 (1) の意味は「ある整数 x が存在して，$(\forall y \in \boldsymbol{Z})(x + y = y)$ が成り立つ」である．いま $x = 0$ とすると $(\forall y \in \boldsymbol{Z})(x + y = y)$ が成り立つので，命題 (1) は真である．これは整数の加法の単位元の存在を主張している．

命題 (2) の意味は「任意の整数 x に対して，ある整数 y が存在して $x + y = 0$ が成り立つ」である．どんな整数 x に対しても $y = -x$ とすると $x + y = 0$ が成り立つから，命題 (2) も真である．これは整数の加法の逆元の存在を主張している．

問 11 (27 ページ)　(1) 集合族の和集合と共通部分の定義 2.18 と (2.7) より，任意の $x \in X$ に対して，次が成立する．

$$x \in X - \bigcup_{\lambda \in \Lambda} A_\lambda \iff \neg\left(x \in \bigcup_{\lambda \in \Lambda} A_\lambda\right) \iff \neg((\exists \lambda \in \Lambda)(x \in A_\lambda))$$

$$\overset{(2.7)}{\iff} (\forall \lambda \in \Lambda)(\neg(x \in A_\lambda)) \iff (\forall \lambda \in \Lambda)(x \notin A_\lambda)$$

$$\iff (\forall \lambda \in \Lambda)(x \in X - A_\lambda) \iff x \in \bigcap_{\lambda \in \Lambda}(X - A_\lambda)$$

ゆえに，ド・モルガンの公式 (1) が成立する．

(2) 同様に定義 2.18 と (2.8) より，任意の $x \in X$ に対して，次が成立する．

$$x \in X - \bigcap_{\lambda \in \Lambda} A_\lambda \iff \neg\left(x \in \bigcap_{\lambda \in \Lambda} A_\lambda\right) \iff \neg((\forall \lambda \in \Lambda)(x \in A_\lambda))$$

$$\overset{(2.8)}{\iff} (\exists \lambda \in \Lambda)(\neg(x \in A_\lambda)) \iff (\exists \lambda \in \Lambda)(x \notin A_\lambda)$$

$$\iff (\exists \lambda \in \Lambda)(x \in X - A_\lambda) \iff x \in \bigcup_{\lambda \in \Lambda}(X - A_\lambda)$$

ゆえに，ド・モルガンの公式 (2) が成立する．

注意 5　ド・モルガンの公式は，$\Lambda = \{1, 2, \cdots, n\}$ のときには，

(1)　$X - (A_1 \cup A_2 \cup \cdots \cup A_n) = (X - A_1) \cap (X - A_2) \cap \cdots \cap (X - A_n)$

(2)　$X - (A_1 \cap A_2 \cap \cdots \cap A_n) = (X - A_1) \cup (X - A_2) \cup \cdots \cup (X - A_n)$

と書かれる．

A.3　第 3 章の問の解答例

問 1 (32 ページ)　図形 A は解答図 A.6 のような円錐面である．E_i $(i = 1, 2, 3, 4)$

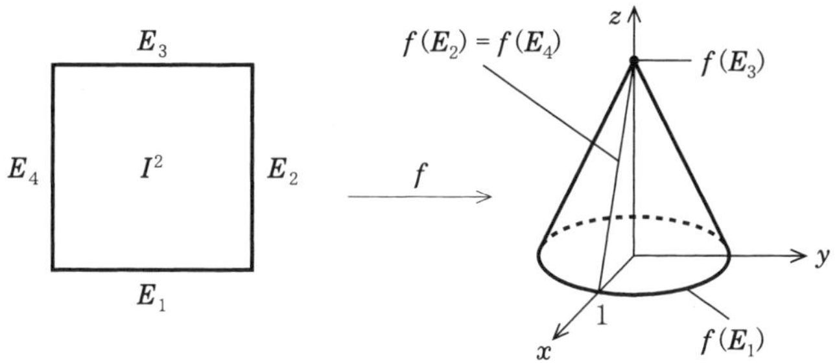

解答図 **A.6**

を図のように定めると，$f(E_i)$ は次のような集合である．

$$f(E_1) = \{(x, y, 0) : x^2 + y^2 = 1\},$$

$$f(E_2) = f(E_4) = \{(x, 0, 1-x) : 0 \leq x \leq 1\}, \quad f(E_3) = \{(0, 0, 1)\}.$$

問 2 (32 ページ)　大きさや角度が厳密に定められていないので，解答は 1 通りではない．図形 A が $\boldsymbol{E}^2$ の図形で端点が $(1, 1)$ と $(-1, 1)$，中央の点が原点であるとすると，1 つの答えは $f : I \longrightarrow A;\ x \longmapsto (2x-1, |2x-1|)$．図形 B ではコイルが 2 回転半していることに注意しよう．B が $\boldsymbol{E}^3$ の図形で端点が $(1, 0, 0)$ と $(-1, 0, 1)$ であるとすると，1 つの答えは $g : I \longrightarrow B;\ x \longmapsto (\cos 5\pi x, \sin 5\pi x, x)$．

問 3 (35 ページ)　$f(\{1, 3\}) = \{b\}$, $f(\{2, 3\}) = f(\{1, 2, 3\}) = \{b, c\}$, $f^{-1}(\{a, c\}) = f^{-1}(\{c\}) = \{2, 4\}$, $f^{-1}(\{a\}) = \varnothing$.

問 4 (35 ページ)　グラフの概形を描いてみれば，答えは自然に分かるだろう．

$$f([-1, 1]) = [0, 4], \quad f^{-1}([0, 3]) = [-1, 0] \cup [2, 3],$$

$$f([0, a]) = \begin{cases} \left[3, -a^2 + 2a + 3\right] & (0 < a < 1) \\ [3, 4] & (1 \leq a < 2) \\ \left[-a^2 + 2a + 3, 4\right] & (a \geq 2). \end{cases}$$

$f^{-1}([0, b])$ を求めるためには $f(x) = b$ となる x を求めなければならない．2 次方程式 $-x^2 + 2x + 3 = b$ を解くと $x = 1 \pm \sqrt{4-b}$.

$$f^{-1}([0, b]) = \begin{cases} \left[-1, 1 - \sqrt{4-b}\right] \cup \left[1 + \sqrt{4-b}, 3\right] & (0 < b < 4) \\ [-1, 3] & (b \geq 4). \end{cases}$$

問 5 (36 ページ)　グラフの概形を描いて，そこから判断すればよい．

(1)　関数 f_1 は単射であるが全射ではない．値域は $f_1(\boldsymbol{R}) = (0, +\infty)$.

(2)　関数 f_2 は全射であるが単射ではない．値域は $f_2(\boldsymbol{R}) = \boldsymbol{R}$.

(3)　関数 f_3 は全単射である．値域は $f_3(\boldsymbol{R}) = \boldsymbol{R}$.

(4)　関数 f_4 は全射でも単射でもない．値域は $f_4(\boldsymbol{R}) = [-1, 1]$.

問 6 (36 ページ)　この問題の解もグラフの概形から求められる．

(1)　$f_1(A) = [1, 2)$, $f_1^{-1}(B) = (-\infty, 1]$,

(2)　$f_2(A) = [0, 2)$, $f_2^{-1}(B) = (-1, 0) \cup (0, 1]$,

(3) $f_3(A) = [2, 8)$, $f_3^{-1}(B) = (-1, 0]$,

(4) $f_4(A) = [0, 1]$, $f_4^{-1}(B) = \bigcup_{n \in \boldsymbol{Z}} (2n, 2n+1)$.

注意 6 写像 $f : X \longrightarrow Y$ と $B \subseteq Y$ が与えられたとする．このとき，f による B の逆像 $f^{-1}(B)$ は，逆写像 f^{-1} による B の像の意味ではないことに注意しよう (ただし，f が全単射のときにはそれらは一致する)．逆像 $f^{-1}(B)$ は単に $f(x) \in B$ である X の要素 x の集合であって，任意の写像 $f : X \longrightarrow Y$ に対して Y のすべての部分集合 B について定義される．一方，逆写像 f^{-1} は全単射 f に対してだけしか定義されない．

問 7 (38 ページ) 解答図 A.7.

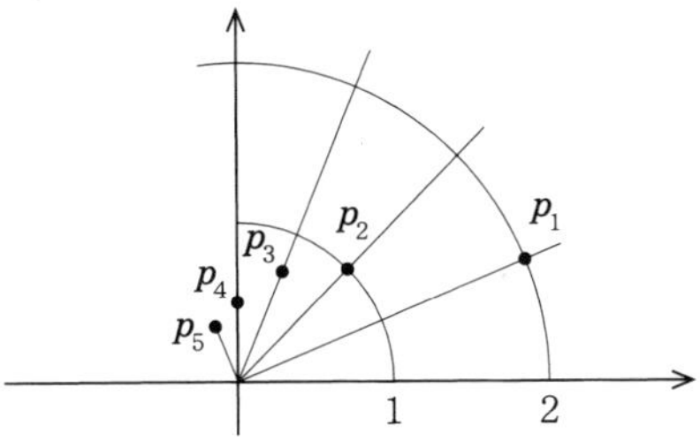

解答図 **A.7**

問 8 (40 ページ) $d(p_0, p_n) = 2/n$ であることに着目しよう．$\varepsilon = 3/10000$ に対しては $n_\varepsilon = 6666$ とおけばよい．このとき，$n > n_\varepsilon$ ならば $n \geq 6667$ だから

$$d(p_0, p_n) = \frac{2}{n} \leq \frac{2}{6667} < \frac{3}{10000} = \varepsilon$$

が成り立つ．しかし n_ε として 6666 より大きな任意の自然数を選んでも，もし $n > n_\varepsilon$ ならば $n \geq 6667$ だから，条件 (3.5) はやはり成立する．したがって n_ε の選び方は無限にある．

問 9 (40 ページ) $p_1 = (1, 1)$, $p_2 = (1/2, 0)$, $p_3 = (1/3, -1/3)$, $p_4 = (1/4, 0)$, $p_5 = (1/5, 1/5)$ である (解答図は略)．一般に，$n = 4k$, $4k+2$ のとき $p_n = (1/n, 0)$，$n = 4k+1$ のとき $p_n = (1/n, 1/n)$，$n = 4k+3$ のとき $p_n = (1/n, -1/n)$ である．したがって，任意の $n \in \boldsymbol{N}$ に対し

$$d(p_0, p_n) \leq \sqrt{2}/n \tag{A.5}$$

が成り立つ．このことに注意をして $p_n \longrightarrow p_0 = (0, 0)$ であることを証明しよう．

証明　任意の正数 ε に対して条件 (3.5) を成り立たせるような自然数 n_ε が存在することを示さなければならない．そのために $\varepsilon > 0$ を任意にとる．いま $\sqrt{2}/\varepsilon \leq n_\varepsilon$ である自然数 n_ε を選ぶ．このとき，任意の $n \in \boldsymbol{N}$ に対して (A.5) から

$$n > n_\varepsilon \quad ならば \quad d(p_0, p_n) \leq \frac{\sqrt{2}}{n} < \frac{\sqrt{2}}{n_\varepsilon} \leq \varepsilon$$

が成り立つ．ゆえに点列 $\{p_n\}$ は原点 p_0 に収束する．□

実用的には，次のように補題 3.29 を使って証明するのが便利である．

別証明　$d(p_0, p_n) \leq \sqrt{2}/n \longrightarrow 0$ だから，補題 3.29 から $p_n \longrightarrow p_0$ である．□

別証明は簡便だが，最初の証明のように収束の定義に戻って証明することも大切である．実際，上の別証明においてもう一歩踏み込んで，なぜ実数列 $\{\sqrt{2}/n\}$ が 0 に収束するのかと問われれば，そのときには定義 3.28 に戻って証明しなければならないからである．

問 10 (41 ページ)　この数列 $\{a_n\}$ は 0 に収束しない．なぜなら，$\varepsilon = 1$ に対しては定義 3.28 の条件 (3.6) を成り立たせるような自然数 n_ε が存在しないからである．実際，どんな自然数 n_ε を選んでも $n > n_\varepsilon$ である $n \in D$ が存在する．このとき $a_n = 1$ だから，$n > n_\varepsilon$ であるが $|\,0 - a_n\,| = 1 \not< \varepsilon$ となって (3.6) が成り立たない．

注意 7　集合 $\boldsymbol{N}_\varepsilon$ を用いて問 10 に答えることもできる．定義 3.26 の前の説明から，数列 $\{a_n\}$ が 0 に収束することは，任意の正数 ε に対して $\boldsymbol{N}_\varepsilon = \{n \in \boldsymbol{N} : |\,0 - a_n\,| \geq \varepsilon\}$ が有限集合であることと同値である．この問題の場合，$\varepsilon = 1$ に対しては $\boldsymbol{N}_\varepsilon = D$ だから $\boldsymbol{N}_\varepsilon$ は無限集合である．ゆえに $\{a_n\}$ は 0 に収束しない．

A.4　第 4 章の問の解答例

問 1 (46 ページ)　$U(I, x, \varepsilon) = (3/2, \sqrt{5}]$, $U(\boldsymbol{E}^1, x, \varepsilon) = (3/2, 5/2)$. $U(\boldsymbol{Z}, x, \varepsilon)$ は $x = 2$ からの距離が $\varepsilon = 1/2$ 未満である整数の集合だから $U(\boldsymbol{Z}, x, \varepsilon) = \{2\}$.

問 2 (53 ページ)　点 $p = (1/2, 1/2)$ の右側から p に収束する I^2 の点列を選べばよい．例えば，点列 $\{p_n\}$ を次のように定める．

$$p_n = \left(\frac{1}{2} + \frac{1}{n+1}, \frac{1}{2}\right) \quad (n \in \boldsymbol{N}).$$

このとき $d(p, p_n) = 1/(n+1) \longrightarrow 0$ だから $p_n \longrightarrow p$. 他方，

$$f(p_n) = \left(\frac{3}{4} + \frac{1}{n+1}, \frac{1}{2}\right) \quad (n \in \boldsymbol{N})$$

かつ $f(p)=p$ だから，すべての n に対して $d(f(p),f(p_n))\geq 1/4$．ゆえに $\{f(p_n)\}$ は $f(p)$ に収束しない．

問 3 (54 ページ)　$x=1, \varepsilon=1/2$ のとき，

$$(\forall x')(|\,x-x'\,|<\delta \text{ ならば } |\,f(x)-f(x')\,|<\varepsilon) \tag{A.6}$$

をみたす最大の $\delta>0$ を求めたい．いま $x=1$ だから

$$|\,x-x'\,|<\delta \Longleftrightarrow x'\in(1-\delta,1+\delta)$$

である．また $f(x)=1, \varepsilon=1/2$ だから

$$|\,f(x)-f(x')\,|<\varepsilon \Longleftrightarrow \frac{1}{2}<(x')^2<\frac{3}{2} \Longleftrightarrow x'\in\left(-\frac{\sqrt{6}}{2},-\frac{\sqrt{2}}{2}\right)\cup\left(\frac{\sqrt{2}}{2},\frac{\sqrt{6}}{2}\right)$$

である．これらの事実から (A.6) は

$$(1-\delta,1+\delta)\subseteq\left(-\frac{\sqrt{6}}{2},-\frac{\sqrt{2}}{2}\right)\cup\left(\frac{\sqrt{2}}{2},\frac{\sqrt{6}}{2}\right) \tag{A.7}$$

と同値である．したがって，(A.7) を成り立たせるような最大の $\delta>0$ を求めればよい．答えは $\delta=\sqrt{6}/2-1$ である．

問 4 (54 ページ)　左から $x=0$ に収束する点列をとればよい．例えば $x_n=-1/n$ $(n\in\boldsymbol{N})$ によって定められる点列 $\{x_n\}$ を考えると $x_n\longrightarrow x=0$．いま f の定義よりすべての n に対し $f(x_n)=x_n$ だから，$f(x_n)\longrightarrow 0$．他方 f の定義より $f(x)=1$ だから，$\{f(x_n)\}$ は $f(x)$ には収束しない．

問 5 (55 ページ)　(1)

証明　任意の点 $p=(x,y)\in\boldsymbol{E}^2$ をとる．任意の $\varepsilon>0$ に対して $\delta=\varepsilon/2$ とおく．このとき，任意の点 $q=(x',y')\in\boldsymbol{E}^2$ に対して，もし $d(p,q)<\delta$ ならば

$$|\,x-x'\,|<\varepsilon/2 \quad \text{かつ} \quad |\,y-y'\,|<\varepsilon/2$$

が成り立つ．したがって

$$|\,f_1(p)-f_1(q)\,|=|\,(x+y)-(x'+y')\,|\leq|\,x-x'\,|+|\,y-y'\,|<\varepsilon/2+\varepsilon/2=\varepsilon.$$

ゆえに f_1 は p で連続である．点 p の選び方は任意だから，f_1 は連続写像である．　□

(2) この証明は少し技術を要する．

証明　任意の点 $p=(x,y)\in\boldsymbol{E}^2$ と任意の $\varepsilon>0$ をとる．$a=\max\{|\,x\,|,|\,y\,|\}+1$ とおくと，任意の $q=(x',y')\in\boldsymbol{E}^2$ に対し

$$d(p,q)<1 \quad \text{ならば} \quad |\,x'\,|<a \tag{A.8}$$

が成り立つ．いま $\delta = \min\{\varepsilon/2a, 1\}$ とおくと $\delta > 0$．このとき，任意の点 $q = (x', y') \in \boldsymbol{E}^2$ に対して，もし $d(p,q) < \delta$ ならば

$$|x - x'| < \frac{\varepsilon}{2a}, \quad |y - y'| < \frac{\varepsilon}{2a}, \quad |x'| < a$$

が成り立つ (最後の不等式は (A.8) から導かれる)．したがって

$$\begin{aligned} d(f_2(p), f_2(q)) &= |xy - x'y'| = |(xy - x'y) + (x'y - x'y')| \\ &\leq |y| \cdot |x - x'| + |x'| \cdot |y - y'| < a\frac{\varepsilon}{2a} + a\frac{\varepsilon}{2a} = \varepsilon. \end{aligned}$$

ゆえに f_2 は p で連続である．点 p の選び方は任意だから，f_2 は連続写像である．　□

注意 8　問 5 (1), (2) のような写像の連続性は，恒等写像，定値写像と射影の連続性に帰結できることを 5.2 節で説明する．

問 6 (55 ページ)　極座標で表された半径が 2 の 2 次元閉球体 B^2 について，内側 $0 \leq r < 1$ の部分は動かさずに，外側 $1 \leq r \leq 2$ の部分だけを時計と反対廻りに $\pi/2$ 回転させている．

証明　$\varepsilon = 1$ に対して

$$(\forall q \in B^2)(d(p,q) < \delta \text{ ならば } d(f(p), f(q)) < \varepsilon) \tag{A.9}$$

を成り立たせる $\delta > 0$ が存在しないことを示す．任意の $\delta > 0$ に対して，$1 - \delta < x < 1$ をみたす正数 x を選び $q = (x, 0)$ とおく．このとき $q \in B^2$ かつ $d(p,q) < \delta$．ところが f の定義から $f(p) = (1, \pi/2)$ かつ $f(q) = q$ だから，$d(f(p), f(q)) \geq 1 = \varepsilon$ である．以上により，$\varepsilon = 1$ に対しては，どんな $\delta > 0$ に対しても，$d(p,q) < \delta$ であるが $d(f(p), f(q)) \geq \varepsilon$ となる点 q が存在することが示された．したがって，$\varepsilon = 1$ に対しては (A.9) を成り立たせる $\delta > 0$ が存在しない．ゆえに f は点 p で連続でない．　□

上の証明では f が条件 (C) をみたさないことを示したが，f が条件 (A) をみたさないことを証明してみよう．

別証明　B^2 の内側 $0 \leq r < 1$ の部分から点 $p = (1, 0)$ に収束する点列 $\{p_n\}$ (例えば，$p_n = (1 - (1/n), 0)$ $(n \in \boldsymbol{N})$) を選ぶ．このとき $d(p, p_n) = 1/n \longrightarrow 0$ だから $p_n \longrightarrow p$．他方 $f(p_n) = p_n$ $(n \in \boldsymbol{N})$ かつ $f(p) = (1, \pi/2)$ だから，すべての n に対し $d(f(p), f(p_n)) \geq 1$．したがって $\{f(p_n)\}$ は $f(p)$ に収束しない．ゆえに f は点 p で連続でない．　□

問 7 (55 ページ)

証明　任意の点 $p \in X$ と X の任意の点列 $\{p_n\}$ をとり，$p_n \longrightarrow p$ であると仮定す

る．このとき，補題 3.29 より $d(p,p_n) \longrightarrow 0$．いま仮定より，任意の $n \in \boldsymbol{N}$ に対して

$$0 \leq d(f(p), f(p_n)) \leq r \cdot d(p, p_n)$$

が成り立つから，$d(f(p), f(p_n)) \longrightarrow 0$．したがって，再び補題 3.29 より $f(p_n) \longrightarrow f(p)$．ゆえに f は p で連続である．点 p の選び方は任意だから，f は連続写像である． □

問 8 (56 ページ)　(1) 任意の $x, y \in \boldsymbol{E}^1$ に対し

$$|f(x) - f(y)| = |(ax+b) - (ay+b)| = |a| \cdot |x - y|$$

だから，f はリプシッツ定数が $|a|$ のリプシッツ写像である．

(2) もし f がリプシッツ写像ならば，任意の異なる 2 点 $x,\ y \in \boldsymbol{E}^1$ に対して，比 $|f(x) - f(y)|/|x - y|$ は f のリプシッツ定数を越えない．ところが自然数 n に対し

$$\frac{|f(n) - f(n+1)|}{|n - (n+1)|} = |n^2 - (n+1)^2| = |2n+1| \longrightarrow \infty$$

だから，f はリプシッツ写像ではない．

(3) 任意の異なる 2 点 $x,\ y \in \boldsymbol{E}^1$ に対し，平均値の定理から

$$\frac{f(x) - f(y)}{x - y} = f'(c)$$

をみたす $c \in \boldsymbol{E}^1$ が存在する．いま $f'(x) = \cos x$ だから $|f'(c)| \leq 1$ である．したがって $|f(x) - f(y)| \leq |x - y|$ が成り立つ．ゆえに f はリプシッツ定数が 1 のリプシッツ写像である．

問 9 (56 ページ)　写像 $f : I^2 \longrightarrow B;\ (x, y) \longmapsto (2\pi x, y)$ はリプシッツ定数が 2π のリプシッツ写像である．実際，任意の 2 点 $p = (x, y),\ q = (u, v) \in I^2$ に対して，

$$\begin{aligned} d(f(p), f(q)) &= \sqrt{(2\pi x - 2\pi u)^2 + (y - v)^2} \\ &\leq 2\pi \sqrt{(x-u)^2 + (y-v)^2} = 2\pi d(p, q) \end{aligned}$$

が成立する．

次に，写像 $g : B \longrightarrow A;\ (x, y) \longmapsto (\cos x, \sin x, y)$ がリプシッツ定数が 1 のリプシッツ写像であることを示そう．この事実は直観的には明らかだが，ここでは計算で確かめてみよう．任意の $p = (x, y),\ q = (u, v) \in B$ に対し，

$$\begin{aligned} d(g(p), g(q)) &= \sqrt{(\cos x - \cos u)^2 + (\sin x - \sin u)^2 + (y - v)^2} \\ &= \sqrt{2 - 2(\cos x \cos u + \sin x \sin u) + (y - v)^2} \\ &= \sqrt{2(1 - \cos(x - u)) + (y - v)^2}. \qquad \text{(A.10)} \end{aligned}$$

ここで半角公式 $\sin^2(\alpha/2) = (1-\cos\alpha)/2$ を用いると，

$$2(1-\cos(x-u)) = 4\sin^2\frac{x-u}{2} = 4\left|\sin\frac{x-u}{2}\right|^2$$
$$\leq 4\frac{|x-u|^2}{4} = (x-u)^2. \qquad \text{(A.11)}$$

上の不等号の箇所では，関数 $h(x) = \sin x$ がリプシッツ定数が 1 のリプシッツ写像である事実 (すなわち，$|\sin\alpha| = |\sin\alpha - \sin 0| \leq |\alpha - 0| = |\alpha|$) を使った (前問 8 (3) 参照)．いま (A.10) と (A.11) より

$$d(g(p), g(q)) \leq \sqrt{(x-u)^2 + (y-v)^2} = d(p,q)$$

が成立する．ゆえに，g はリプシッツ定数が 1 のリプシッツ写像である．

A.5　第 5 章の問の解答例

問 1 (62 ページ)

$$f^{-1} : I' \longrightarrow I\,;\ x \longmapsto \frac{a-b}{c-d}x + \frac{cb-ad}{c-d}.$$

問 2 (62 ページ)　例 5.3 と同様に

$$f : J \longrightarrow J'\,;\ x \longmapsto \frac{c-d}{a-b}x + \frac{ad-cb}{a-b}$$

は位相同型写像である．ゆえに，$J \approx J'$ である．

問 3 (62 ページ)　関数 $f : \boldsymbol{E}^1 \longrightarrow (0,+\infty)\,;\ x \longmapsto 2^x$ は連続な全単射でその逆関数 $f^{-1} : (0,+\infty) \longrightarrow \boldsymbol{E}^1\,;\ x \longmapsto \log_2 x$ も連続関数だから f は位相同型写像である．ゆえに $\boldsymbol{E}^1 \approx (0,+\infty)$．関数 $g : \boldsymbol{E}^1 \longrightarrow (0,+\infty)\,;\ x \longmapsto 3^x$ もまた位相同型写像である．

問 4 (69 ページ)

証明　恒等写像 $i = \mathrm{id}_{\boldsymbol{E}^1}$ と定値写像 $c : \boldsymbol{E}^1 \longrightarrow \boldsymbol{E}^1\,;\ x \longmapsto 1$ を用いて $g = i/(c + |i|)$ と定義すると，定理 5.10 より g は $\boldsymbol{E}^1$ 上の実数値連続関数で

$$g : \boldsymbol{E}^1 \longrightarrow \boldsymbol{E}^1\,;\ x \longmapsto \frac{x}{1+|x|}$$

と表される．例 5.4 の関数 $f : \boldsymbol{E}^1 \longrightarrow J$ は g の終域を $J = g(\boldsymbol{E}^1)$ に変えた写像だから，補題 5.12 より f は連続である．逆関数 $f^{-1} : J \longrightarrow \boldsymbol{E}^1$ は J 上の実数値連続関数 $j : J \longrightarrow \boldsymbol{E}^1\,;\ x \longmapsto x$ と $d : J \longrightarrow \boldsymbol{E}^1\,;\ x \longmapsto 1$ を使って $f^{-1} = j/(d - |j|)$ と表される．ゆえに，定理 5.10 より f^{-1} も連続である．□

問 5 (69 ページ)

証明　(1) $\boldsymbol{E}^2$ の射影を pr_i $(i=1,2)$ とすると

$$\mathrm{pr}_1 \circ f_1 : \boldsymbol{E}^2 \longrightarrow \boldsymbol{E}^1\,;\ (x,y) \longmapsto 2xy, \tag{A.12}$$

$$\mathrm{pr}_2 \circ f_1 : \boldsymbol{E}^2 \longrightarrow \boldsymbol{E}^1\,;\ (x,y) \longmapsto x^2+y^2 \tag{A.13}$$

である．系 4.13 より射影 pr_i $(i=1,2)$ は $\boldsymbol{E}^2$ 上の実数値連続関数であることに注意しよう．このとき，(A.12) と (A.13) より

$$\mathrm{pr}_1 \circ f_1 = 2\mathrm{pr}_1\mathrm{pr}_2, \qquad \mathrm{pr}_2 \circ f_1 = \mathrm{pr}_1\mathrm{pr}_1 + \mathrm{pr}_2\mathrm{pr}_2$$

と表されるから，定理 5.10 より $\mathrm{pr}_1 \circ f_1$ と $\mathrm{pr}_2 \circ f_1$ は連続関数である．ゆえに定理 5.14 より f_1 は連続写像である．

(2) $\boldsymbol{E}^2$ の射影を pr_i $(i=1,2)$ とすると，写像 $g : \boldsymbol{E}^2 \longrightarrow \boldsymbol{E}^1\,;\ (x,y) \longmapsto (x^2-3y)\pi$ は $g = \pi(\mathrm{pr}_1\mathrm{pr}_1 - 3\mathrm{pr}_2)$ と表される．したがって定理 5.10 より g は連続である．他方，関数 $h : \boldsymbol{E}^1 \longrightarrow \boldsymbol{E}^1\,;\ x \longmapsto \sin x$ は連続である (4.2 節，問 8 (56 ページ) を参照せよ)．いま $f_2 = h \circ g$ だから，補題 5.5 より f_2 は連続写像である．□

問 6 (72 ページ)　$d_2(p,q) = \sqrt{35}$, $d_1(p,q) = 11$, $d_\infty(p,q) = 4$.

問 7 (72 ページ)　例えば，5 点 $(25,0)$, $(7,24)$, $(-7,24)$, $(7,-24)$, $(-7,-24)$.

なお，次の定理が知られている．詳しくは，参考書 [13], [14] を見よ．

定理 A.3　任意の自然数 n に対して，円周上の n 個の点で任意の 2 点間の距離が整数であるものが存在する．

定理 A.4 (Anning-Erdös)　平面上の点の無限集合 A の任意の 2 点間の距離が整数ならば，A の点はすべて同一直線上にある．

問 8 (73 ページ)

証明　$p=(x_1,x_2,\cdots,x_n)$, $q=(y_1,y_2,\cdots,y_n)$ とおいて，n 個の実数 $|\,x_1-y_1\,|$, $|\,x_2-y_2\,|, \cdots, |\,x_n-y_n\,|$ の中で最大のものを $|\,x_k-y_k\,|$ とする．このとき

$$d_\infty(p,q) = |\,x_k-y_k\,| = \sqrt{(x_k-y_k)^2} \leq \sqrt{\sum_{i=1}^{n}(x_i-y_i)^2} = d_2(p,q),$$

$$d_2(p,q) = \sqrt{\sum_{i=1}^{n}(x_i-y_i)^2} \leq \sum_{i=1}^{n}\sqrt{(x_i-y_i)^2} = \sum_{i=1}^{n}|\,x_i-y_i\,| = d_1(p,q).$$

□

問 9 (74 ページ)　解答図 A.8

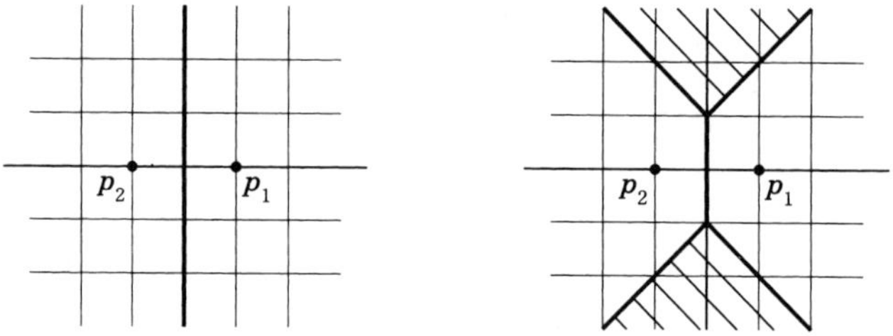

$d_1(p_1, p) = d_1(p_2, p)$　　　$d_\infty(p_1, p) = d_\infty(p_2, p)$

解答図 A.8

注意 9　問 9 の答えを計算で求める必要はない．試行錯誤をしながらいくつかの点を調べてみると解答図 A.8 の概形が分かると思う．数学では答えが計算できれいに求められることはむしろ稀であって，実験をするような気持ちで具体的な作業 (例えばグラフを書く際に，いくつかの点をまず求めてそれらを結んでみるような作業) を行うことも大切である．次の問 10 についても同じである．

問 10 (74 ページ)　解答図 A.9.

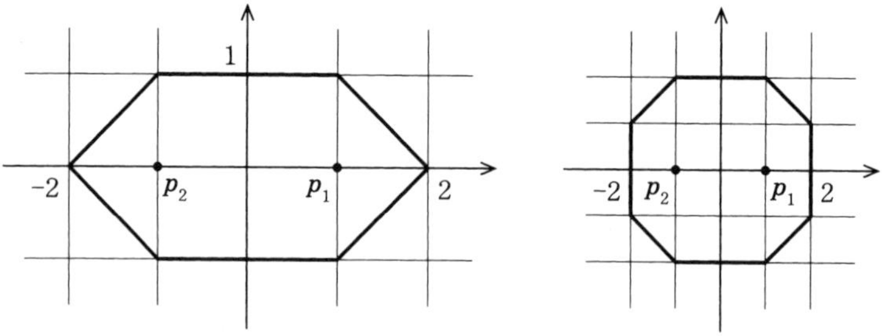

解答図 A.9　$\boldsymbol{E}_1$ (左) と $\boldsymbol{E}_\infty$ (右).

A.6　第 6 章の問の解答例

問 1 (78 ページ)　(1) 関数 d は $\boldsymbol{R}^1$ 上の距離関数でない．なぜなら $x = 1, y = -1$ とおくと，$d(x, y) = |\,1^2 - (-1)^2\,| = 0$ であるが $x \neq y$ だから条件 (M1) が成立しない．

(2) 関数 d は $\boldsymbol{R}^1$ 上の距離関数である．3 条件 (M1), (M2), (M3) が成り立つことを示せばよい．$|\,x^3 - y^3\,| = 0$ となるのは $x = y$ の場合だけだから (M1) は成立する．(M2)

は d の定義から成立する．また，任意の $x,\, y,\, z \in \boldsymbol{R}^1$ に対して $d(x,z) = |\,x^3 - z^3\,| = |\,(x^3 - y^3) + (y^3 - z^3)\,| \leq |\,x^3 - y^3\,| + |\,y^3 - z^3\,| = d(x,y) + d(y,z)$ だから (M3) も成立する．

問 2 (78 ページ)　関数 d は $\boldsymbol{R}^2$ 上の距離関数ではない．実際 d について (M1) と (M2) は成立するが (M3) は成立しない．例えば $p = (0,0)$, $q = (1/2, 0)$, $r = (1,0)$ に対しては，$d(p,r) = 1$, $d(p,q) = d(q,r) = 1/4$ だから $d(p,r) > d(p,q) + d(q,r)$ となる．

問 3 (80 ページ)　関数 d は X 上の距離関数ではない．実際，近接駅間では特定料金が適用されるので三角不等式 (M3) が成り立たない区間がたくさんある．例えば，2000 年 5 月現在，三島－静岡間は 1900 円，静岡－掛川間は 1660 円であるが三島－掛川間は 4300 円である．したがって，d(三島，掛川) $>$ d(三島，静岡) $+$ d(静岡，掛川) となり三角不等式が成立しない．三島から掛川へ出かける際には，是非一度，静岡で下車してみてほしい．

問 4 (80 ページ)　離散距離関数 d_0 の定義から (M1) と (M2) が成り立つことは明らかである．任意の $x,\, y,\, z \in X$ に対して $d(x,z) \leq d(x,y) + d(y,z)$ が成り立つことを示そう．もし $x = z$ ならば $d(x,z) = 0 \leq d(x,y) + d(y,z)$．もし $x \neq z$ ならば，$x \neq y$ と $y \neq z$ の少なくとも一方は正しいから，$d(x,z) \leq 1 \leq d(x,y) + d(y,z)$．以上により (M3) も成立する．

問 5 (80 ページ)　$p_1 \neq p_2$ だから $d_0(p_1, p_2) = 1$ である．また，原点 p_0 以外の点はすべて p_0 からの距離がちょうど 1 である．したがって，p_0 からの距離がちょうど 1 である点の集合は $X - \{p_0\}$ である．

問 6 (81 ページ)　距離 $d(E, -2E)$ は $\boldsymbol{E}^4$ おける 2 点 $(1,0,0,1)$, $(-2,0,0,-2)$ 間のユークリッドの距離に等しい．ゆえに，$d(E, -2E) = 3\sqrt{2}$.

問 7 (81 ページ)　解答図 A.10 から，任意の 2 点 $x,\, y \in \boldsymbol{R}^1$ に対し

$$d(x,y) = |\,\tan^{-1} x - \tan^{-1} y\,|$$

であることが分かる．したがって，d は単射 $h : \boldsymbol{R}^1 \longrightarrow \boldsymbol{E}^1$; $x \longmapsto \tan^{-1} x$ によって $\boldsymbol{E}^1$ 上のユークリッドの距離関数 d_2 から誘導された距離関数である．

日常生活の中でも距離を角度で測ることがある．冬の夜空を見上げると，カシオペアはオリオンよりも北極星に近い．この場合「近い」の意味は，星座の間の実際の距離が近いのではなく，見上げている地点を頂点とした星座のなす角度が小さいという意味である．つまり，我々は星座の間の距離を角度で測っている．

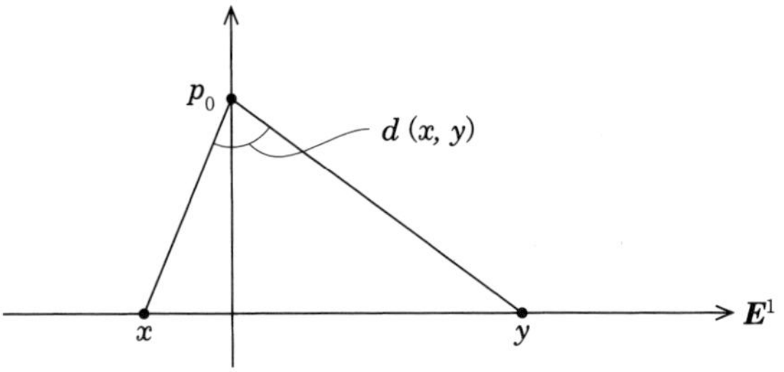

解答図 **A.10**

問 8 (83 ページ)　関数 d_∞ について 3 条件 (M1), (M2), (M3) が成立することを示せばよい．(M1) 任意の $f,\, g \in C(I)$ をとる．このとき d_∞ の定義から，$d_\infty(f,g) \geq 0$. また，もし $f=g$ ならば $d_\infty(f,g)=0$ である．逆に，もし

$$d_\infty(f,g) = \max_{0\leq x\leq 1} |\, f(x) - g(x)\,| = 0$$

ならば，すべての $x \in I$ に対して $|\, f(x) - g(x)\,| = 0$ でなければならない．したがって，すべての $x \in I$ に対して $f(x) = g(x)$，すなわち $f = g$ である．ゆえに (M1) は成立する．

(M2) は d_∞ の定義から直ちに導かれる．

(M3) を示すために，任意の $f,\, g,\, h \in C(I)$ をとる．連続関数 $\varphi = |\, f - h\,|$ が $x_0 \in I$ で最大値をとるとする．このとき

$$\begin{aligned} d_\infty(f,h) &= |\, f(x_0) - h(x_0)\,| \\ &= |\, (f(x_0) - g(x_0)) + (g(x_0) - h(x_0))\,| \\ &\leq |\, f(x_0) - g(x_0)\,| + |\, g(x_0) - h(x_0)\,| \\ &\leq \max_{0\leq x\leq 1} |\, f(x) - g(x)\,| + \max_{0\leq x\leq 1} |\, g(x) - h(x)\,| \\ &\leq d_\infty(f,g) + d_\infty(g,h). \end{aligned}$$

したがって (M3) は成立する．ゆえに d_∞ は $C(I)$ 上の距離関数である．

問 9 (83 ページ)

$$\begin{aligned} d_1(f,g) &= \int_0^1 |\, \sin \pi x - \cos \pi x\,|\, dx \\ &= \int_0^{1/4} (\cos \pi x - \sin \pi x)\, dx + \int_{1/4}^1 (\sin \pi x - \cos \pi x)\, dx \end{aligned}$$

$$= \frac{1}{\pi}\int_0^{\pi/4}(\cos t - \sin t)\,dt + \frac{1}{\pi}\int_{\pi/4}^{\pi}(\sin t - \cos t)\,dt = \frac{2\sqrt{2}}{\pi}.$$

一方，$\varphi(x) = |\sin \pi x - \cos \pi x|$ で定義される連続関数 φ は $x = 3/4$ で最大値 $\sqrt{2}$ をとる．ゆえに $d_\infty(f, g) = \sqrt{2}$.

問 10 (83 ページ)

証明　任意に $f, g \in C(I)$ をとる．連続関数 $\varphi = |f - g|$ が点 $x_0 \in I$ で最大値をとるとする．このとき，任意の $x \in I$ に対して $0 \le |f(x) - g(x)| \le |f(x_0) - g(x_0)|$ が成立する．したがって

$$d_1(f, g) = \int_0^1 |f(x) - g(x)|\,dx \le \int_0^1 |f(x_0) - g(x_0)|\,dx$$
$$= |f(x_0) - g(x_0)| = d_\infty(f, g)$$

が成立する．□

問 11 (84 ページ)

証明　離散距離空間 (X, d_0) において点列 $\{x_n\}$ が点 x に収束したとする．このとき，$\varepsilon = 1$ に対して，ある自然数 m が存在して

$$(\forall n \in \boldsymbol{N})(n > m \text{ ならば } d_0(x, x_n) < 1)$$

が成り立つ．離散距離関数 d_0 の定義から，$d_0(x, x_n) < 1$ ならば $x = x_n$ だから，

$$(\forall n \in \boldsymbol{N})(n > m \text{ ならば } x = x_n) \tag{A.14}$$

が成立する．逆に，もし任意の正数 ε に対して，ある自然数 m が存在して (A.14) が成り立つとする．このとき (A.14) から

$$(\forall n \in \boldsymbol{N})(n > m \text{ ならば } d_0(x, x_n) = 0 < \varepsilon)$$

が導かれる．ゆえに $\{x_n\}$ は x に収束する．□

A.7　第 7 章の問の解答例

問 1 (89 ページ)　離散距離関数 d_0 の定義から，もし $d_0(x, y) < 1$ ならば $x = y$ である．ゆえに $U(X, d_0, x, 1) = \{x\}$. また，d_0 の定義より，任意の $y \in X$ に対して $d_0(x, y) \le 1 < \sqrt{2}$ が成り立つ．ゆえに $U(X, d_0, x, \sqrt{2}) = X$.

問 2 (91 ページ)

証明　任意の 2 点 $x, y \in X$ に対し，もし $x \ne y$ ならば距離関数の条件 (M1) より

$d_X(x,y) > 0$．いま f は等距離写像だから $d_Y(f(x),f(y)) = d_X(x,y) > 0$．したがって，再び (M1) より $f(x) \neq f(y)$ が成り立つ．ゆえに f は単射である．　□

問 3 (92 ページ)

証明　写像 m がリプシッツ写像であることを示す．任意の $f, g \in C(I)$ をとる．いま f が $x_0 \in I$ で最大値をとり，g が $y_0 \in I$ で最大値をとるとすると，$m(f) = f(x_0)$，$m(g) = g(y_0)$ である．

(i) $g(y_0) \leq f(x_0)$ のときは，$g(x_0) \leq g(y_0) \leq f(x_0)$ だから

$$|\,m(f) - m(g)\,| = |\,f(x_0) - g(y_0)\,| \leq |\,f(x_0) - g(x_0)\,| \leq d_\infty(f,g).$$

(ii) $f(x_0) \leq g(y_0)$ のときは，$f(y_0) \leq f(x_0) \leq g(y_0)$ だから

$$|\,m(f) - m(g)\,| = |\,f(x_0) - g(y_0)\,| \leq |\,f(y_0) - g(y_0)\,| \leq d_\infty(f,g).$$

ゆえに，m はリプシッツ写像だから補題 7.6 より連続である．　□

問 4 (92 ページ)　連続性の条件 (A) を用いると，$\boldsymbol{E}^n$ の部分空間 (= 図形) に対する補題 5.5 の証明とまったく同様に証明できる．ここでは，連続性の条件 (C) を用いた証明を与えよう．

証明　$X = (X, d_X)$, $Y = (Y, d_Y)$, $Z = (Z, d_Z)$ とおき，任意の $x_0 \in X$ と任意の $\varepsilon > 0$ をとる．いま g は Y の点 $f(x_0)$ で連続だから，ある $\delta > 0$ が存在して

$$(\forall y \in Y)(d_Y(f(x_0), y) < \delta \text{ ならば } d_Z(g(f(x_0)), g(y)) < \varepsilon) \tag{A.15}$$

が成り立つ．また f は点 x_0 で連続だから，この δ に対してある $\gamma > 0$ が存在して

$$(\forall x \in X)(d_X(x_0, x) < \gamma \text{ ならば } d_Y(f(x_0), f(x)) < \delta) \tag{A.16}$$

が成り立つ．このとき，(A.15) と (A.16) をあわせると

$$(\forall x \in X)(d_X(x_0, x) < \gamma \text{ ならば } d_Z(g(f(x_0)), g(f(x))) < \varepsilon)$$

が成り立つ．ゆえに $g \circ f$ は点 x_0 で連続である．点 $x_0 \in X$ の選び方は任意だから，合成写像 $g \circ f$ は連続写像である．　□

問 5 (93 ページ)　もし $\mathrm{id} : \boldsymbol{E}^1 \longrightarrow (\boldsymbol{R}^1, d_0)$ が連続であるとする．任意の 1 点 $x \in \boldsymbol{E}^1$ を固定する．このとき，$\varepsilon = 1$ に対して，ある $\delta > 0$ が存在して

$$(\forall y \in \boldsymbol{E}^1)(|\,x - y\,| < \delta \text{ ならば } d_0(\mathrm{id}(x), \mathrm{id}(y)) < \varepsilon) \tag{A.17}$$

が成立する．いま $x < y < x + \delta$ をみたす $y \in \boldsymbol{E}^1$ をとると $|\,x - y\,| < \delta$．ところが，$\mathrm{id}(x) \neq \mathrm{id}(y)$ だから離散距離関数 d_0 の定義から $d_0(\mathrm{id}(x), \mathrm{id}(y)) = 1 = \varepsilon$．これは

(A.17) に矛盾する．ゆえに，$\mathrm{id} : \boldsymbol{E}^1 \longrightarrow (\boldsymbol{R}^1, d_0)$ は連続でない．

問 6 (94 ページ)　次の関数 f は $x = 0$ で連続であるが，0 以外のすべての点で連続でない．

$$f : \boldsymbol{E}^1 \longrightarrow \boldsymbol{E}^1 ;\ x \longmapsto \begin{cases} x & (x \in \boldsymbol{Q}) \\ 0 & (x \in \boldsymbol{R} - \boldsymbol{Q}). \end{cases}$$

(1) 上の関数 f が $x = 0$ で連続であることを示す．

任意の $\varepsilon > 0$ に対して $\delta = \varepsilon$ とおく．任意の $y \in \boldsymbol{E}^1$ に対し，もし $|x - y| < \delta$ ならば，$|y| < \delta = \varepsilon$．いま $f(x) = 0$ だから

$$|f(x) - f(y)| = |f(y)| \leq |y| < \varepsilon.$$

ゆえに f は $x = 0$ で連続である．

(2) 次に，任意の点 $x \neq 0$ をとり，f が x で連続でないことを示そう．

(i) $x \in \boldsymbol{Q}$ のときは $f(x) = x \neq 0$．$\boldsymbol{E}^1$ の無理数からなる点列 $\{x_n\}$ で $x_n \longrightarrow x$ であるもの (例えば，$x_n = x + \pi/n$ とせよ) をとる．このとき，任意の n に対して $f(x_n) = 0$ だから $f(x_n) \longrightarrow 0 \neq f(x)$．ゆえに f は x で連続でない．

(ii) $x \in \boldsymbol{R} - \boldsymbol{Q}$ のときは $f(x) = 0$．$\boldsymbol{E}^1$ の有理数からなる点列 $\{x_n\}$ で $x_n \longrightarrow x$ であるもの (例えば，x_n を x の無限小数表示の小数第 n 位までとせよ) をとる．このとき，任意の n に対して $f(x_n) = x_n$ だから $f(x_n) \longrightarrow x \neq f(x)$．ゆえに f は x で連続でない．

最後に，関数 $g : \boldsymbol{E}^1 \longrightarrow \boldsymbol{E}^1$ を，$g(0) = 1, g(x) = 0\ (x \neq 0)$ によって定義しよう．このとき，g は $x = 0$ で不連続だが，0 以外のすべての点で連続である．

問 7 (94 ページ)

証明　仮定より $f(x) > a$ だから，$\varepsilon = f(x) - a$ とおくと $\varepsilon > 0$．いま f は連続だから，ある $\delta > 0$ が存在して

$$(\forall y)(d(x, y) < \delta \text{ ならば } |f(x) - f(y)| < \varepsilon)$$

が成立する．いま $|f(x) - f(y)| < \varepsilon$ ならば，$f(x) - f(y) \leq |f(x) - f(y)| < \varepsilon$ だから $f(y) > f(x) - \varepsilon = a$．ゆえに，任意の点 $y \in U(x, \delta)$ に対して $f(y) > a$ が成立する．□

A.8 第 8 章の問の解答例

問 1 (103 ページ)　(1) $\mathrm{Bd}_{\boldsymbol{E}^1}[0, 1) = \{0, 1\}$．

(2) $\mathrm{Bd}_{\boldsymbol{E}^1}\boldsymbol{Q} = \boldsymbol{E}^1$．(理由) 任意の開区間は有理数と無理数とを含む．したがって，任

意の点 $x \in \boldsymbol{E}^1$ に対し，x の任意の ε-近傍は $\boldsymbol{Q}$ と $\boldsymbol{E}^1 - \boldsymbol{Q}$ の両方と同時に交わる．すなわち，$x \in \mathrm{Bd}_{\boldsymbol{E}^1}\boldsymbol{Q}$ である．ゆえに，$\boldsymbol{E}^1$ の点はすべて $\boldsymbol{Q}$ の境界点である．

(3) $\mathrm{Bd}_{\boldsymbol{E}^1}\boldsymbol{Z} = \boldsymbol{Z}$．(理由) 任意の $x \in \boldsymbol{Z}$ をとる．任意の $\varepsilon > 0$ に対して，

$$x \in U(\boldsymbol{E}^1, x, \varepsilon) \cap \boldsymbol{Z} \quad \text{かつ} \quad U(\boldsymbol{E}^1, x, \varepsilon) \cap (\boldsymbol{E}^1 - \boldsymbol{Z}) \neq \varnothing$$

だから $x \in \mathrm{Bd}_{\boldsymbol{E}^1}\boldsymbol{Z}$．ゆえに $\boldsymbol{Z} \subseteq \mathrm{Bd}_{\boldsymbol{E}^1}\boldsymbol{Z}$．逆に，任意の $x \in \boldsymbol{E}^1 - \boldsymbol{Z}$ をとると，$n < x < n+1$ となる $n \in \boldsymbol{Z}$ が存在する．このとき $\varepsilon = \min\{|n-x|, |x-(n+1)|\}$ とおくと $U(\boldsymbol{E}^1, x, \varepsilon) \cap \boldsymbol{Z} = \varnothing$．したがって $x \notin \mathrm{Bd}_{\boldsymbol{E}^1}\boldsymbol{Z}$．この対偶から $\mathrm{Bd}_{\boldsymbol{E}^1}\boldsymbol{Z} \subseteq \boldsymbol{Z}$ が導かれる．以上により $\mathrm{Bd}_{\boldsymbol{E}^1}\boldsymbol{Z} = \boldsymbol{Z}$ が成立する．

(4) $\mathrm{Bd}_{\boldsymbol{E}^1}\boldsymbol{E}^1 = \mathrm{Bd}_{\boldsymbol{E}^1}\varnothing = \varnothing$．(理由) 任意の点 $x \in \boldsymbol{E}^1$ に対して

$$U(\boldsymbol{E}^1, x, 1) \cap (\boldsymbol{E}^1 - \boldsymbol{E}^1) = U(\boldsymbol{E}^1, x, 1) \cap \varnothing = \varnothing.$$

この事実は，$\boldsymbol{E}^1$ のどの点も $\boldsymbol{E}^1$ や $\varnothing$ の境界点ではないことを示している．

問 2 (104 ページ)　$\mathrm{Bd}_X A = \mathrm{Bd}_X B = \{1\}$．

なお，A, B の $\boldsymbol{E}^1$ における境界は $\mathrm{Bd}_{\boldsymbol{E}^1}A = \{0, 1\}$, $\mathrm{Bd}_{\boldsymbol{E}^1}B = \{1, 2\}$ である．

問 3 (104 ページ)　$\mathrm{Bd}_{S^1}A = \{(1, 0), (1, \pi/2)\}$, $\mathrm{Bd}_{\boldsymbol{E}^2}A = \{(1, \theta) : 0 \leq \theta \leq \pi/2\}$．

問 4 (108 ページ)　$K = [a, +\infty)$, $L = (a, +\infty)$ とおいて，2 通りの方法で示そう．

[考え方 1]　境界を求めると $\mathrm{Bd}_{\boldsymbol{E}^1}K = \mathrm{Bd}_{\boldsymbol{E}^1}L = \{a\}$．ゆえに，$\mathrm{Bd}_{\boldsymbol{E}^1}K \subseteq K$ だから K は $\boldsymbol{E}^1$ の閉集合である．また，$L \cap \mathrm{Bd}_{\boldsymbol{E}^1}L = \varnothing$ だから L は $\boldsymbol{E}^1$ の開集合である．

[考え方 2]　補題 8.9 を使う．任意の点 $x \in \boldsymbol{E}^1 - K$ をとる．このとき $x < a$ だから，$0 < \varepsilon \leq a - x$ をみたす ε をとると $U(x, \varepsilon) \cap K = \varnothing$ が成り立つ．ゆえに，補題 8.9 (2) より K は $\boldsymbol{E}^1$ の閉集合である．また，任意の点 $x' \in L$ をとる．このとき $x' > a$ だから，$0 < \varepsilon' \leq x' - a$ をみたす ε' をとると $U(x', \varepsilon') \subseteq L$ が成り立つ．ゆえに，補題 8.9 (1) より L は $\boldsymbol{E}^1$ の開集合である．

問 5 (108 ページ)　2 通りの方法で示そう．

[考え方 1]　境界を求めると $\mathrm{Bd}_{\boldsymbol{E}^2}F = \mathrm{Bd}_{\boldsymbol{E}^2}G = \{(x, x) : x \in \boldsymbol{E}^1\}$．したがって，$\mathrm{Bd}_{\boldsymbol{E}^2}F \subseteq F$ だから F は $\boldsymbol{E}^2$ の閉集合である．また，$G \cap \mathrm{Bd}_{\boldsymbol{E}^2}G = \varnothing$ だから G は $\boldsymbol{E}^2$ の開集合である．

[考え方 2]　補題 8.9 を使う．任意の点 $p = (x, y) \in \boldsymbol{E}^2 - F$ をとる．このとき $x < y$ だから，$0 < \varepsilon < |x - y|/\sqrt{2}$ をみたす ε をとると $U(p, \varepsilon) \cap F = \varnothing$ が成り立つ．ゆえに，補題 8.9 (2) より F は $\boldsymbol{E}^2$ の閉集合である．また，任意の点 $p' = (x', y') \in G$ をとる．このとき $x' > y'$ だから，$0 < \varepsilon' \leq |x' - y'|/\sqrt{2}$ をみたす ε' をとると $U(p', \varepsilon') \subseteq G$ が成り立つ．ゆえに，補題 8.9 (1) より G は $\boldsymbol{E}^2$ の開集合である．

問 6 (112 ページ)　開区間 $G=(-\sqrt{2},\sqrt{2})$ は $\boldsymbol{E}^1$ の開集合で $A=G\cap\boldsymbol{Q}$ が成り立つ．ゆえに，系 8.16 より A は $\boldsymbol{Q}$ の開集合である．また閉区間 $F=[-\sqrt{2},\sqrt{2}]$ は $\boldsymbol{E}^1$ の閉集合で $A=F\cap\boldsymbol{Q}$ が成り立つ．ゆえに，系 8.16 より A は $\boldsymbol{Q}$ の閉集合でもある．

問 7 (112 ページ)　開区間 $G_1=(-1,1)$, $G_2=(0,2)$ は $\boldsymbol{E}^1$ の開集合で $A=G_1\cap X$, $B=G_2\cap X$ が成り立つ．ゆえに，系 8.16 より A, B はともに X の開集合である．また $A=X-B$, $B=X-A$ が成り立つから，補題 8.8 より A, B はともに X の閉集合でもある．

問 8 (112 ページ)　(1) は正しい．なぜなら，任意の $x\in\boldsymbol{Z}$ に対し，$U(\boldsymbol{Z},x,1)=\{x\}$ である．したがって，任意の $A\subseteq\boldsymbol{Z}$ をとると，任意の点 $x\in A$ に対して $U(\boldsymbol{Z},x,1)\subseteq A$ が成り立つ．ゆえに，補題 8.9 より A は $\boldsymbol{Z}$ の開集合である．

(2) は正しい．この事実は上の (1) と補題 8.8 から導かれる．

(3) は正しくない．なぜなら，$\boldsymbol{Z}$ の部分集合 $\{0\}$ は $\boldsymbol{E}^1$ の開集合ではない．

(4) は正しい．任意の $B\subseteq\boldsymbol{Z}$ をとる．いま B が $\boldsymbol{E}^1$ の閉集合であることを示すために，任意の点 $x\in\boldsymbol{E}^1-B$ をとり，2 つの場合に分けて考える．

(i) もし $x\in\boldsymbol{Z}$ ならば $U(\boldsymbol{E}^1,x,1)\cap B=\varnothing$.

(ii) もし $x\notin\boldsymbol{Z}$ ならば $n<x<n+1$ をみたす $n\in\boldsymbol{Z}$ が存在する．このとき $\varepsilon=\min\{|n-x|,|x-(n+1)|\}$ とおくと，$U(\boldsymbol{E}^1,x,\varepsilon)\cap B=\varnothing$．ゆえに，補題 8.9 より B は $\boldsymbol{E}^1$ の閉集合である．

A.9　第 9 章の問の解答例

問 1 (115 ページ)　任意の $x\in X$ に対して，

$$x\in f^{-1}(Y-F)\Longleftrightarrow f(x)\in Y-F\Longleftrightarrow f(x)\notin F$$
$$\Longleftrightarrow x\notin f^{-1}(F)\Longleftrightarrow x\in X-f^{-1}(F)$$

が成り立つ．ゆえに $f^{-1}(Y-F)=X-f^{-1}(F)$ が成立する．

問 2 (116 ページ)　開区間 $U=(1/2,3/2)$ は $\boldsymbol{E}^1$ の開集合であるが，$f^{-1}(U)=[0,1/2)$ は $\boldsymbol{E}^1$ の開集合でない．また閉区間 $F=[-1/2,1/2]$ は $\boldsymbol{E}^1$ の閉集合であるが，$f^{-1}(F)=[-1/2,0)$ は $\boldsymbol{E}^1$ の閉集合でない．

問 3 (116 ページ)　関数 $f:X\longrightarrow\boldsymbol{E}^1$ が定理 9.1 の条件 (2) をみたすことを示せばよい．そのために，$\boldsymbol{E}^1$ の任意の開集合 U をとる．このとき，f の定義から，もし $0\in U$, $1\in U$ ならば $f^{-1}(U)=X$，もし $0\in U$, $1\notin U$ ならば $f^{-1}(U)=(-\infty,0)$，もし

$0 \notin U, 1 \in U$ ならば $f^{-1}(U) = (0, +\infty)$，もし $0 \notin U, 1 \notin U$ ならば $f^{-1}(U) = \varnothing$．したがって，いずれの場合も $f^{-1}(U)$ は X の開集合である．ゆえに，f は定理 9.1 の条件 (2) をみたすから連続関数である．

問 4 (118 ページ)　任意の点 $p = (x_1, x_2, \cdots, x_n) \in L$ をとる．各 $i = 1, 2, \cdots, n$ に対して $a_i < x_i < b_i$ だから，ある $\varepsilon_i > 0$ が存在して $U(\boldsymbol{E}^1, x_i, \varepsilon_i) \subseteq (a_i, b_i)$ が成り立つ．そこで $\varepsilon = \min\{\varepsilon_1, \varepsilon_2, \cdots, \varepsilon_n\}$ とおく．このとき

$$U(\boldsymbol{E}^n, p, \varepsilon) \subseteq L \tag{A.18}$$

が成り立つことを示す．任意の $q = (y_1, y_2, \cdots, y_n) \in U(\boldsymbol{E}^n, p, \varepsilon)$ をとる．各 $i = 1, 2, \cdots, n$ に対し，$|x_i - y_i| \leq d_2(p, q) < \varepsilon \leq \varepsilon_i$ だから $y_i \in U(\boldsymbol{E}^1, x_i, \varepsilon_i) \subseteq (a_i, b_i)$．したがって $q \in L$．以上で (A.18) が証明された．ゆえに，補題 8.9 より L は $\boldsymbol{E}^n$ の開集合である．

問 5 (119 ページ)　いろいろな方法があるが，もっとも簡単な証明を与えよう．

証明　集合 Δ は恒等写像 $\mathrm{id} : \boldsymbol{E}^1 \longrightarrow \boldsymbol{E}^1$ のグラフである．いま id は連続だから，例題 9.6 より Δ は $\boldsymbol{E}^2$ の閉集合である．□

問 6 (121 ページ)

(1) $f(x_1) > m$ だから，7.1 節，問 7 (94 ページ) で確かめた事実から

$$(\forall x \in I)(x_1 - \delta_1 < x < x_1 + \delta_1 \text{ ならば } f(x) > m) \tag{A.19}$$

を成り立たせるような $\delta_1 > 0$ が存在する．また $f(x_2) < m$ だから，同様に

$$(\forall x \in I)(x_2 - \delta_2 < x < x_2 + \delta_2 \text{ ならば } f(x) < m) \tag{A.20}$$

を成り立たせる $\delta_2 > 0$ が存在する．いま $x_1 < x_2$ だから

$$x_1 - \delta_1 < a \leq x_1 < b < x_1 + \delta_1, \quad x_2 - \delta_2 < c < x_2 \leq d < x_2 + \delta_2$$

をみたすように $a < b < c < d$ ($a, b, c, d \in I$) を選ぶことができる．このとき (A.19), (A.20) より，a, b, c, d が求めるものである．

(2) 定理 5.10 より関数 $\varphi = |f - m|$ (m は値 m をとる定値写像を表す) は連続関数で $\varphi(x_1) > 0$ をみたす．そこで $\varphi(x_1) = \varepsilon'$ とおくと，f の連続性より，ある $\delta > 0$ が存在して

$$(\forall x \in I)(|x_1 - x| < \delta \text{ ならば } |f(x_1) - f(x)| < \varepsilon'/2)$$

が成り立つ．このとき $\varphi(x_1) = \varepsilon'$ だから，次が導かれる．

$$(\forall x \in I)(x_1 - \delta < x < x_1 + \delta \text{ ならば } \varphi(x) > \varepsilon'/2). \tag{A.21}$$

いま $(a,b)\cap(x_1-\delta, x_1+\delta)\cap I$ は区間だから，その中に任意に閉区間 $[s,t]$ $(s<t)$ をとる．(A.21) より関数 φ は区間 $[s,t]$ で $\varepsilon'/2$ 以上の値をとるから，

$$\int_a^b |\, f(x)-m \,|\, dx \geq \int_s^t \varphi(x)\, dx \geq (t-s)\cdot\varepsilon'/2 > 0$$

が成り立つ．同様に

$$\int_c^d |\, f(x)-m \,|\, dx > 0.$$

ゆえに，$\varepsilon > 0$ である．

問 7 (122 ページ)

証明　$\boldsymbol{E}^2$ の任意の収束する点列 $\{p_n\}$ とその極限点 $p=(x,y)\in\boldsymbol{E}^2$ をとり，$\{p_n : n\in\boldsymbol{N}\}\subseteq G(f)$ であると仮定する．目標は $p\in G(f)$ を示すことである．各 n に対し $p_n\in G(f)$ だから $p_n=(x_n, f(x_n))$ と書くことができる．いま $p_n\longrightarrow p$ だから，射影 $\mathrm{pr}_i : \boldsymbol{E}^2\longrightarrow\boldsymbol{E}^1$ $(i=1,2)$ の連続性から

$$\mathrm{pr}_1(p_n)\longrightarrow\mathrm{pr}_1(p),\ \text{すなわち},\ x_n\longrightarrow x, \tag{A.22}$$

$$\mathrm{pr}_2(p_n)\longrightarrow\mathrm{pr}_2(p),\ \text{すなわち},\ f(x_n)\longrightarrow y \tag{A.23}$$

が成り立つ．このとき，関数 f の連続性と (A.22) より $f(x_n)\longrightarrow f(x)$ が成立する．この事実と (A.23) から $y=f(x)$ を得る．したがって $p=(x,f(x))\in G(f)$ である．ゆえに，定理 9.11 より $G(f)$ は $\boldsymbol{E}^2$ の閉集合である． □

注意 10　上の証明の最後の段階では，$f(x_n)\longrightarrow f(x)$ と $f(x_n)\longrightarrow y$ から $y=f(x)$ であることを導いた．しかしこの証明が有効であるためには，距離空間の任意の点列 $\{x_n\}$ に対して

$$(x_n\longrightarrow x\ \text{かつ}\ x_n\longrightarrow x')\ \text{ならば}\ (x=x') \tag{A.24}$$

が成り立つこと，すなわち，$\{x_n\}$ は異なる 2 点には同時に収束しないことを確かめておく必要がある．

(A.24) を示すために，$x_n\longrightarrow x$, $x_n\longrightarrow x'$ のとき $x\neq x'$ であると仮定する．このとき $d(x,x')>0$．そこで $\varepsilon=d(x,x')/2$ とおく．いま $x_n\longrightarrow x$ だから，ある $n_\varepsilon\in\boldsymbol{N}$ が存在して

$$(\forall n)(n>n_\varepsilon\ \text{ならば}\ d(x,x_n)<\varepsilon) \tag{A.25}$$

が成り立つ．また $x_n\longrightarrow x'$ だから，ある $n'_\varepsilon\in\boldsymbol{N}$ が存在して

$$(\forall n)(n>n'_\varepsilon\ \text{ならば}\ d(x',x_n)<\varepsilon) \tag{A.26}$$

が成り立つ．ここで $n > \max\{n_\varepsilon, n'_\varepsilon\}$ をみたす n をとると，(A.25) と (A.26) から $d(x, x_n) < \varepsilon$ かつ $d(x', x_n) < \varepsilon$．したがって，三角不等式より $d(x, x') \leq d(x, x_n) + d(x_n, x') < \varepsilon + \varepsilon = 2\varepsilon$．これは $\varepsilon = d(x, x')/2$ であったことに矛盾する．ゆえに (A.24) が成立する．

問 8 (122 ページ)　距離空間における点列の収束の定義 (定義 6.11) の条件は，ε-近傍を使って次のように書き直すことができる．

(1)　任意の正数 ε に対して，ある自然数 n_ε が存在して

$$(\forall n \in \boldsymbol{N})(n > n_\varepsilon \text{ ならば } x_n \in U(x, \varepsilon)) \tag{A.27}$$

が成り立つ．

したがって，問 8 は (1) と次の条件 (2) とが同値であることを示す問題である．

(2)　x の任意の近傍 U に対して，ある自然数 n_U が存在して

$$(\forall n \in \boldsymbol{N})(n > n_U \text{ ならば } x_n \in U) \tag{A.28}$$

が成り立つ．

例題 8.10 より，任意の $\varepsilon > 0$ に対して $U(x, \varepsilon)$ は X の開集合である．ゆえに $U(x, \varepsilon)$ は x の近傍である．したがって，もし (2) が成り立てば (1) も成り立つ．逆に補題 8.9 より，x の任意の近傍 U に対して $U(x, \varepsilon) \subseteq U$ となる x の ε-近傍が存在する．したがって，もし (1) が成り立てば (2) も成り立つ．以上により，(1) と (2) は同値である．

問 9 (124 ページ)　定義 9.12 の後で述べたことから，集合 X 上の距離関数 d, d' が位相的に同値であるためには，任意の $A \subseteq X$ に対して

$$A \in \mathscr{T}(d) \Longleftrightarrow \mathrm{id}(A) \in \mathscr{T}(d') \tag{A.29}$$

が成り立つことが必要十分である．任意の $A \subseteq X$ に対して $\mathrm{id}(A) = A$ だから，(A.29) は $\mathscr{T}(d) = \mathscr{T}(d')$ が成り立つことを意味する．

問 10 (124 ページ)　例題 8.12 より，離散距離空間 (X, d_0) の任意の部分集合は開集合である．ゆえに $\mathscr{T}(X, d_0) = \mathscr{P}(X)$ が成り立つ．

A.10　第 10 章の問の解答例

問 1 (128 ページ)　(1) $\varnothing \notin \mathscr{A}_1$ だから，$\mathscr{A}_1$ は定義 10.1 の条件 (O1) をみたしていない．(2) $\{a\}, \{b\} \in \mathscr{A}_2$ であるが，$\{a\} \cup \{b\} = \{a, b\} \notin \mathscr{A}_2$．したがって，$\mathscr{A}_2$ は定義 10.1 の条件 (O3) をみたしていない．

問 2 (128 ページ)　(このような問題にまで解答を与えるのは抵抗があるなあ ?!)

$\mathscr{T}_1 = \{\varnothing, S\}$,

$\mathscr{T}_2 = \{\varnothing, \{a\}, S\}$,　$\mathscr{T}_3 = \{\varnothing, \{b\}, S\}$,　$\mathscr{T}_4 = \{\varnothing, \{c\}, S\}$,

$\mathscr{T}_5 = \{\varnothing, \{a,b\}, S\}$,　$\mathscr{T}_6 = \{\varnothing, \{b,c\}, S\}$,　$\mathscr{T}_7 = \{\varnothing, \{c,a\}, S\}$,

$\mathscr{T}_8 = \{\varnothing, \{a\}, \{b,c\}, S\}$,　$\mathscr{T}_9 = \{\varnothing, \{b\}, \{c,a\}, S\}$,　$\mathscr{T}_{10} = \{\varnothing, \{c\}, \{a,b\}, S\}$,

$\mathscr{T}_{11} = \{\varnothing, \{a\}, \{a,b\}, S\}$,　$\mathscr{T}_{12} = \{\varnothing, \{a\}, \{c,a\}, S\}$,　$\mathscr{T}_{13} = \{\varnothing, \{b\}, \{b,c\}, S\}$,

$\mathscr{T}_{14} = \{\varnothing, \{b\}, \{a,b\}, S\}$,　$\mathscr{T}_{15} = \{\varnothing, \{c\}, \{c,a\}, S\}$,　$\mathscr{T}_{16} = \{\varnothing, \{c\}, \{b,c\}, S\}$,

$\mathscr{T}_{17} = \{\varnothing, \{a\}, \{b\}, \{a,b\}, S\}$,　$\mathscr{T}_{18} = \{\varnothing, \{b\}, \{c\}, \{b,c\}, S\}$,

$\mathscr{T}_{19} = \{\varnothing, \{c\}, \{a\}, \{c,a\}, S\}$,　$\mathscr{T}_{20} = \{\varnothing, \{a\}, \{a,b\}, \{c,a\}, S\}$,

$\mathscr{T}_{21} = \{\varnothing, \{b\}, \{b,c\}, \{a,b\}, S\}$,　$\mathscr{T}_{22} = \{\varnothing, \{c\}, \{c,a\}, \{b,c\}, S\}$,

$\mathscr{T}_{23} = \{\varnothing, \{a\}, \{b\}, \{a,b\}, \{c,a\}, S\}$,　$\mathscr{T}_{24} = \{\varnothing, \{a\}, \{b\}, \{a,b\}, \{b,c\}, S\}$,

$\mathscr{T}_{25} = \{\varnothing, \{b\}, \{c\}, \{b,c\}, \{a,b\}, S\}$,　$\mathscr{T}_{26} = \{\varnothing, \{b\}, \{c\}, \{b,c\}, \{c,a\}, S\}$,

$\mathscr{T}_{27} = \{\varnothing, \{c\}, \{a\}, \{c,a\}, \{b,c\}, S\}$,　$\mathscr{T}_{28} = \{\varnothing, \{c\}, \{a\}, \{c,a\}, \{a,b\}, S\}$,

$\mathscr{T}_{29} = \mathscr{P}(X)$ (= 離散位相).

問 3 (129 ページ)　例えば，開区間 $J = (0,3)$ は $\boldsymbol{E}^1$ の閉集合でない．ところが J は閉集合の和集合として $J = \bigcup_{n \in \boldsymbol{N}} [1/n, 3-1/n]$ と表される．あるいは，$J = \bigcup\{\{x\} : x \in J\}$ のように表すこともできる．このとき例題 8.11 より，任意の $x \in J$ に対し集合 $\{x\}$ は $\boldsymbol{E}^1$ の閉集合だから，J は閉集合の和集合である．

問 4 (129 ページ)　位相空間 $(S, \mathscr{T}_1)$ の 5 つの開集合 $\varnothing$, $\{b\}$, $\{a,b\}$, $\{b,c\}$, S の補集合をとればよい．すなわち，S, $\{a,c\}$, $\{c\}$, $\{a\}$, $\varnothing$ が $(S, \mathscr{T}_1)$ の閉集合である．また，位相空間 $(S, \mathscr{T}_2)$ の閉集合は，S, $\{b,c\}$, $\{a\}$, $\varnothing$ である．

問 5 (130 ページ)　$(S, \mathscr{T}_1)$ の開集合 $U = \{b\}$ の逆像 $f^{-1}(U) = \{a,b\}$ は $(S, \mathscr{T}_2)$ の開集合でない．したがって f は連続でない．

問 6 (130 ページ)

証明　写像 $f : X \longrightarrow Y$ が連続であるとする．Y の任意の閉集合 F に対し，閉集合の定義から $Y - F$ は Y の開集合である．したがって，f の連続性より $f^{-1}(Y-F)$ は X の開集合である．いま $f^{-1}(Y-F) = X - f^{-1}(F)$ が成り立つ (9.1 節，問 1 (115 ページ) 参照) から，再び閉集合の定義より，$f^{-1}(F)$ は X の閉集合である．

逆に，Y の任意の閉集合の逆像が X の閉集合であるとする．このとき，Y の任意の開集合 G をとると，$Y-G$ は Y の閉集合である．したがって，仮定より $f^{-1}(Y-G)$ は X の閉集合である．いま $f^{-1}(Y-G)=X-f^{-1}(G)$ が成り立つから，$f^{-1}(G)$ は X の開集合である．ゆえに f は連続写像である．□

問 7 (133 ページ)　問 2 の解答を利用すると，次の 9 つの位相同型な位相空間のクラスに分類される．

$$(S,\mathscr{T}_1),\quad (S,\mathscr{T}_2)\approx(S,\mathscr{T}_3)\approx(S,\mathscr{T}_4),$$
$$(S,\mathscr{T}_5)\approx(S,\mathscr{T}_6)\approx(S,\mathscr{T}_7),\quad (S,\mathscr{T}_8)\approx(S,\mathscr{T}_9)\approx(S,\mathscr{T}_{10}),$$
$$(S,\mathscr{T}_{11})\approx(S,\mathscr{T}_{12})\approx(S,\mathscr{T}_{13})\approx(S,\mathscr{T}_{14})\approx(S,\mathscr{T}_{15})\approx(S,\mathscr{T}_{16}),$$
$$(S,\mathscr{T}_{17})\approx(S,\mathscr{T}_{18})\approx(S,\mathscr{T}_{19}),\quad (S,\mathscr{T}_{20})\approx(S,\mathscr{T}_{21})\approx(S,\mathscr{T}_{22}),$$
$$(S,\mathscr{T}_{23})\approx(S,\mathscr{T}_{24})\approx(S,\mathscr{T}_{25})\approx(S,\mathscr{T}_{26})\approx(S,\mathscr{T}_{27})\approx(S,\mathscr{T}_{28}),\quad (S,\mathscr{T}_{29}).$$

問 8 (134 ページ)　$\mathscr{T}|_X=\{G\cap X : G\in\mathscr{T}\}$ が定義 10.1 の 3 条件 (O1), (O2), (O3) をみたすことを示す．

(O1) $\varnothing\in\mathscr{T}$ であって $\varnothing=\varnothing\cap X$ だから $\varnothing\in\mathscr{T}|_X$．また $Y\in\mathscr{T}$ であって $X=Y\cap X$ だから $X\in\mathscr{T}|_X$．

(O2) $U_1,U_2,\cdots,U_n\in\mathscr{T}|_X$ とする．$\mathscr{T}|_X$ の定義から，各 $i=1,2,\cdots,n$ に対して $G_i\in\mathscr{T}$ が存在して $U_i=G_i\cap X$ と表される．このとき，

$$\begin{aligned}U_1\cap U_2\cap\cdots\cap U_n&=(G_1\cap X)\cap(G_2\cap X)\cap\cdots\cap(G_n\cap X)\\&=(G_1\cap G_2\cap\cdots\cap G_n)\cap X.\end{aligned}$$

いま $G_1\cap G_2\cap\cdots\cap G_n\in\mathscr{T}$ だから，$U_1\cap U_2\cap\cdots\cap U_n\in\mathscr{T}|_X$．

(O3) $\{U_\lambda : \lambda\in\Lambda\}\subseteq\mathscr{T}|_X$ とする．$\mathscr{T}|_X$ の定義から，各 $\lambda\in\Lambda$ に対して $G_\lambda\in\mathscr{T}$ が存在して $U_\lambda=G_\lambda\cap X$ と表される．このとき，

$$\bigcup_{\lambda\in\Lambda}U_\lambda=\bigcup_{\lambda\in\Lambda}(G_\lambda\cap X)=\left(\bigcup_{\lambda\in\Lambda}G_\lambda\right)\cap X.$$

いま $\bigcup_{\lambda\in\Lambda}G_\lambda\in\mathscr{T}$ だから，$\bigcup_{\lambda\in\Lambda}U_\lambda\in\mathscr{T}|_X$．以上で，$\mathscr{T}|_X$ が X の位相構造であることが示された．

問 9 (134 ページ)　位相空間 $(Y,\mathscr{T})$ の 6 つの開集合と X との共通部分をとればよい．

$$\varnothing\cap X=\varnothing,\quad \{d\}\cap X=\varnothing,\quad \{a,d\}\cap X=\{a\},$$

$$\{a,b,d\}\cap X=\{a,b\},\quad \{a,c,d\}\cap X=\{a,c\},\quad Y\cap X=X.$$

したがって $\mathscr{T}|_X=\{\varnothing,\{a\},\{a,b\},\{a,c\},X\}$. すなわち，部分空間 $(X,\mathscr{T}|_X)$ は 5 つの開集合 $\varnothing$, $\{a\}$, $\{a,b\}$, $\{a,c\}$, X を持つ位相空間である．

問 10 (134 ページ)

証明　$X=(X,\mathscr{T}_X), Y=(Y,\mathscr{T}_Y), Z=(Z,\mathscr{T}_Z)$ とする．仮定より $(Y,\mathscr{T}_Y)$ は $(Z,\mathscr{T}_Z)$ の部分空間だから

$$\mathscr{T}_Y=\{G\cap Y:G\in\mathscr{T}_Z\} \tag{A.30}$$

が成り立つ．もし $(X,\mathscr{T}_X)$ が $(Y,\mathscr{T}_Y)$ の部分空間ならば $\mathscr{T}_X=\{U\cap X:U\in\mathscr{T}_Y\}$. このとき (A.30) より，

$$\mathscr{T}_X=\{U\cap X:U\in\mathscr{T}_Y\}\overset{(A.30)}{=}\{(G\cap Y)\cap X:G\in\mathscr{T}_Z\}=\{G\cap X:G\in\mathscr{T}_Z\}.$$

ゆえに $(X,\mathscr{T}_X)$ は $(Z,\mathscr{T}_Z)$ の部分空間である．逆に，もし $(X,\mathscr{T}_X)$ が $(Z,\mathscr{T}_Z)$ の部分空間ならば $\mathscr{T}_X=\{G\cap X:G\in\mathscr{T}_Z\}$. このとき (A.30) より

$$\mathscr{T}_X=\{G\cap X:G\in\mathscr{T}_Z\}=\{(G\cap Y)\cap X:G\in\mathscr{T}_Z\}\overset{(A.30)}{=}\{U\cap X:U\in\mathscr{T}_Y\}.$$

ゆえに $(X,\mathscr{T}_X)$ は $(Y,\mathscr{T}_Y)$ の部分空間である．　□

問 11 (135 ページ)　逆像の定義 (定義 3.10) より

$$(f|_A)^{-1}(U)=\{x\in A:f(x)\in U\}=\{x\in X:f(x)\in U\}\cap A=f^{-1}(U)\cap A.$$

問 12 (135 ページ)　位相空間 $(S,\mathscr{T}_1)$ において，点 a の近傍は：$\{a,b\}$, S, 点 b の近傍は：$\{b\}$, $\{a,b\}$, $\{b,c\}$, S, 点 c の近傍は：$\{b,c\}$, S.

問 13 (138 ページ)　$\boldsymbol{E}^1$ の任意の開集合 U に対して，$f^{-1}(U)$ が $(S,\mathscr{T}_2)$ の開集合であることを示せばよい．いま f の定義より，もし $0\in U, 1\in U$ ならば $f^{-1}(U)=S$, もし $0\in U, 1\notin U$ ならば $f^{-1}(U)=\{a\}$, もし $0\notin U, 1\in U$ ならば $f^{-1}(U)=\{b,c\}$, もし $0\notin U, 1\notin U$ ならば $f^{-1}(U)=\varnothing$. したがって，いずれの場合も $f^{-1}(U)$ は $(S,\mathscr{T}_2)$ の開集合である．ゆえに f は連続写像である．

問 14 (138 ページ)

証明　2 つの位相空間 $(X,\mathscr{T}_X)$ と $(Y,\mathscr{T}_Y)$ とが位相同型であるとき，もし $(Y,\mathscr{T}_Y)$ が距離化可能ならば $(X,\mathscr{T}_X)$ も距離化可能であることを示せばよい．

$f:(X,\mathscr{T}_X)\longrightarrow(Y,\mathscr{T}_Y)$ を位相同型写像とする．$(Y,\mathscr{T}_Y)$ は距離化可能だから，Y 上の距離関数 d_Y が存在して

$$\mathscr{T}_Y = \mathscr{T}(d_Y) \tag{A.31}$$

が成立する．いま d_X を f によって d_Y から誘導された X 上の距離関数とする (補題 6.7 を参照せよ)．このとき $\mathscr{T}_X = \mathscr{T}(d_X)$ が成り立つことを示せば十分である．f は距離空間 (X, d_X) から距離空間 (Y, d_Y) への写像として全単射，等距離写像だから，f はそれらの間の写像としても位相同型写像である．したがって，定義 9.12 の後で述べた関係 (9.10) (123 ページ) と例 10.16 の前で述べた関係 (10.2) (132 ページ) より，任意の $A \subseteq X$ に対して

$$A \in \mathscr{T}_X \overset{(10.2)}{\Longleftrightarrow} f(A) \in \mathscr{T}_Y \overset{(A.31)}{\Longleftrightarrow} f(A) \in \mathscr{T}(d_Y) \overset{(9.10)}{\Longleftrightarrow} A \in \mathscr{T}(d_X)$$

が成り立つ．ゆえに $\mathscr{T}_X = \mathscr{T}(d_X)$ が成立するから，$(X, \mathscr{T}_X)$ は距離化可能空間である．

□

問 15 (139 ページ)　もし点 $z \in U(x, \varepsilon) \cap U(y, \varepsilon)$ が存在したとする．このとき $d(x, z) < \varepsilon$ かつ $d(y, z) < \varepsilon$ だから，三角不等式より $d(x, y) \leq d(x, z) + d(z, y) < \varepsilon + \varepsilon = 2\varepsilon$. これは $\varepsilon = d(x, y)/2$ であることに矛盾する．ゆえに $U(x, \varepsilon) \cap U(y, \varepsilon) = \varnothing$ である．

注意 11　問 15 で示した事実は，(X, d) が $\boldsymbol{E}^2$ や $\boldsymbol{E}^3$ の場合には自明だが，一般的に明らかだと考えるのは早計である．なぜなら，$\boldsymbol{E}^n$ $(n \geq 4)$ や例 6.9 の距離空間 $(C(I), d_1)$ の場合のように，ε-近傍の形が想像し難い場合があるからである．

A.11　第 11 章の問の解答例

問 1 (145 ページ)　(1) $\mathscr{U} = \{(1/n, 1] : n \in \boldsymbol{N}\}$ は H_1 の開被覆であるが，有限部分被覆を含まない．ゆえに H_1 はコンパクトでない．

任意の n に対し，$(1/n, 1] = (1/n, 2) \cap H_1$ と表されるから，系 8.16 より $(1/n, 1]$ は H_1 の開集合であることに注意しよう．

(2) $\mathscr{U} = \{[-1, -1/n) \cup (1/n, 1] : n \in \boldsymbol{N}\}$ は H_2 の開被覆であるが，有限部分被覆を含まない．ゆえに H_2 はコンパクトでない．

(3) 8.3 節，問 8 (112 ページ) で示したように，各 $n \in \boldsymbol{Z}$ に対し $\{n\}$ は $\boldsymbol{Z}$ の開集合である．したがって，$\mathscr{U} = \{\{n\} : n \in \boldsymbol{Z}\}$ は $\boldsymbol{Z}$ の開被覆である．$\mathscr{U}$ は有限部分被覆を含まないから，$\boldsymbol{Z}$ はコンパクトでない．

問 2 (147 ページ)

証明　X が Y のコンパクト集合であると仮定して，Y における X の任意の開被覆 $\mathscr{U}$ をとる．このとき，系 10.19 より $\mathscr{U}' = \{U \cap X : U \in \mathscr{U}\}$ は (X における) X の開被覆

である．いま X はコンパクトだから $\mathscr{U}'$ は有限部分被覆を含む，すなわち，有限個の U_1, $U_2, \cdots, U_n \in \mathscr{U}$ が存在して $X = (U_1 \cap X) \cup (U_2 \cap X) \cup \cdots \cup (U_n \cap X)$ が成り立つ．このとき $X \subseteq U_1 \cup U_2 \cup \cdots \cup U_n$ が成り立つから，$\mathscr{U}$ は X の有限被覆 $\{U_1, U_2, \cdots, U_n\}$ を含む．

逆に Y における X の任意の開被覆が X の有限被覆を含むと仮定する．いま (X における) X の任意の開被覆 $\mathscr{V} = \{V_\lambda : \lambda \in \Lambda\}$ をとると，任意の $\lambda \in \Lambda$ に対し，定理 10.18 より $V_\lambda = G_\lambda \cap X$ をみたす Y の開集合 G_λ が存在する．このとき $X \subseteq \bigcup_{\lambda \in \Lambda} G_\lambda$ が成り立つから，$\{G_\lambda : \lambda \in \Lambda\}$ は Y における X の開被覆である．したがって，仮定よりそれは X の有限被覆を含む，すなわち，有限個の $\lambda(1), \lambda(2), \cdots, \lambda(n) \in \Lambda$ が存在して $X \subseteq G_{\lambda(1)} \cup G_{\lambda(2)} \cup \cdots \cup G_{\lambda(n)}$ が成り立つ．このとき，

$$
\begin{aligned}
X &= (G_{\lambda(1)} \cup G_{\lambda(2)} \cup \cdots \cup G_{\lambda(n)}) \cap X \\
&= (G_{\lambda(1)} \cap X) \cup (G_{\lambda(2)} \cap X) \cup \cdots \cup (G_{\lambda(n)} \cap X) \\
&= V_{\lambda(1)} \cup V_{\lambda(2)} \cup \cdots \cup V_{\lambda(n)}
\end{aligned}
$$

だから，$\{V_{\lambda(1)}, V_{\lambda(2)}, \cdots, V_{\lambda(n)}\}$ は $\mathscr{V}$ の有限部分被覆である．ゆえに X は Y のコンパクト集合である．□

問 3 (147 ページ)　問 3 に答える前に，写像による集合の像と逆像に関する 2 つの定理を証明しよう．

定理 A.5　写像 $f : X \longrightarrow Y$ が与えられたとする．このとき，任意の $A \subseteq X$ に対して $A \subseteq f^{-1}(f(A))$ が成り立つ．また，任意の $B \subseteq Y$ に対して $f(f^{-1}(B)) \subseteq B$ が成り立つ．

証明　任意の $x \in A$ に対して，$f(x) \in f(A)$ だから，$x \in f^{-1}(f(A))$．ゆえに $A \subseteq f^{-1}(f(A))$ が成り立つ．また，任意の $y \in f(f^{-1}(B))$ をとると，ある $x \in f^{-1}(B)$ が存在して $y = f(x)$ が成り立つ．このとき，$x \in f^{-1}(B)$ だから，$y = f(x) \in B$．ゆえに $f(f^{-1}(B)) \subseteq B$ が成り立つ．□

定理 A.6　写像 $f : X \longrightarrow Y$ が与えられたとする．このとき，X の部分集合族 $\{A_\lambda : \lambda \in \Lambda\}$ と Y の部分集合族 $\{B_\lambda : \lambda \in \Lambda\}$ に対して，次の (1)～(4) が成立する．

(1) $f\left(\bigcup_{\lambda \in \Lambda} A_\lambda\right) = \bigcup_{\lambda \in \Lambda} f(A_\lambda)$,

(2) $f\left(\bigcap_{\lambda \in \Lambda} A_\lambda\right) \subseteq \bigcap_{\lambda \in \Lambda} f(A_\lambda)$,

(3)　$f^{-1}\left(\bigcup_{\lambda\in\Lambda} B_\lambda\right) = \bigcup_{\lambda\in\Lambda} f^{-1}(B_\lambda)$,

(4)　$f^{-1}\left(\bigcap_{\lambda\in\Lambda} B_\lambda\right) = \bigcap_{\lambda\in\Lambda} f^{-1}(B_\lambda)$.

証明　(1) と (3) を証明して，(2) と (4) の証明は読者に残そう．

(1) 任意の $y \in f\left(\bigcup_{\lambda\in\Lambda} A_\lambda\right)$ をとると，ある $x \in \bigcup_{\lambda\in\Lambda} A_\lambda$ が存在して $y = f(x)$ が成り立つ．このとき，ある $\lambda \in \Lambda$ に対して $x \in A_\lambda$．したがって

$$y = f(x) \in f(A_\lambda) \subseteq \bigcup_{\lambda\in\Lambda} f(A_\lambda).$$

ゆえに (1) の左辺は右辺に含まれる．逆に，任意の $\lambda \in \Lambda$ に対して，$A_\lambda \subseteq \bigcup_{\lambda\in\Lambda} A_\lambda$ だから，$f(A_\lambda) \subseteq f\left(\bigcup_{\lambda\in\Lambda} A_\lambda\right)$．ゆえに (1) の右辺は左辺に含まれる．以上によって (1) は成立する．

(3) 任意の $x \in X$ に対して，

$$x \in f^{-1}\left(\bigcup_{\lambda\in\Lambda} B_\lambda\right) \Longleftrightarrow f(x) \in \bigcup_{\lambda\in\Lambda} B_\lambda \Longleftrightarrow (\exists\,\lambda \in \Lambda)(f(x) \in B_\lambda)$$

$$\Longleftrightarrow (\exists\,\lambda \in \Lambda)(x \in f^{-1}(B_\lambda)) \Longleftrightarrow x \in \bigcup_{\lambda\in\Lambda} f^{-1}(B_\lambda)$$

が成り立つ．ゆえに (3) は成立する．　□

注意 12　(i) 定理 A.5 で等号は必ずしも成立しない．例えば，例 3.11 の写像 $f : X \longrightarrow Y$ について考えると，$A = \{1\} \subseteq X$ に対して，$f^{-1}(f(A)) = \{1, 3\} \neq A$．また $B = \{a, b\} \subseteq Y$ に対して，$f(f^{-1}(B)) = \{b\} \neq B$ である．

(ii) 定理 A.6 (2) で等号は必ずしも成立しない．例えば，上と同じ写像 $f : X \longrightarrow Y$ に対して，$A_1 = \{1\}$, $A_2 = \{3\}$ とおく．このとき，$f(A_1 \cap A_2) = f(\varnothing) = \varnothing$ であるが，$f(A_1) \cap f(A_2) = \{b\} \cap \{b\} = \{b\}$．ゆえに $f(A_1 \cap A_2) \neq f(A_1) \cap f(A_2)$ である．

さて，問 3 に戻って (11.2) と (11.3) を証明しよう．

証明　(11.2) : 次の (1), (2), (3), (4) が成り立つことを示す．

$$X \overset{(1)}{\subseteq} f^{-1}(f(X)) \overset{(2)}{\subseteq} f^{-1}\left(\bigcup\{U : U \in \mathscr{U}\}\right) \overset{(3)}{=} \bigcup\{f^{-1}(U) : U \in \mathscr{U}\} \overset{(4)}{\subseteq} X.$$

まず，定理 A.5 より (1) は成立する．いま $f(X) \subseteq \bigcup\{U : U \in \mathscr{U}\}$ だから (2) は成立する．(3) は定理 A.6 (3) から導かれる．最後に，各 $U \in \mathscr{U}$ に対し $f^{-1}(U) \subseteq X$ だから，(4) が成り立つ．　□

証明　(11.3): 次の (1), (2), (3) が成り立つことを示せばよい．

$$
\begin{aligned}
f(X) &\overset{(1)}{=} f(f^{-1}(U_1) \cup f^{-1}(U_2) \cup \cdots \cup f^{-1}(U_n)) \\
&\overset{(2)}{=} f(f^{-1}(U_1)) \cup f(f^{-1}(U_2)) \cup \cdots \cup f(f^{-1}(U_n)) \\
&\overset{(3)}{\subseteq} U_1 \cup U_2 \cup \cdots \cup U_n.
\end{aligned}
$$

(1) は $X = f^{-1}(U_1) \cup f^{-1}(U_2) \cup \cdots \cup f^{-1}(U_n)$ であることから導かれる．定理 A.6 (1) より (2) は成立する．最後に，定理 A.5 より (3) は成立する．□

問 4 (149 ページ)

証明　X における $A \cup B$ の任意の開被覆 $\mathscr{U}$ をとる．いま A はコンパクトだから，$\mathscr{U}$ は A の有限被覆 $\mathscr{U}_1$ を含む．また B もコンパクトだから，$\mathscr{U}$ は B の有限被覆 $\mathscr{U}_2$ を含む．このとき $\mathscr{U}' = \mathscr{U}_1 \cup \mathscr{U}_2$ とおくと，$\mathscr{U}' \subseteq \mathscr{U}$ で $\mathscr{U}'$ は $A \cup B$ の有限被覆である．ゆえに $A \cup B$ はコンパクトである．□

問 5 (150 ページ)　A を $\boldsymbol{R}$ の空でない部分集合とし $s \in \boldsymbol{R}$ とする．任意の $x \in A$ に対して $s \leq x$ が成り立つとき，s は A の**下界**であるという．A のすべての下界からなる集合を A_* で表す．A の下界が存在するとき (すなわち，$A_* \neq \varnothing$ であるとき) A は**下に有界**であるという．また s が A の下界の集合 A_* の最大元であるとき (すなわち，$s = \max A_*$ であるとき) s は A の**最大下界**または**下限**であるといい，$s = \inf A$ と書く．

問 6 (150 ページ)　(1) $\sup A = \sqrt{2}$, $\inf A = -\sqrt{2}$,　(2) $\sup B = \sqrt{2}$, $\inf B = -\sqrt{2}$, (3) $\sup C = 1$, $\inf C = -3$.

問 7 (152 ページ)

証明　実数の連続性を仮定する．任意の下に有界な集合 $A \neq \varnothing$ をとると，集合 $-A = \{-x : x \in A\}$ は上に有界である．したがって，実数の連続性より $s = \sup(-A)$ が存在する．このとき $-s = \inf A$ である (このことを詳しく確かめよ)．ゆえに，下に有界な任意の空でない集合 A は下限を持つことが示された．逆の証明も同様である．□

問 8 (158 ページ)

証明　$\mathscr{U}$ を $\boldsymbol{E}^n$ における A の任意の開被覆とする．まず $p_0 \in U_0$ である $U_0 \in \mathscr{U}$ を選ぶと，補題 8.9 より，ある $\varepsilon > 0$ が存在して $U(p_0, \varepsilon) \subseteq U_0$ が成り立つ．いま $p_n \longrightarrow p_0$ だから，この ε に対してある自然数 m が存在して

$$(\forall n)(n > m \text{ ならば } d(p_0, p_n) < \varepsilon)$$

が成り立つ．したがって $\{p_0\} \cup \{p_n : n > m\} \subseteq U(p_0, \varepsilon) \subseteq U_0$ が成り立つ．次に，各 $i = 1, 2, \cdots, m$ に対し，$p_i \in U_i$ となる $U_i \in \mathscr{U}$ を選ぶ．このとき，

$$A \subseteq U_0 \cup (U_1 \cup U_2 \cup \cdots \cup U_m).$$

ゆえに，$\mathscr{U}$ は A の有限被覆を含むから，A はコンパクトである．□

問 9 (161 ページ)　(1) 関数 f の導関数

$$f'(x) = 1 - \frac{x}{\sqrt{1-x^2}} \qquad (-1 < x < 1)$$

を利用する．f は $x = \sqrt{2}/2$ のとき最大値 $\sqrt{2}$ をとり，$x = -1$ のとき最小値 -1 をとる．

(2) 関数 f の導関数 $f'(x) = \cos x - \sin x$ を利用する．f は $x = \pi/4$ のとき最大値 $\sqrt{2}$ をとり，$x = \pi$ のとき最小値 -1 をとる．

A.12　第 12 章の問の解答例

問 1 (165 ページ)

証明　対偶を示すことによって (1) $\Longrightarrow$ (2) $\Longrightarrow$ (3) $\Longrightarrow$ (1) を証明する．

(1) $\Longrightarrow$ (2)：もし条件 (12.1) をみたす X の閉集合 U, V が存在したとする．このとき $U = X - V$, $V = X - U$ だから，U, V は X の開集合でもある．U, V は (12.1) をみたすから，X は連結でない．

(2) $\Longrightarrow$ (3)：もし X の開集合であると同時に閉集合でもある集合 W で $\varnothing \neq W \neq X$ をみたすものが存在したとする．このとき $U = W$, $V = X - W$ とおくと，U と V とは X の閉集合で (12.1) をみたす．

(3) $\Longrightarrow$ (1)：もし X が連結でなければ，(12.1) をみたす X の開集合 U, V が存在する．このとき，$U = X - V$ だから U は X の閉集合でもある．さらに (12.1) より $\varnothing \neq U \neq X$ が成り立つ．□

問 2 (167 ページ)　$p_0 = (0,0), p_1 = (3,0)$ として $G = U(\boldsymbol{E}^2, p_0, 2)$, $H = U(\boldsymbol{E}^2, p_1, 2)$ とおく．このとき，G, H は $\boldsymbol{E}^2$ の開集合で条件 (12.2) をみたす．なお，このほかにも G, H のいろいろな選び方がある．

問 3 (167 ページ)　(2), (3), (4) に対しては，いろいろな答えがある．

(1) $\boldsymbol{E}^1 - \{0\}$ に対しては，$G = (-\infty, 0)$, $H = (0, +\infty)$ とおけばよい．

(2) $\boldsymbol{Z}$ に対しては，$G = (-\infty, 1)$, $H = (0, +\infty)$ とおけばよい．

(3) $\boldsymbol{Q}$ に対しては，$G = (-\infty, \sqrt{2})$, $H = (\sqrt{2}, +\infty)$ とおけばよい．

(4) カントル集合 K に対しては，$G = (-\infty, 1/2)$, $H = (1/2, +\infty)$ とおけばよい．

問 4 (167 ページ)　定理 A.5, A.6 (215 ページ) を用いて証明する．

証明　$f^{-1}(G)\cup f^{-1}(H)=X$: 次の (1)〜(4) が成り立つことを示せばよい.

$$X \overset{(1)}{\subseteq} f^{-1}(f(X)) \overset{(2)}{\subseteq} f^{-1}(G\cup H) \overset{(3)}{=} f^{-1}(G)\cup f^{-1}(H) \overset{(4)}{\subseteq} X.$$

まず, 定理 A.5 より (1) は成立する. いま (12.3) より $f(X)\subseteq G\cup H$ だから, (2) が成立する. (3) は定理 A.6 (3) より導かれる. 最後に, $f^{-1}(G)\subseteq X$ かつ $f^{-1}(H)\subseteq X$ だから, (4) が成り立つ. □

証明　$f^{-1}(G)\cap f^{-1}(H)=\varnothing$: 次の (1), (2), (3) が成り立つことを示せばよい.

$$f^{-1}(G)\cap f^{-1}(H) \overset{(1)}{=} f^{-1}(G\cap H) \overset{(2)}{=} f^{-1}(G\cap H\cap f(X)) \overset{(3)}{=} \varnothing.$$

まず, 定理 A.6 (4) より (1) は成立する. 次に (2) を示そう. 任意の $x\in f^{-1}(G\cap H)$ に対して, $f(x)\in G\cap H$ かつ $f(x)\in f(X)$. すなわち, $f(x)\in G\cap H\cap f(X)$ だから $x\in f^{-1}(G\cap H\cap f(X))$ が成り立つ. ゆえに (2) の左辺は右辺に含まれる. また $G\cap H\supseteq G\cap H\cap f(X)$ だから, 逆に (2) の右辺は左辺に含まれる. ゆえに (2) が成立する. 最後に, (12.3) より $G\cap H\cap f(X)=\varnothing$ だから, (3) は成立する. □

問 5 (168 ページ)　10.1 節, 問 2 (128 ページ) の解答を利用する. 非連結空間は $(S,\mathscr{T}_8)$, $(S,\mathscr{T}_9)$, $(S,\mathscr{T}_{10})$, $(S,\mathscr{T}_{23})$, $(S,\mathscr{T}_{24})$, $(S,\mathscr{T}_{25})$, $(S,\mathscr{T}_{26})$, $(S,\mathscr{T}_{27})$, $(S,\mathscr{T}_{28})$, $(S,\mathscr{T}_{29})$. これら以外は連結空間である.

問 6 (169 ページ)　$\boldsymbol{E}^2$ の任意の空でない開集合 U をとる. このとき (定理 9.5 より) $\boldsymbol{E}^1$ の開区間 J_1, J_2 が存在して $J_1\times J_2\subseteq U$ が成り立つ. J_1 に属する有理数 s と J_2 に属する有理数 t をとると, $(s,t)\in U\cap(\boldsymbol{Q}\times\boldsymbol{Q})$ だから $U\cap(\boldsymbol{Q}\times\boldsymbol{Q})\neq\varnothing$. ゆえに $\boldsymbol{Q}\times\boldsymbol{Q}$ は $\boldsymbol{E}^2$ で稠密である.

問 7 (173 ページ)　$S^1=\{(x,y):x^2+y^2=1\}$ とする.

証明　定理 12.12 より閉区間 $[0,1]$ は連結である. 写像

$$f:[0,1]\longrightarrow \boldsymbol{E}^2;\ x\longmapsto(\cos 2\pi x,\sin 2\pi x)$$

は連続だから, 定理 12.6 より $f([0,1])=S^1$ は連結である. □

別証明　$\boldsymbol{E}^2$ の点を極座標を使って表し, 原点を p_0 とする. このとき, $\boldsymbol{E}^2$ の部分空間 $X=\boldsymbol{E}^2-\{p_0\}$ は連結である. いま, 写像

$$f:X\longrightarrow \boldsymbol{E}^2;\ (r,\theta)\longmapsto(1,\theta)$$

は連続だから, 定理 12.6 より $f(X)=S^1$ は連結である. □

問 8 (173 ページ)　例題 5.17 より $\boldsymbol{E}^1\approx G(f)$ が成立する. $\boldsymbol{E}^1$ は連結だから, 系

12.8 より $G(f)$ は連結である．

注意 13　問 8 で述べた命題の逆は成立しない．すなわち，関数 f のグラフが連結であっても f は連続であるとは限らない．例えば，例 12.30 の関数 $f : \boldsymbol{E}^1 \longrightarrow \boldsymbol{E}^1$ は連続ではないが，f のグラフ $G(f)$ は $\boldsymbol{E}^2$ の連結集合である (図 12.8 (180 ページ) を見よ)．

問 9 (173 ページ)　(1) 集合 $C(r)$ は関数 $f(x) = x+r$ のグラフ $G(f)$ と関数 $g(x) = -x+r$ のグラフ $G(g)$ との和集合である．前問 8 より $G(f)$ と $G(g)$ は $\boldsymbol{E}^2$ の連結集合である．さらに $G(f) \cap G(g) \neq \varnothing$ だから，定理 12.9 より $C(r) = G(f) \cup G(g)$ は $\boldsymbol{E}^2$ の連結集合である．

(2) 任意の $(x, y) \in \boldsymbol{Q} \times \boldsymbol{Q}$ に対して，$r = y - x$ とおくと，r は有理数であって $(x, y) = (x, x+r) \in C(r) \subseteq C$ が成り立つ．ゆえに $\boldsymbol{Q} \times \boldsymbol{Q} \subseteq C$．さらに，有理数と有理数の和は有理数であり無理数と有理数の和は無理数だから，$C \subseteq X$ が成立する．

(3) $\boldsymbol{Q} \times \boldsymbol{Q}$ は $\boldsymbol{E}^2$ で稠密 (12.1 節，問 6 (169 ページ)) だから，C は X で稠密である (このことを厳密に説明すると，次のようになる：X の任意の空でない開集合 U をとる．このとき，定理 10.18 (または定理 8.15) より $U = G \cap X$ である $\boldsymbol{E}^2$ の開集合 G が存在する．いま $\boldsymbol{Q} \times \boldsymbol{Q}$ は $\boldsymbol{E}^2$ で稠密だから，$\varnothing \neq (\boldsymbol{Q} \times \boldsymbol{Q}) \cap G \subseteq C \cap X \cap G = C \cap U$．ゆえに C は X で稠密である)．

次に C の連結性を示すために，任意の 2 点 $p, q \in C$ をとる．このとき，C の定義より，$p \in C(r)$, $q \in C(r')$ である $r, r' \in \boldsymbol{Q}$ が存在する．(1) より $C(r)$ と $C(r')$ はともに連結で $C(r) \cap C(r') \neq \varnothing$ だから，定理 12.9 より $C(r) \cup C(r')$ は 2 点 p, q を含む $\boldsymbol{E}^2$ の連結集合である．したがって，補題 12.13 より C は $\boldsymbol{E}^2$ の連結集合である．ゆえに，C は X の連結集合でもある．

(4) C は X の稠密な連結集合だから，定理 12.11 より X は連結空間である．すなわち，X は $\boldsymbol{E}^2$ の連結集合である．

(5) $G = \{(x, y) : x > y\}$, $H = \{(x, y) : x < y\}$ は $\boldsymbol{E}^2$ の開集合で

$$Y \subseteq G \cup H, \quad G \cap H \cap Y = \varnothing, \quad G \cap Y \neq \varnothing, \quad H \cap Y \neq \varnothing$$

が成り立つ．ゆえに，補題 12.5 より Y は $\boldsymbol{E}^2$ の連結集合でない．

注意 14　実際には集合 X は弧状連結であることが知られている．興味を持つ読者は文献 [G. Ren, *A note on* $(\boldsymbol{Q} \times \boldsymbol{Q}) \cup (\boldsymbol{I} \times \boldsymbol{I})$, Q and A in Gen. Topology, vol. 10 (1992), 157–158.] を見よ．

問 10 (175 ページ)

証明　$\boldsymbol{E}^1$ の半開区間 $H = [a, b)$ $(a < b)$ と開区間 $J = (c, d)$ $(c < d)$ が位相同型で

ないことを示そう．もし $H \approx J$ ならば，位相同型写像 $f : H \longrightarrow J$ が存在する．f は全単射だから，$f(H - \{a\}) = J - \{f(a)\}$ が成り立つ．このとき，$H - \{a\} = (a, b)$ は連結であるが，$c < f(a) < d$ だから $J - \{f(a)\}$ は連結でない．これは系 12.7 で証明した事実に矛盾する．ゆえに $H \not\approx J$ である． □

問 11 (177 ページ)

証明　$f(x) = x \sin x - \cos x$ とおくと，f は $[0, \pi]$ 上の実数値連続関数である．いま $f(0) = -1 < 1 = f(\pi)$ だから，中間値の定理 12.24 より $f(c) = 0$ となる点 $c \in [0, \pi]$ が存在する．このとき，$x = c$ が方程式 $x \sin x - \cos x = 0$ の実数解である． □

問 12 (178 ページ)　方程式 $f(x) = x$ (すなわち，$(x^2 - 2x - 1)/2 = x$) の解の中で $I = [-1, 1]$ に属するものを求めればよい．したがって，$x = 2 - \sqrt{5}$ が f の不動点である．実際，$f(2 - \sqrt{5}) = 2 - \sqrt{5}$ が成立する (図 A.11 を見よ)．

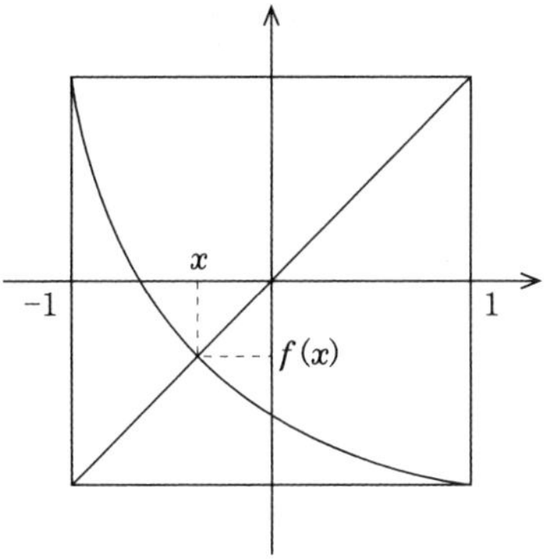

解答図 A.11　$y = f(x)$ のグラフと $y = x$ のグラフの交点の x-座標が，f の不動点である．

問 13 (180 ページ)　$\boldsymbol{E}^1$ の空でない連結集合 A をとると，系 12.19 より A は $\boldsymbol{E}^1$，または区間，または 1 点だけからなる集合である．もし $A = \boldsymbol{E}^1$ ならば，$f(A) = [-1, 1]$．もし A が 1 点だけからなる集合ならば，$f(A)$ も 1 点だけからなる集合である．次に，A が区間である場合を考えよう．このとき，もし A がある開区間 $(0, \varepsilon)$ を含めば，f の定義から $f(A) = [-1, 1]$ である．もしこのような $\varepsilon > 0$ が存在しなければ，A は区間 $(-\infty, 0]$ または区間 $(0, +\infty)$ に含まれる．もし $A \subseteq (-\infty, 0]$ ならば $f(A) = \{0\}$ である．もし $A \subseteq (0, +\infty)$ ならば，$f|_{(0,+\infty)}$ は連続だから，系 12.7 より $f(A)$ は連結集合である．以上により，$f(A)$ は $\boldsymbol{E}^1$ の連結集合である．ゆえに f は条件 $(*)$ をみたす．

B
定理 12.31 の証明

証明　系 11.9, 12.7 より，もし写像 f が連続ならば定理の条件が成り立つ．逆を示すために，定理の条件が成り立つとき，f がある点 $p \in \boldsymbol{E}^n$ で不連続であると仮定して矛盾を導こう．このとき，補題 4.2 (A) $\Longrightarrow$ (B) の証明と同様にして，ある $\varepsilon > 0$ と $\boldsymbol{E}^n$ のある点列 $\{p_n\}$ が存在して，すべての $n \in \boldsymbol{N}$ について

$$d_2(p, p_n) < 1/n \quad \text{かつ} \quad d_2(f(p), f(p_n)) \geq \varepsilon \tag{B.1}$$

が成り立つ．補題 12.15 より線分 $[p, p_n]$ は連結だから，定理の条件より $f([p, p_n])$ も連結である．任意の $n \in \boldsymbol{N}$ に対し

$$r_n = \varepsilon \left(\frac{1}{2} + \frac{1}{n+2} \right) \tag{B.2}$$

とおいて，$G_n = \{q \in \boldsymbol{E}^n : d_2(f(p), q) < r_n\}$, $H_n = \{q \in \boldsymbol{E}^n : d_2(f(p), q) > r_n\}$ とおく．このとき，G_n と H_n は $\boldsymbol{E}^n$ の開集合であって，

$$G_n \cap H_n = \varnothing, \quad f(p) \in G_n \cap f([p, p_n])$$

が成り立つ．また (B.1) の右の不等式より

$$f(p_n) \in H_n \cap f([p, p_n])$$

が成り立つ．したがって，もしさらに $f([p, p_n]) \subseteq G_n \cup H_n$ が成立すれば，補題 12.5 より $f([p, p_n])$ の連結性に矛盾が生じる．ゆえに，$f([p, p_n]) \not\subseteq G_n \cup H_n$，すなわち，

$$q_n \in [p, p_n] \quad \text{かつ} \quad d_2(f(p), f(q_n)) = r_n \tag{B.3}$$

をみたす点 q_n が存在する．すべての n に対して (B.3) をみたす点 q_n を選んで，$\boldsymbol{E}^n$ の点列 $\{q_n\}$ を作る．このとき，(B.1) と (B.3) より $d_2(p, q_n) \leq d_2(p, p_n) < 1/n \longrightarrow 0$ だから，補題 6.13 より $q_n \longrightarrow p$ である．いま $A = \{p\} \cup \{q_n : n \in \boldsymbol{N}\}$ とおく．11.3 節，問 8 (158 ページ) で確かめた事実より，A は $\boldsymbol{E}^n$ のコンパクト集合である．したがって，もし $f(A)$ がコンパクトでないことを証明すれば，定理の条件に矛盾が生じる．それを示

すために，例題 7.10 で考察した連続関数

$$g : \boldsymbol{E}^n \longrightarrow \boldsymbol{E}^1\ ;\ q \longmapsto d_2(f(p), q)$$

を考えよう．もし $f(A)$ が $\boldsymbol{E}^n$ のコンパクト集合ならば，系 11.9 より $g(f(A))$ も $\boldsymbol{E}^1$ のコンパクト集合である．したがって，定理 11.12 より $g(f(A))$ は $\boldsymbol{E}^1$ の閉集合である．ところが (B.3) より，$g(f(A)) = \{0\} \cup \{r_n : n \in \boldsymbol{N}\}$ である．このとき r_n の定義 (B.2) より $r_n \longrightarrow \varepsilon/2$ であるが $\varepsilon/2 \notin g(f(A))$ である．定理 9.11 より，これは $g(f(A))$ が $\boldsymbol{E}^1$ の閉集合であることに矛盾する．ゆえに $f(A)$ はコンパクトではない．以上によって証明は完結した． □

注意 1 定理 12.31 は文献 [D. J. Velleman, *Characterizing Continuity*, Amer. Math. Monthly, vol. 104 (1997), 318–322.] の中で証明された[1]．

[1] 2001 年夏のプラハ位相シンポジウムにおいて，Velleman の定理 12.31 がもっと古くから知られていたという議論がありました．詳しくは，本書のホームページ (まえがき参照) をご覧下さい．

参考書

[1] 松坂和夫著『集合・位相入門』岩波書店，1968.

[2] 松本幸夫著『トポロジー入門』岩波書店，1985.

[3] 森田紀一著『位相空間論』岩波書店，1981.

[4] 三村護，吉岡巌著『位相数学入門』培風館，1995.

[5] 小林貞一著『集合と位相』培風館，1977.

[6] 矢野公一著『距離空間と位相構造』共立出版，1997.

[7] 野口広著『不動点定理』共立出版，1979.

[8] 瀬山士郎著『トポロジー：柔らかい幾何学』日本評論社，1988.

[9] 笠原章郎著『自然数から実数まで』サイエンス社，1983.

[10] 松坂和夫著『代数系入門』岩波書店，1976.

[11] 松坂和夫著『解析入門 1』岩波書店，1997.

[12] 竹内外史著『現代集合論入門 (増補版)』日本評論社，1989.

[13] 秋山仁，R. L. Graham 著『離散数学入門 (改訂版)』朝倉書店，1996.

[14] 前原潤，根上生也著『幾何学的グラフ理論』朝倉書店，1992.

[15] N. Hartsfield and G. Ringel 著，鈴木晋一訳『グラフ理論入門』サイエンス社 1992.

[16] B. B. Mandelbrot 著，広中平祐訳『フラクタル幾何学』日経サイエンス社，1985.

[17] J. G. Hocking and G. S. Young, *Topology*, Dover, 1961.

[18] W. G. Chinn and N. E. Steenrod, *First Concepts of Topology*, Math. Association of America, 1966.

[19] R. Engelking and K. Sieklucki, *Topology, A Geometric Approach*, Heldermann, 1992.

[20] D. W. Blackett, *Elementary Topology*, Academic Press, 1982.

以上は本書の中で紹介した参考書である．位相 (= トポロジー) に関しては上記の本以外にも，多くのテキストが出版されている．数学で不明な箇所にぶつかったときには，自分で考えることも大切だが，同じ分野の他の本を参考にすることも有効である．多くの本を見れば，自分にあった説明に出会うものである．

索引

●数字・記号

1 対 1 写像 (one-to-one map) 35

●アルファベット

Brouwer の不動点定理 (Brouwer's fixed point theorem) 179

ε-近傍 (ε-neighborhood) 45, 89

$n-1$ 次元球面 ($(n-1)$-dimensional sphere) 15

n 次元開球体 (n-dimensional open ball) 65

n 次元閉球体 (n-dimensional closed ball) 15

n 次元ユークリッド空間 (n-dimensional Euclidean space) 13

n 次元立方体 (n-dimensional cube) 155

Schwarz の不等式 (Schwarz's inequarity) 70

T_2-空間 (T_2-space) 139

●ア行

アニュラス (annulus) 17, 18

アルキメデス的順序体 (Archimedean ordered field) 152

アルキメデスの公理 (Archimedes axiom) 152

位相 (topology) 126

位相幾何学 (topology) 4

位相空間 (topological space) 127

位相構造 (topological structure topology), 126

位相次元 (topological dimension) 15

位相的性質 (topological property) 4, 63, 132

位相的に同値な距離関数 (equivalent metrics) 95

位相同型 (homeomorphic) 4, 61, 94, 131

位相同型写像 (homeomorphism) 61, 94, 131

一様収束 (uniform convergence) 86

上に有界 (bounded above) 149

上への写像 (onto map) 35

●カ行

開区間 (open interval) 14, 118

開集合 (open set) 104, 127

開集合系 (system of open sets) 123

開集合の基本 3 性質 107, 127

開被覆 (open cover) 144, 146

外部の点 (exterior point) 102

下界 (lower bound) 149, 217

下限 (infimum) 149, 217

河童の公理 151

関数 (function) 33

カントル集合 (Cantor set) 19

カントルの共通部分定理 154

完備順序体 (complete ordered field) 152

奇点 (odd point) 188

逆関数 (inverse function) 36

逆写像 (inverse map) 36

逆像 (inverse image) 34

球面 (sphere) 15

鏡映 (reflection) 1

境界 (boundary) 101

境界点 (boundary point) 101

共通部分 (intersection) 23, 24

極限点 (limit) 39, 83
距離 (distance) 12, 78
距離化可能 (metrizable) 138
距離化可能空間 (metrizable space) 138
距離関数 (metric) 13, 78
距離空間 (metric space) 78
距離空間の位相構造 (metric topology) 127
距離の基本 3 性質 70
近傍 (neighborhood) 122, 135
空集合 (empty set) 23
偶点 (even point) 188
区間 (interval) 14
グラフ (graph) 19
グラフ (関数の) (graph) 69
原点 (origin) 12
弧 (arc) 173
項 (term) 38
工作 18
合成 (composition) 3, 34
合成写像 (composition) 34
合同 (congruence) 1, 2
恒等写像 (identity) 37
合同変換 (congruent transformation) 1
弧状連結 (arcwise connected) 173
コンパクト (compact) 145, 146
コンパクト空間 (compact space) 145
コンパクト集合 (compact set) 146

●サ行

最小元 (minimum element) 149
最小上界 (least upper bound) 149
最大下界 (greatest lower bound) 217
最大元 (maximum element) 149
最大値・最小値の定理 5, 160
差集合 (difference) 23
座標 (coordinates) 12
三角不等式 (triangle inequality) 70
シェルピンスキーのカーペット (Sierpiński carpet) 20
自己相似 (self-similar) 21
下に有界 (bounded below) 149, 217
実数値 (連続) 関数 (real-valued (continuous) function) 66
実数の完備性 (completeness of the reals) 152
実数の連続性 (continuity of the reals) 152
射影 (projection) 56
写像 (map, mapping) 33
終域 (co-domain) 33
集合系 (system) 24
集合族 (family, collection) 24
収束 (convergence) 39, 40, 83
縮小写像 (contraction) 55, 91
上界 (upper bound) 149
上限 (supremum) 149
数列 (sequence) 38
図形 (figure) 14
制限 (restriction) 34
制限写像 (restriction) 34
正方形 (square) 15
全射 (surjection) 35
全称記号 (universal quantifier) 22
全称文 (universal proposition) 22
全単射 (bijection) 35
線分 (segment) 171
像 (image) 33, 34
相似 (similarity) 3
相似幾何学 3
相似変換 (similar transformation, homothety) 3
測地線 (geodesic) 79

束縛 (bound)　22
存在記号 (existential quantifier)　22
存在文 (existential proposition)　22

●タ行

大円 (great circle)　79
対角行列 (diagonal matrix)　125
対称行列 (symmetric matrix)　121
多項式関数 (polynomial function)　65
単射 (injection)　35
単調増加 (monotone increasing)　120
値域 (range)　35
中間値の定理 (intermediate value theorem)　5, 176
稠密 (dense)　72, 168
直積集合 (product set)　11
直径対点 (antipodal point)　178
直径対点の定理　178
通常の位相 (usual topology)　127
定義域 (domain)　33
定値写像 (constant map)　37
点 (point)　12, 78, 127
転置行列 (transposed matrix)　99
点列 (sequence)　38, 83
等距離写像 (isometry)　91
同相 (homeomorphic)　61, 131
同相写像 (homeomorphism)　61, 94, 131
等長変換 (isometric transformation)　6
トーラス (torus)　18
凸集合 (convex set)　171
トポロジー (topology)　4
ド・モルガンの法則 (de Morgan laws)　27
トレース (trace)　99

●ナ行

内部の点 (interior point)　102

●ハ行

ハウスドルフ空間 (Hausdorff space)　139
半開区間 (half open interval)　14
ピタゴラスの定理 (Pythagorean theorem)　2
等しい (2 つの写像が)　36
等しい (2 つの集合が)　23
被覆 (cover, covering)　144
評価写像 (evaluation map)　68
不動点 (fixed point)　177
不動点定理 (fixed point theorem)　177
部分距離空間 (metric subspace)　78
部分空間 (subspace)　133
部分空間 (距離空間の) (subspace)　78
部分空間の位相構造 (subspace topology)　134
部分集合 (subset)　23
部分集合族 (family of subsets)　24
部分列 (subsequence)　159
フラクタル幾何学 (fractal geometry)　22
ペアノの公理 (Peano axioms)　154
閉球体 (closed ball)　15
閉区間 (closed interval)　14, 118
閉集合 (closed set)　104, 128
閉集合の基本 3 性質　128
べき集合 (power set)　123
変換 (transformation)　33

●マ行

交わらない (disjoint)　24
交わる (intersect)　24
道 (path)　173
無限集合 (infinite set)　23
メビウスの帯 (Möbious band)　18

●ヤ行

有界 (bounded)　157

有界集合 (bounded set)　157
ユークリッド幾何学 (Euclidean geometry)　2
ユークリッドの位相 (Euclidean topology)　127
ユークリッドの距離 (Euclidean distance)　71
ユークリッドの距離関数 (Euclidean metric)　71
有限集合 (finite set)　23
有限被覆 (finite cover)　144
有限部分被覆 (finite subcover)　144
誘導された距離関数　81
有理関数 (rational function)　65

●ラ行

離散位相 (discrete topology)　128
離散距離関数 (discrete metric)　80
離散距離空間 (discrete metric space)　80
立方体 (cube)　15
リプシッツ写像 (Lipschitz map)　55, 91
リプシッツ定数 (Lipschitz constant)　55, 91
連結 (connected)　165, 166
連結空間 (connected space)　165
連結集合 (connected set)　166
連結でない (= 非連結) (disconnected)　165
連続 (continuous)　49, 90, 130, 136, 137
連続写像 (continuous map)　49, 90, 130

●ワ行

和集合 (union)　23, 24

大田 春外（おおた・はると）

略歴

1950 年生まれ.

1973 年　鳥取大学教育学部を卒業.

1976 年　大阪教育大学大学院教育学研究科修士課程修了.

1979 年　筑波大学大学院数学研究科博士課程修了.

現　在　静岡大学名誉教授.

理学博士.

専門は集合論的トポロジー.

著者に『解いてみよう位相空間』,『高校と大学をむすぶ幾何学』,『はじめての集合と位相』(いずれも日本評論社).

位相空間に関するあらゆる質問にお答えします！

「位相空間・質問箱」

http://www12.plala.or.jp/echohta/top.html

はじめよう位相空間（いそうくうかん）

2000 年 12 月 15 日　第 1 版第 1 刷発行

2016 年 5 月 15 日　第 1 版第 8 刷発行

著　者　大田春外

発行者　串崎浩

発行所　株式会社 日本評論社

〒170-8474 東京都豊島区南大塚 3-12-4

電話 (03) 3987-8621［販売］

(03) 3987-8599［編集］

印　刷　精文堂印刷株式会社

製　本　株式会社難波製本

装　釘　銀山宏子

ISBN 4-535-78277-6